应用技术型高等教育"十二五"规划教材

高等数学（上册）

主　编　黄玉娟　李爱芹

副主编　曹海军　刘吉晓

主　审　尹金生

中国水利水电出版社
www.waterpub.com.cn

内 容 提 要

本书是以国家教育部高等工科数学课程教学指导委员会制定的《高等数学课程教学基本要求》为标准，以培养学生的专业素质为目的，充分吸收多年来教学实践和教学改革成果而编写的。

本书分上、下两册。上册内容包括一元函数、极限与连续、一元函数微分学及其应用、一元函数积分学及其应用、常微分方程。下册内容包括向量代数、空间解析几何、多元函数及其微分法、重积分、曲线积分与曲面积分、无穷级数等。

本书内容全面、结构严谨、推理严密、详略得当，例题丰富，可读性、应用性强，习题足量，难易适度，简化证明，注重数学知识的应用性，可作为普通高等院校"高等数学"课程的教材，也可供工程技术人员或参加国家自学考试及学历文凭考试的读者作为自学用书或参考书。

图书在版编目（CIP）数据

高等数学. 上册 / 黄玉娟，李爱芹主编. -- 北京：中国水利水电出版社，2014.8（2015.8 重印）
应用技术型高等教育"十二五"规划教材
ISBN 978-7-5170-2103-2

Ⅰ. ①高… Ⅱ. ①黄… ②李… Ⅲ. ①高等数学－高等学校－教材 Ⅳ. ①O13

中国版本图书馆CIP数据核字(2014)第118005号

策划编辑：宋俊娥 责任编辑：李 炎 加工编辑：田新颖 封面设计：李 佳

书　　名	应用技术型高等教育"十二五"规划教材 **高等数学（上册）**
作　　者	主　编　黄玉娟　李爱芹 副主编　曹海军　刘吉晓 主　审　尹金生
出版发行	中国水利水电出版社 （北京市海淀区玉渊潭南路 1 号 D 座　100038） 网址：www.waterpub.com.cn E-mail：mchannel@263.net（万水） 　　　　sales@waterpub.com.cn 电话：（010）68367658（发行部）、82562819（万水）
经　　售	北京科水图书销售中心（零售） 电话：（010）88383994、63202643、68545874 全国各地新华书店和相关出版物销售网点
排　　版	北京万水电子信息有限公司
印　　刷	北京正合鼎业印刷技术有限公司
规　　格	170mm×227mm　16 开本　17.75 印张　355 千字
版　　次	2014 年 8 月第 1 版　2015 年 8 月第 3 次印刷
印　　数	9001—12000 册
定　　价	28.00 元

"应用型人才培养基础课系列教材"
编审委员会

主任委员：刘建忠

委　　员：（按姓氏笔画为序）

王　伟　　史　昱　　伊长虹　　刘建忠　　邢育红

李宗强　　李爱芹　　杨振起　　孟艳双　　林少华

胡庆泉　　高曦光　　梁志强　　黄玉娟　　蒋　彤

前　　言

　　我国高等教育从上世纪九十年代末实行由精英教育向大众化教育的过渡，历经近二十年的历程，教育规模不断扩张，给我国的高等教育带来了一系列的变化、问题与挑战，同时也冲击着高等数学课程在大学阶段的教育问题。传统的高等数学课程的特点是逻辑严密、理论抽象、实际应用少，在大众教育阶段，招收学生的数学基础参差不齐，导致大量学生学习起来感到跨度大，内容过于抽象，从而造成"学不会、用不了"的状况。而对于高等院校的理工科类学生来讲，高等数学课程是一门非常重要的基础课程，它理论严谨，应用广泛，不仅为学生学习专业课和后续课程提供基础保障，同时在培养学生抽象思维、逻辑思维能力，综合分析问题能力等方面都具有非常重要的作用。

　　本书面对大众化教育阶段的现实局面，以教育部非数学专业数学基础课教学指导分委员会制定的新的"工科类本科数学基础课程教学基本要求"为依据，迎合当下教育部调整教育机构的主要思路——引导部分地方本科高校以社会需求为导向转型发展，本着"难度降低、注重实用"的原则确定高等数学的内容框架和深度。本书的编写者具有多年丰富的教学实践经验，在编写时，以培养应用型人才为目标，将数学基本知识和实际应用有机结合起来。

　　本书主要有以下几个特点：

　　（1）体现应用型本科院校特色，根据理工科各专业对数学知识的需求，本着"轻理论、重应用"的原则制定内容体系。

　　（2）在内容安排上由浅入深，与中学数学进行了合理的衔接。在引入概念时，注意了概念产生的实际背景，采用提出问题－讨论问题－解决问题的思路，逐步展开知识点，使得学生能够从实际问题出发，激发学习兴趣，同时增强学生应用数学工具解决实际问题的意识和能力。

　　（3）例题和习题的选择上难易适度、层次分明，大部分章节都配有实际应用问题，并在每一章后面配有总复习题，主要是用于锻炼学生对本章知识点的综合应用能力。

　　（4）每一章最后附加了历史上有杰出贡献的数学家简介。通过了解数学家生平和事迹，可以让学生真正了解数学发展的基本过程，而且能让学生学习数学家坚忍不拔的追求真理和维护真理的科学精神。

　　（5）本书结构严谨，逻辑严密，语言准确，解析详细，易于学生阅读。弱化抽象理论的介绍，突出理论的应用和方法的介绍，内容深广度适当，使得内容贴近教学实际，便于教师教与学生学。本书分上、下册，包括函数的极限，一元函数微积分学，微分方程，空间解析几何与向量代数，多元函数微积分学，无穷级数等内容。

（6）为了能更好的与中学数学衔接，在附录 I 中对三角函数的常用公式做了全面总结，并在附录 II、III、IV 中分别介绍了二阶、三阶行列式、各种类型的不定积分公式、常用的一些平面曲线及其图形，供需要的学生查阅参考。

本书适合于普通应用型本科院校理工类各专业学生使用，也可作为研究生入学考试参考。

参加本教材编写的有黄玉娟（第 1、5 章），李爱芹（第 3 章），曹海军（第 10 章），刘吉晓（第 11 章），王海棠（第 2 章），董爱君（第 4 章），孙光辉（第 6 章），廉立芳（第 7 章），刘菲菲（第 8 章），李文婧（第 9 章）。全书由黄玉娟、李爱芹统稿，多次修改定稿。最后由尹金生副教授为本教材审稿。在编写过程中，参考和借鉴了许多国内外有关文献资料，并得到了很多同行的帮助和指导，在此对所有关心支持本书编写、修改工作的教师表示衷心的感谢。

限于编写水平，书中难免有错误和不足之处，殷切希望广大读者批评指正。

编　者
2014 年 3 月

目　　录

第1章　函数与极限

初等数学的研究对象基本上是不变的量，而高等数学的研究对象则是变动的量．所谓函数关系就是变量之间的依赖关系，极限方法是研究变量的一种基本方法．本章将介绍函数的概念以及极限的概念、性质、计算方法，并在此基础上讨论函数的连续性．

1.1 函数

1.1.1 集合

1. 集合

集合是数学中的一个基本概念．一般地，具有某种特定性质的事物的全体称为**集合**（简称**集**），组成这个集合的每一个事物称为该集合的**元素**（简称**元**）．通常用大写拉丁字母 $A,B,C,\cdots$ 表示集合，用小写拉丁字母 $a,b,c,\cdots$ 表示集合的元素．如果 a 是集合 A 的元素，就说 a 属于 A，记作 $a \in A$，如果 a 不是集合 A 的元素，就说 a 不属于 A，记为 $a \notin A$．一个集合，若它只含有限个元素，则称为**有限集**；不是有限集的集合称为**无限集**．

表示集合的方法一般有以下两种：一种是列举法，就是把集合中的所有元素一一列举出来．例如，由元素 $a_1,a_2,\cdots,a_n$ 组成的集合 A，可表示为

$$A = \{a_1,a_2,\cdots,a_n\}.$$

另一种方法是描述法，是指将集合中元素的共同特征描述出来，可表示为

$$A = \{x \mid x 所具有的特征\}.$$

例如方程 $x^2 - 5x + 6 = 0$ 的所有根组成的集合 A 可表示为

$$A = \{x \mid x^2 - 5x + 6 = 0\}.$$

又如，集合 $M = \{(x,y) \mid x^2 + y^2 \leqslant 1\}$ 表示 xOy 面上圆周 $x^2 + y^2 = 1$ 及其内部的点．

2. 集合之间的关系

设 A,B 是两个集合，如果集合 A 的元素都是集合 B 的元素，则称 A 是 B 的**子集**，记作 $A \subseteq B$（读作 A 包含于 B）或 $B \supseteq A$（读作 B 包含 A）．

如果集合 A 与集合 B 互为子集，即 $A \subseteq B$ 且 $B \subseteq A$，则称集合 A 与 B **相等**，记作 $A = B$．

若 $A \subseteq B$ 且 $A \neq B$，则称 A 是 B 的**真子集**，记作 $A \subset B$（读作 A 真包含于 B）．

不含任何元素的集合称为**空集**，记为 $\varnothing$，规定空集是任何集合的子集．

若集合的元素都是数，则称其为**数集**，常用的数集有

（1）全体自然数（或非负整数集）的集合记作 N，即
$$N = \{0, 1, 2, \cdots, n, \cdots\}.$$

（2）全体正整数的集合记作 N^+，即
$$N^+ = \{1, 2, \cdots, n, \cdots\}.$$

（3）全体整数的集合记作 Z，即
$$Z = \{\cdots, -n, \cdots, -2, -1, 0, 1, 2, \cdots, n, \cdots\}.$$

（4）全体有理数的集合记作 Q，即
$$Q = \left\{ \frac{p}{q} \middle| p \in Z, q \in N^+, \ \text{且 } p, q \text{ 互质} \right\}.$$

（5）全体实数的集合记作 R，R^* 表示排除 0 的实数集，R^+ 表示全体正实数的集合.

显然
$$N \subset Z \subset Q \subset R.$$

3. 集合的运算

集合有三种基本运算，即并、交、差.

设 A, B 是两个集合，由所有属于 A 或者属于 B 的元素组成的集合，称为 A 与 B 的**并集**（简称并），记作 $A \bigcup B$，即
$$A \bigcup B = \{x | x \in A \text{ 或 } x \in B\};$$

由所有属于 A 又属于 B 的元素组成的集合，称为 A 与 B 的**交集**（简称交），记作 $A \cap B$，即
$$A \bigcap B = \{x | x \in A \text{且} x \in B\};$$

由所有属于 A 而不属于 B 的元素组成的集合，称为 A 与 B 的**差集**（简称差），记作 $A \backslash B$，即
$$A \backslash B = \{x | x \in A \text{且} x \notin B\}.$$

有时，我们研究某个问题限定在一个大的集合 I 中进行，所研究的其他集合 A 都是 I 的子集. 这时，我们称集合 I 为**全集**，称 $I \backslash A$ 为 A 的**余集**或**补集**，记作 A^C. 例如，若全集为实数集 R，则集合 $A = \{x | 0 \leqslant x < 1\}$ 的余集就是
$$A^C = \{x | x < 0 \text{ 或 } x \geqslant 1\}.$$

4. 区间与邻域

设 a, b 都是实数，且 $a < b$，数集 $\{x | a < x < b\}$ 称为**开区间**，记作 (a, b)，即
$$(a, b) = \{x | a < x < b\}.$$

数集 $\{x | a \leqslant x \leqslant b\}$ 称为**闭区间**，记作 $[a, b]$，即

$$[a,b] = \left\{x \mid a \leqslant x \leqslant b\right\}.$$

类似地可说明

$$[a,b) = \left\{x \mid a \leqslant x < b\right\}; \quad (a,b] = \left\{x \mid a < x \leqslant b\right\}.$$

$[a,b)$ 和 $(a,b]$ 都称为**半开区间**.

以上这些区间都称为有限区间，a,b 称为区间的**端点**，数 $b-a$ 称为区间的**长度**. 从几何上看，这些区间是指数轴上介于两个点之间的一条线段，如图 1.1 所示.

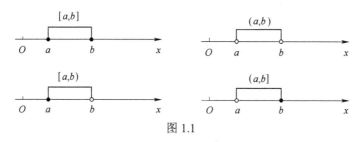

图 1.1

此外引入记号 $+\infty$（读作**正无穷大**）及 $-\infty$（读作**负无穷大**），则无限的半开或开区间表示如下：

$$[a,+\infty) = \{x \mid x \geqslant a\}; \quad (-\infty,b] = \{x \mid x \leqslant b\}; \quad (a,+\infty) = \{x \mid x > a\};$$

$$(-\infty,b) = \{x \mid x < b\}; \quad (-\infty,+\infty) = \mathbf{R}.$$

前四个区间在数轴上如图 1.2 所示，而 $(-\infty,+\infty)$ 是整个实数轴.

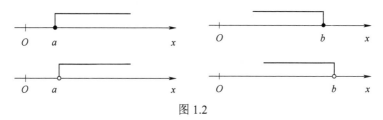

图 1.2

如果不需要特别强调区间是开区间还是闭区间，是有限区间还是无限区间，则简单的称之为区间，通常用 I 表示.

邻域也是高等数学中经常用到的一个概念. 设 a 与 δ 是实数且 $\delta > 0$，则称开区间 $(a-\delta,a+\delta)$ 为点 a 的 δ **邻域**，记作 $U(a,\delta)$，即

$$U(a,\delta) = (a-\delta,a+\delta) = \{x \mid a-\delta < x < a+\delta\} = \{x \mid |x-a| < \delta\},$$

如图 1.3 所示. 点 a 称为邻域的**中心**，δ 称为邻域的**半径**.

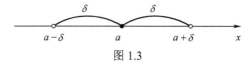

图 1.3

有时需要把邻域的中心去掉，邻域 $U(a,\delta)$ 去掉中心 a 后，称为点 a 的**去心** δ

邻域，记作 $\overset{\circ}{U}(a,\delta)$，即

$$\overset{\circ}{U}(a,\delta)=(a-\delta,a)\bigcup(a,a+\delta)=\{x\mid 0<\mid x-a\mid<\delta\}.$$

这里 $0<|x-a|$ 就表示 $x\neq a$，如图 1.4 所示.

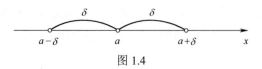

图 1.4

为表达方便，有时把开区间 $(a-\delta,a)$ 称为点 a 的**左** δ **邻域**，把 $(a,a+\delta)$ 称为点 a 的**右** δ **邻域**. 如果无需指明 a 的某邻域（去心邻域）的半径，邻域（去心邻域）可记作 $U(a)$（$\overset{\circ}{U}(a)$）.

1.1.2 函数

1. 函数的概念

当我们观察自然现象或生产过程时，常常遇到各种不同的量，有些量在进程中始终保持同一数值，称为**常量**；有些量在进程中取不同的数值，称为**变量**. 通常用字母 $a,b,c,\cdots$ 表示常量，用字母 $x,y,z,\cdots$ 表示变量.

同一现象中，所涉及的变量往往不止一个，这些变量的变化通常不是独立的，而是存在着某种相互依赖的关系，先观察两个实例.

例 1.1.1 圆的面积 A 与圆的半径 r 之间的关系由公式

$$A=\pi r^2$$

给出，这里 A 与 r 都是变量，当半径 r 在 $(0,+\infty)$ 内变化时，圆的面积 A 就作相应的变化.

例 1.1.2 商店在销售某种商品的过程中，销量总收入 R 与该商品销售量 Q 之间的关系为

$$R=PQ,$$

其中 P 为该商品单价. 上式表明了销量总收入 R 与销售量 Q 之间的依赖关系.

例 1.1.3 在自由落体运动中，物体下落的距离 s 与下落的时间 t 之间的关系为

$$s=\frac{1}{2}gt^2,$$

其中 g 为重力加速度. 上式表明了开始下落时刻 $t=0$ 时，距离 s 与时间 t 之间的依赖关系.

以上几个例子反映的问题虽然不同，但却具有相同的特点，那就是反映了两个变量之间的依赖关系，即一种对应规则. 当其中一个变量在一定变化范围内取定一数值时，按照某个对应规则，另一个变量有确定的数值与其对应. 变量之间的这种对应关系，就是函数概念的实质.

定义 1.1.1　设 x 和 y 是两个变量, D 是一个给定的非空数集. 如果对于 D 中每个确定的变量 x 的取值, 按照一定的法则, 变量 y 总有唯一确定的数值与之对应, 则称 y 是 x 的**函数**, 记作

$$y = f(x), \quad x \in D.$$

其中, x 称为**自变量**, y 称为**因变量**, D 称为这个函数的**定义域**, 记作 D_f, 即

$$D_f = D.$$

函数定义中, 对每个取定的 $x_0 \in D$, 按照对应法则 f, 总有确定的值 y_0 与之对应, 这个值称为函数 $y = f(x)$ 在点 x_0 处的**函数值**, 记作 $f(x_0)$ 或 $y|_{x=x_0}$.

当 x 取遍 D 的各个数值时, 对应函数值 $f(x)$ 的全体组成的集合称为函数的**值域**, 记作 R_f, 即

$$R_f = \{ y | y = f(x), \ x \in D \}.$$

由函数的定义可知, 构成函数的两个基本要素是: 定义域与对应法则, 而值域是由以上二者派生出来的. 如果两个函数的对应法则和定义域都相同, 则认为这两个函数相同, 与自变量及因变量用什么字母表示无关.

函数定义域的确定, 取决于两种不同的研究背景: 一是有实际应用背景的函数, 其定义域取决于变量的实际意义; 二是抽象的用算式表达的函数, 其定义域是使算式有意义的一切实数组成的集合, 这种定义域称为**自然定义域**. 例如, 函数 $y = \pi x^2$, 若 x 表示圆的半径, y 表示圆的面积, 则此时定义域 $D = (0, +\infty)$; 若不考虑 x 的实际意义, 则其自然定义域为 $D = (-\infty, +\infty)$.

若自变量在定义域内任取一个数值, 对应的函数值总是只有一个, 这种函数称为**单值函数**, 否则称为**多值函数**. 例如, 变量 x 和 y 之间的对应法则由 $x^2 + y^2 = 1$ 给出, 显然对任意 $x \in (-1, 1)$, 对应的 y 有两个值, 所以方程确定了一个多值函数.

今后, 若无特别说明, 函数均指单值函数.

函数的表示方法主要有三种: 表格法、图形法、解析法 (公式法). 将图形法与公式法相结合研究函数, 可以将抽象问题直观化. 一方面可以借助几何方法研究函数的有关特性, 另一方面可以借助函数的理论研究几何问题. 函数 $y = f(x)$ 的图形, 指的是坐标平面上的点集 $\{ (x, y) | y = f(x), x \in D \}$, 一个函数的图形通常是平面内的一条曲线.

例 1.1.4　确定下列函数的定义域:

（1）$y = \dfrac{1}{x}$；　（2）$y = \ln(x^2 - 4x + 3)$；　（3）$y = \sqrt{4 - x^2} + \dfrac{1}{\sqrt{x - 1}}$.

解　（1）定义域 $D = (-\infty, 0) \bigcup (0, +\infty)$；

（2）解不等式 $x^2 - 4x + 3 > 0$, 得定义域 $D = (-\infty, 1) \bigcup (3, +\infty)$；

（3）定义域应满足 $\begin{cases} 4 - x^2 \geq 0, \\ x - 1 > 0, \end{cases}$ 解不等式组, 得定义域 $D = (1, 2]$.

例 1.1.5 函数

$$y = f(x) = \begin{cases} 1-x, & x > 0, \\ x, & x \leqslant 0, \end{cases}$$

是一个分段函数. 其定义域 $D = (-\infty, +\infty)$，值域为 $R_f = (-\infty, 1)$，图形如图 1.5 所示.

例 1.1.6 函数

$$y = |x| = \begin{cases} x, & x \geqslant 0, \\ -x, & x < 0, \end{cases}$$

称为**绝对值函数**. 其定义域 $D = (-\infty, +\infty)$，值域 $R_f = [0, +\infty)$，图形如图 1.6 所示.

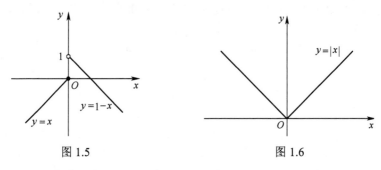

图 1.5　　　　　　　　图 1.6

例 1.1.7 函数

$$y = \operatorname{sgn} x = \begin{cases} 1, & x > 0, \\ 0, & x = 0, \\ -1, & x < 0, \end{cases}$$

称为**符号函数**. 其定义域 $D = (-\infty, +\infty)$，值域 $R_f = \{-1, 0, 1\}$，图形如图 1.7 所示. 显然，对任意 $x \in (-\infty, +\infty)$，有 $x = \operatorname{sgn} x \cdot |x|$.

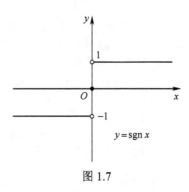

图 1.7

例 1.1.8 设 x 为任一实数，不超过 x 的最大整数称为 x 的整数部分，记作 $[x]$. 若把 x 看作变量，则函数

$$y = [x]$$

称为**取整函数**. 其定义域 $D = (-\infty, +\infty)$，值域 $R_f = Z$，图形如图 1.8 所示.

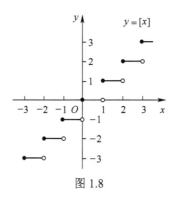

图 1.8

需要指出，例 1.1.5 至例 1.1.8 都是分段函数，对于分段函数要注意以下两点：

（1）分段函数是用几个解析式表示的一个函数，而不是几个函数.

（2）分段函数的定义域是各区间的并集.

2. 函数的几种特性

（1）函数的有界性

设函数 $f(x)$ 的定义域为 D，数集 $X \subseteq D$. 如果存在 K_1，使得对任一 $x \in X$ 都有

$$f(x) \leqslant K_1$$

成立，则称函数 $f(x)$ 在 X 上**有上界**，而 K_1 称为 $f(x)$ 在 X 上的一个**上界**. 如果存在数 K_2，使得对任一 $x \in X$ 都有

$$f(x) \geqslant K_2$$

成立，则称函数 $f(x)$ 在 X 上**有下界**，而 K_2 称为 $f(x)$ 在 X 上的一个**下界**. 如果存在正数 M，使得对任一 $x \in X$ 都有

$$|f(x)| \leqslant M$$

成立，则称 $f(x)$ 在 X 上**有界**. 如果这样的 M 不存在，则称 $f(x)$ 在 X 上**无界**；也就是说，如果对于任何 $M > 0$，总存在 $x_1 \in X$，使得 $|f(x_1)| > M$，则 $f(x)$ 在 X 上**无界**.

例如，函数 $y = \sin x$，对一切 $x \in (-\infty, +\infty)$，恒有 $|\sin x| \leqslant 1$，故 $y = \sin x$ 在 $(-\infty, +\infty)$ 内有界.

显然，$f(x)$ 在 X 上有界的充要条件是 $f(x)$ 在 X 上既有上界又有下界.

例 1.1.9 分别讨论函数 $f(x) = \dfrac{1}{x}$ 在区间 $(0,1)$，$(1,2)$，$(2,+\infty)$ 上的有界性.

解 在 $(0,1)$ 上，$f(x)$ 没有上界，有下界，数 1 就是 $f(x)$ 的一个下界. $f(x)$ 在 $(0,1)$ 区间内是无界的，因为不存在这样的正数 M，使 $\left|\dfrac{1}{x}\right| \leqslant M$ 对于 $(0,1)$ 内的一切

x 都成立.

$f(x) = \dfrac{1}{x}$ 在 $(1,2)$ 内有界，可取 $M = 1$，而使 $\left|\dfrac{1}{x}\right| \leqslant 1$ 对一切 $x \in (1,2)$ 都成立.

$f(x)$ 在 $(2, +\infty)$ 内有界，可取 $M = \dfrac{1}{2}$，而使 $\left|\dfrac{1}{x}\right| \leqslant \dfrac{1}{2}$ 对一切 $x \in (2, +\infty)$ 都成立.

（2）函数的单调性

设函数 $f(x)$ 的定义域为 D，区间 $I \subseteq D$，如果对于区间 I 上任意两点 x_1 和 x_2，当 $x_1 < x_2$ 时，恒有

$$f(x_1) < f(x_2) \quad (\text{或 } f(x_1) > f(x_2)),$$

则称 $f(x)$ 在 I 上**单调增加**（或**单调减少**）；如果对于区间 I 上任意两点 x_1 和 x_2，当 $x_1 < x_2$ 时，恒有

$$f(x_1) \leqslant f(x_2) \quad (\text{或 } f(x_1) \geqslant f(x_2)),$$

则称 $f(x)$ 在 I 上**单调不减**（或**单调不增**）.

单调增加和单调减少的函数统称为**单调函数**，I 称为**单调区间**.

从几何上看，单调增加函数的图形是随 x 的增加而上升的曲线，单调减少函数的图形是随 x 的增加而下降的曲线，分别如图 1.9，图 1.10.

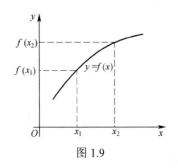

图 1.9

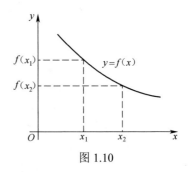

图 1.10

例如，$y = x^2$ 在 $(-\infty, 0)$ 内单调减少，在 $[0, +\infty)$ 内单调增加，在定义域 $(-\infty, +\infty)$ 内却不具有单调性.

再如，$y = \dfrac{1}{x}$ 在 $(-\infty, 0)$，$(0, +\infty)$ 内都单调减少，但在定义域 $(-\infty, 0) \bigcup (0, +\infty)$ 内却不具有单调性.

（3）函数的奇偶性

设 $f(x)$ 的定义域 D 关于原点对称（即若 $x \in D$，则 $-x \in D$），如果对任意 $x \in D$，都有

$$f(-x) = f(x) \quad (\text{或 } f(-x) = -f(x))$$

恒成立，则称 $f(x)$ 为**偶函数**（或**奇函数**）.

从几何上看，偶函数的图形关于 y 轴对称（如图 1.11），奇函数的图形关于原

点对称（如图 1.12）.

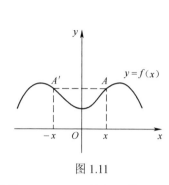

图 1.11

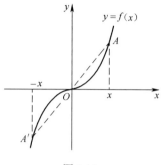

图 1.12

例如，$y = \sin x$ 是奇函数，$y = \cos x$ 是偶函数，而 $y = \sin x + \cos x$ 既不是奇函数也不是偶函数，称此类函数为非奇非偶函数.

例 1.1.10 讨论函数 $y = f(x) + f(-x)$ 的奇偶性.

解 令 $F(x) = f(x) + f(-x)$，则

$$F(-x) = f(-x) + f(x) = F(x)，$$

所以 $y = f(x) + f(-x)$ 是偶函数.

类似可得 $F(x) = f(x) - f(-x)$ 是奇函数.

（4）函数的周期性

设函数 $f(x)$ 的定义域为 D，如果存在一个正数 T，使得对于任一 $x \in D$，有 $x + T \in D$，且

$$f(x + T) = f(x)$$

恒成立，则称 $f(x)$ 为**周期函数**，T 称为 $f(x)$ 的一个**周期**. 通常我们说的周期函数的周期是指最小正周期.

例如，函数 $y = \sin x$，$y = \cos x$ 都是以 2π 为周期的周期函数；函数 $y = \tan x$，$y = \cot x$ 都是以 π 为周期的周期函数.

3. 反函数与复合函数

函数关系的实质就是从定量分析的角度来描述运动过程中变量之间的相互依赖关系. 但在研究过程中，选取哪个量作为自变量，哪个量作为因变量（函数）往往是由具体问题来决定的. 例如，圆的面积 A 与其半径 r 的函数关系为 $A = \pi r^2$（$r > 0$），这里 r 是自变量，A 是因变量；但如果把半径 r 表示为面积 A 的函数，则有 $r = \sqrt{\dfrac{A}{\pi}}$（$A > 0$），这里 A 是自变量，r 则是因变量. 对这两个函数而言，可以把后一个函数看作是前一个函数的反函数，也可以把前一个函数看作是后一个函数的反函数.

定义 1.1.2 设函数 $y = f(x)$ 的定义域为 D，值域为 R，如果对于 R 中的每一

个 y，D 中总有唯一的 x，使 $f(x) = y$，则在 R 上确定了以 y 为自变量，x 为因变量的函数 $x = \varphi(y)$，称为 $y = f(x)$ 的**反函数**，记作 $x = f^{-1}(y)$，$y \in \mathrm{R}$，或称 $y = f(x)$ 与 $x = f^{-1}(y)$ **互为反函数**.

习惯上用 x 表示自变量，用 y 表示因变量，因此函数 $y = f(x)$，$x \in D$ 的反函数通常表示为

$$y = f^{-1}(x)，\quad x \in \mathrm{R}.$$

相对于反函数 $y = f^{-1}(x)$ 来说，函数 $y = f(x)$ 也称为直接函数. 从几何上看，若点 $A(x, y)$ 是函数 $y = f(x)$ 图形上的点，则点 $A'(y, x)$ 是反函数 $y = f^{-1}(x)$ 的图形上的点. 反之亦然.

因此 $y = f(x)$ 和 $y = f^{-1}(x)$ 的图形关于直线 $y = x$ 对称（如图 1.13）.

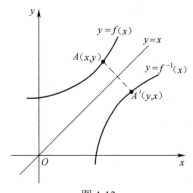

图 1.13

需要指出，并非所有的函数都有反函数. 例如，$y = x^2$ 在其定义域 $D = (-\infty, +\infty)$ 上没有反函数；但 $y = x^2$ 在 $(-\infty, 0]$ 和 $[0, +\infty)$ 上分别有反函数 $y = -\sqrt{x}$，$x \in [0, +\infty)$ 及 $y = \sqrt{x}$，$x \in [0, +\infty)$. 那么函数 $y = f(x)$ 满足什么条件就一定存在反函数呢？

容易证明如下结论：

定理 1.1.1 单调函数 $y = f(x)$ 必存在单调的反函数 $y = f^{-1}(x)$，且 $y = f(x)$ 与 $y = f^{-1}(x)$ 具有相同的单调性.

例 1.1.11 求函数 $y = \sqrt{x} + 1$ 的反函数.

解 函数 $y = \sqrt{x} + 1$ 的定义域是 $D = [0, +\infty)$，值域是 $R = [1, +\infty)$.

由 $y = \sqrt{x} + 1$，可解得

$$x = (y - 1)^2.$$

变换 x 与 y 的位置，得函数 $y = \sqrt{x} + 1$ 的反函数为

$$y = (x - 1)^2，\quad x \in [1, +\infty).$$

显然，直接函数与其反函数的定义域和值域刚好对调.

在实际问题中经常会遇到这样的情形：在某变化过程中，第一个变量依赖于第二个变量，而第二个变量又依赖于另外一个变量. 例如，设函数 $y = e^u$，而 $u = x^2$，以 x^2 代替第一式中的 u，则有 $y = e^{x^2}$. 我们将这类函数称为复合函数.

定义 1.1.3 设函数 $y = f(u)$ 的定义域为 D_f，而 $u = \varphi(x)$ 的值域为 R_φ，若 $D_f \bigcap R_\varphi \neq \varnothing$，则称函数 $y = f[\varphi(x)]$ 是由 $y = f(u)$ 和 $u = \varphi(x)$ 复合而成的**复合函数**. 其中 x 称为**自变量**，y 称为**因变量**，u 称为**中间变量**.

复合函数是说明函数对应法则的某种表达方式的一个概念，利用复合函数，可以将几个简单的函数复合成一个复杂的函数. 也可以将一个复杂的函数分解成若干个简单函数的复合. 例如，$y = \sqrt{u}$，$u = 1 - x^2$ 可以构成复合函数 $y = \sqrt{1 - x^2}$，$x \in [-1,1]$；同样，$y = \cos^2 x$ 可以看作由 $y = u^2$ 与 $u = \cos x$ 复合而成.

必须指出，并非任何两个函数都可以构成一个复合函数. 例如，$y = \sqrt{1-u}$ 与 $u = 2 + x^2$ 就不能构成一个复合函数，这是因为 $u = 2 + x^2$ 的值域是 $[2, +\infty)$，而 $y = \sqrt{1-u}$ 的定义域为 $(-\infty, 1]$，这两个集合的交集是空集.

复合函数的概念还可以推广到多个中间变量的情形. 例如，$y = e^{\sqrt{x^2+1}}$ 可以看作由
$$y = e^u，\quad u = \sqrt{v}，\quad v = x^2 + 1$$
三个函数复合而成，其中 u,v 是中间变量.

4. 初等函数

在实际问题中遇到的函数是多种多样的，在初等数学中已经学习过下面这些基本初等函数：

（1）幂函数 $y = x^\alpha$（$\alpha \in \mathbb{R}$ 是常数）.

（2）指数函数 $y = a^x$（$a > 0$，且 $a \neq 1$）.

（3）对数函数 $y = \log_a x$（$a > 0$，且 $a \neq 1$）. $a = e$ 时，记作 $y = \ln x$.

指数函数与对数函数互为反函数.

（4）三角函数 $y = \sin x$，$y = \cos x$，$y = \tan x$，$y = \cot x$，$y = \sec x$，$y = \csc x$.

其中，正割函数 $y = \sec x = \dfrac{1}{\cos x}$，定义域为 $\left\{x \middle| x \in \mathbb{R}, x \neq n\pi + \dfrac{\pi}{2}, n \in \mathbb{Z}\right\}$，值域为 $(-\infty, -1] \cup [1, +\infty)$.

余割函数 $y = \csc x = \dfrac{1}{\sin x}$，定义域为 $\left\{x \middle| x \in \mathbb{R}, x \neq n\pi, n \in \mathbb{Z}\right\}$，值域为 $(-\infty, -1] \cup [1, +\infty)$.

（5）反三角函数（如图 1.14）.

反正弦函数 $y = \arcsin x$ 的定义域为 $[-1,1]$，值域为 $\left[-\dfrac{\pi}{2}, \dfrac{\pi}{2}\right]$.

反余弦函数 $y = \arccos x$ 的定义域为 $[-1,1]$，值域为 $[0, \pi]$.

反正切函数 $y = \arctan x$ 的定义域为 $(-\infty, +\infty)$，值域为 $\left(-\dfrac{\pi}{2}, \dfrac{\pi}{2}\right)$.

反余切函数 $y = \text{arccot}\, x$ 的定义域为 $(-\infty, +\infty)$，值域为 $(0, \pi)$.

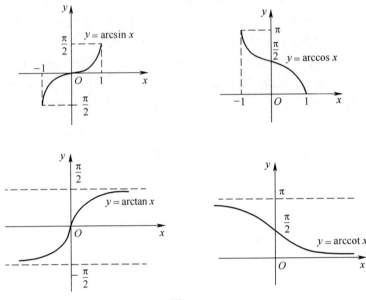

图 1.14

其中，$y = \arcsin x$ 与 $y = \arctan x$ 在其定义域内单调递增，而 $y = \arccos x$ 与 $y = \text{arc cot}\, x$ 在定义域内单调递减.

定义 1.1.4　由常数和基本初等函数经过有限次的四则运算和有限次的函数复合所构成，并且可以用一个式子表示的函数，称为**初等函数**.

例如，$y = \sqrt{1 - x^2}$，$y = \sin^2 x$，$y = x\cos\sqrt{\ln(2 + x^2)}$ 等都是初等函数. 在本课程中所讨论的函数绝大多数是初等函数.

需要指出，大多数分段函数一般说来不是初等函数，但也并不是所有的分段函数都不是初等函数. 例如，绝对值函数 $y = |x| = \begin{cases} x, & x \geqslant 0, \\ -x, & x < 0, \end{cases}$ 就是初等函数，因为 $y = |x| = \sqrt{x^2}$ 是由 $y = \sqrt{u}$ 与 $u = x^2$ 复合而成的.

习题 1.1

1. 求下列函数定义域：

（1）$y = \sqrt{3x + 2}$；　　　　　　　　　（2）$y = \ln(x^2 - 3x + 2)$；

（3）$y = \arcsin \dfrac{x-1}{2}$；　　　　　　（4）$y = \ln(x-1) + \dfrac{1}{\sqrt{x+1}}$；

（5）$y = \sqrt{3-x} + \arctan \dfrac{1}{x}$．

2．已知 $f(x) = \begin{cases} x-1, & x > 0, \\ 0, & x = 0, \\ x+1, & x < 0. \end{cases}$ 求 $f(-1)$，$f(2)$ 和 $f(a)$．

3．判断下列函数的单调性：

（1）$y = 2x+1$；　　　（2）$y = 1+x^2$；　　　（3）$y = \ln(x+2)$．

4．判断下列函数的奇偶性：

（1）$y = \dfrac{e^x + e^{-x}}{2}$；　　　　　　（2）$y = 2\cos x + 1$；

（3）$y = \sin x + x^3$；　　　　　　（4）$y = \ln(x + \sqrt{1+x^2})$．

5．判断下列函数是否为周期函数，如果是周期函数，求其最小正周期：

（1）$y = \cos(x-2)$；　　　　　（2）$y = |\sin x|$；

（3）$y = \sin 3x + \tan \dfrac{x}{2}$；　　　　（4）$y = x\cos x$．

6．设 $f(x+1) = x^2 + 3x + 1$，求 $f(x)$ 和 $f(1-x)$．

7．求下列函数的反函数：

（1）$y = \sqrt[3]{x+1}$；　　　　　　（2）$y = x^2 - 2x$，$x \in [1, +\infty)$；

（3）$y = 1 + \ln(x+2)$；　　　　　（4）$y = \dfrac{1}{3}\sin 2x$，$x \in \left(-\dfrac{\pi}{4}, \dfrac{\pi}{4}\right)$．

8．在下列各题中，求由所给函数复合而成的复合函数：

（1）$y = \sqrt{u}$，$u = 1-x^2$；　　　　（2）$y = u^3$，$u = \ln v$，$v = x+1$；

（3）$y = \arctan u$，$u = e^v$，$v = x^2$．

9．已知 $f(x) = x^2$，$\varphi(x) = \sin x$，求下列复合函数：

（1）$f[f(x)]$；　　　　　　（2）$f[\varphi(x)]$；

（3）$\varphi[f(x)]$；　　　　　　（4）$\varphi[\varphi(x)]$．

10．收音机每台售价为 90 元，成本为 60 元，厂商为鼓励销售商大量采购，决定凡是订购量超过 100 台以上的，每多订购 1 台，售价就降低 1 分，但最低价为每台 75 元．

（1）将每台的实际售价 p 表示成订购量 x 的函数；

（2）将厂方所获得的利润 L 表示成订购量 x 的函数；

（3）某一销售商订购了 1000 台，厂方可获利润多少？

1.2 数列的极限

1.2.1 引例

极限概念是由于求某些实际问题的精确解答而产生的. 例如, 我国古代数学家刘徽（公元 3 世纪）利用圆内接正多边形来推算圆面积的方法——割圆术, 就是极限思想在几何学上的应用.

设有一圆, 首先作其内接正六边形, 其面积记作 A_1; 再作内接正十二边形, 其面积记 A_2; 再作内接正二十四边形, 其面积记作 A_3; 如此循环, 每次边数加倍, 将内接正 $6 \times 2^{n-1}$ 边形的面积记作 A_n（$n \in \mathbf{N}^+$）. 这样, 就得到一系列内接正多边形的面积:

$$A_1, A_2, A_3, \cdots, A_n, \cdots$$

它们构成一系列有次序的数. n 越大, 内接正多边形与圆的面积差别就越小, 从而以 A_n 作为圆面积的近似值也越精确. 但是无论 n 取得如何大, 只要 n 取定了, A_n 终究只是多边形的面积, 还不是圆的面积. 因此, 设想 n 无限增大（记为 $n \to \infty$, 读作 n 趋于无穷大）, 即内接正多边形的边数无限增加, 在这个过程中, 内接正多边形的面积无限接近于圆的面积, 即 A_n 无限接近于某一个确定的数值, 这个确定的数值就理解为圆的面积. 在数学上这个确定的数值称为上面这列有次序的数（所谓数列）$A_1, A_2, A_3, \cdots, A_n, \cdots$ 当 $n \to \infty$ 时的极限. 在圆面积问题中我们看到, 正是这个数列的极限才精确地表达了圆的面积.

在解决实际问题中形成的这种极限方法, 已成为高等数学中的一种基本方法, 因此有必要作进一步的阐明. 下面我们首先引入数列的定义, 再讨论数列极限的概念与性质.

1.2.2 数列极限的概念

定义 1.2.1 如果按照某一法则, 对每个 $n \in \mathbf{N}^+$, 对应着一个确定的实数 u_n, 这些实数 u_n 按照下标 n 从小到大排列得到一个序列

$$u_1, u_2, u_3, \cdots, u_n, \cdots$$

称为**数列**, 简记为 $\{u_n\}$.

根据以上定义, 数列 $\{u_n\}$ 又可以理解为定义在正整数集合上的函数

$$u_n = f(n), \quad n \in \mathbf{N}^+.$$

数列中的每一个数称为数列的**项**, 第 n 项 u_n 称为数列的**一般项**或**通项**. 例如:

（1）$1, \dfrac{1}{2}, \dfrac{1}{3}, \cdots, \dfrac{1}{n}, \cdots,$ 　　　　　　　　一般项为 $\dfrac{1}{n}$;

（2）$\dfrac{1}{2}, \dfrac{2}{3}, \dfrac{3}{4}, \cdots, \dfrac{n}{n+1}, \cdots$,　　　一般项为 $\dfrac{n}{n+1}$；

（3）$1, 2, 3, \cdots, n, \cdots$,　　　　　　　一般项为 n；

（4）$1, -\dfrac{1}{2}, \dfrac{1}{3}, \cdots, (-1)^{n-1}\dfrac{1}{n}, \cdots$,　　　一般项为 $(-1)^{n-1}\dfrac{1}{n}$；

（5）$1, -1, 1, -1, \cdots (-1)^{n-1}, \cdots$,　　　一般项为 $(-1)^{n-1}$.

观察以上数列，我们可以看到，随着 n 的无限增大，它们有着各自的变化趋势：数列（1）无限接近于 0；数列（2）无限接近于 1；数列（3）无限增大；数列（4）无限接近于 0；数列（5）不接近于任何常数.

观察可知，随着 n 的无限增大，数列的变化趋势可分为以下两种情形：数列无限接近于某个确定的常数或者数列不接近于任何常数. 由此给出数列极限的描述性定义.

定义 1.2.2　设 $\{u_n\}$ 为一数列，如果当 n 无限增大时，u_n 无限接近某个确定的常数 a，则称 a 为数列 $\{u_n\}$ 的**极限**，记作

$$\lim_{n\to\infty} u_n = a \text{ 或 } u_n \to a \text{ （ } n\to\infty \text{ ），}$$

此时也称数列 $\{u_n\}$ **收敛**.

如果当 n 无限增大时，u_n 不接近于任何常数，则称数列 $\{u_n\}$ 没有极限，或者数列 $\{u_n\}$ **发散**，习惯上也称 $\lim\limits_{n\to\infty} u_n$ 不存在.

根据以上定义易知，上述数列中：$\lim\limits_{n\to\infty}\dfrac{1}{n} = 0$，$\lim\limits_{n\to\infty}\dfrac{n}{n+1} = 1$，$\lim\limits_{n\to\infty}(-1)^{n-1}\dfrac{1}{n} = 0$，而数列 $\{n\}$ 与 $\{(-1)^n\}$ 是发散的.

定义 1.2.2 用直观描述的方法给出了极限的定义，并用观察法得到了几个数列的极限，但是有些复杂的数列很难通过观察得到极限，并且定义 1.2.2 中" n 无限增大"与" u_n 无限接近于"等语言缺少了数学的严谨性与精确性. 那么该如何使用数学语言刻画" n 无限增大"与" u_n 无限接近于"呢？

我们知道，两个数 a 与 b 之间的接近程度可以用 $|b-a|$ 度量，$|b-a|$ 越小，则 a 与 b 越接近. 因此，定义 1.2.2 中"当 n 无限增大时，u_n 无限接近于某个确定的常数 a"指"当 n 无限增大时，u_n 与 a 可以任意接近"，换句话说，"当 n 充分大时，$|u_n - A|$ 可以任意小".

下面以 $\lim\limits_{n\to\infty}\dfrac{1}{n} = 0$ 为例说明数列极限的精确定义.

例如，如果事先给定小正数 0.1，要使 $\left|\dfrac{1}{n} - 0\right| < 0.1$，只须 $n > 10$. 也就是说，从数列的第 11 项起一切项都满足 $\left|\dfrac{1}{n} - 0\right| < 0.1$.

如果事先给定小正数 0.01，要使 $\left|\dfrac{1}{n}-0\right|<0.01$，只须 $n>100$．也就是说，从数列的第 101 项起一切项都满足 $\left|\dfrac{1}{n}-0\right|<0.01$．

如果事先给定小正数 0.001，要使 $\left|\dfrac{1}{n}-0\right|<0.001$，只须 $n>1000$．也就是说，从数列的第 1001 项起一切项都满足 $\left|\dfrac{1}{n}-0\right|<0.001$．

……

由此可见，无论事先指定多么小的正数 ε，总存在足够大的正整数 N，使 $n>N$ 的一切项 $u_{N+1},u_{N+2},\cdots$ 都满足 $\left|\dfrac{1}{n}-0\right|<\varepsilon$．

根据以上讨论，我们给出数列极限的精确定义．

定义 1.2.2′（$\varepsilon-N$ 定义） 设 $\{u_n\}$ 为一数列，如果存在常数 a，对于任意给定的正数 ε（不论它多么小），总存在正整数 N，使得当 $n>N$ 时，不等式 $|u_n-a|<\varepsilon$ 恒成立，则称常数 a 为数列 $\{u_n\}$ 的**极限**，或者称数列 $\{u_n\}$ **收敛于** a．记作

$$\lim_{n\to\infty}u_n=a \text{ 或 } u_n\to a \quad (n\to\infty).$$

如果不存在这样的常数 a，则称数列 $\{u_n\}$ **发散**，也称 $\lim\limits_{n\to\infty}u_n$ **不存在**．

上面定义中的正数 ε 可以任意给定，这一点是很重要的，因为只有这样，不等式 $|u_n-a|<\varepsilon$ 才能表达出 u_n 与 a 无限接近的意思．此外还应注意到：定义中的正整数 N 是与任意给定的正数 ε 有关的，它随 ε 的给定而选定．

下面我们给出"数列 $\{u_n\}$ 的极限为 a"的几何意义．

若 $\lim\limits_{n\to\infty}u_n=a$，则对于任给的 $\varepsilon>0$，无论它多么小，都存在正整数 N，在数列 $\{u_n\}$ 中，从第 $N+1$ 项开始以后的所有项 $u_{N+1},u_{N+2},\cdots$ 都落在区间 $(a-\varepsilon,a+\varepsilon)$ 中，而在该区间之外最多只有 $\{u_n\}$ 的有限项 $u_1,u_2,u_3,\cdots,u_N$（如图 1.15 所示）．

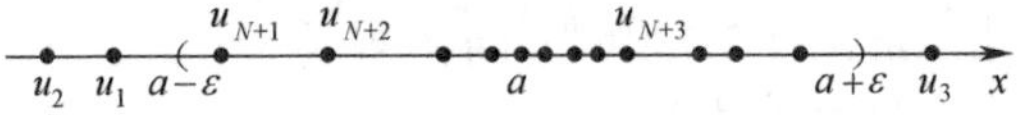

图 1.15

为了表达方便，引入记号"$\forall$"表示对于任意给定的或对于每一个，记号"$\exists$"表示存在或找到．于是，"对于任意给定的正数 ε"可写成"$\forall\varepsilon>0$"，"存在正整数 N"写成"$\exists$ 正整数 N"．于是，数列极限 $\lim\limits_{n\to\infty}u_n=a$ 可简单表达为：

$$\lim_{n\to\infty}u_n=a \Leftrightarrow \forall\varepsilon>0，\exists \text{ 正整数 } N，当 n>N \text{ 时，有 } |u_n-a|<\varepsilon.$$

数列极限的精确定义并未直接给出数列极限的计算方法，但我们可以用它来证明数列的极限．

例 1.2.1 证明：$\lim\limits_{n\to\infty}\dfrac{n}{n+1}=1$.

证明 令 $u_n=\dfrac{n}{n+1}$，则 $|u_n-1|=\left|\dfrac{n}{n+1}-1\right|=\left|\dfrac{1}{n+1}\right|=\dfrac{1}{n+1}$.

$\forall\varepsilon>0$（设 $\varepsilon<1$），要使 $|u_n-1|=\dfrac{1}{n+1}<\varepsilon$ 成立，只需 $n>\dfrac{1}{\varepsilon}-1$. 取正整数 $N=\left[\dfrac{1}{\varepsilon}-1\right]$，则当 $n>N$ 时，恒有 $|u_n-1|<\varepsilon$ 成立.

由定义知，$\lim\limits_{n\to\infty}\dfrac{n}{n+1}=1$.

例 1.2.2 设 $|q|<1$，证明：$\lim\limits_{n\to\infty}q^n=0$.

证明 $u_n=q^n$，当 $q=0$ 时，结论显然成立，以下设 $0<|q|<1$.

$\forall\varepsilon>0$（设 $\varepsilon<1$），要使 $|u_n-0|=|q^n-0|=|q^n|=|q|^n<\varepsilon$ 成立，只需 $n>\dfrac{\ln\varepsilon}{\ln|q|}$，取正整数 $N=\left[\dfrac{\ln\varepsilon}{\ln|q|}\right]$，则当 $n>N$ 时，恒有 $|u_n-0|<\varepsilon$ 成立.

由定义知，当 $|q|<1$ 时，有 $\lim\limits_{n\to\infty}q^n=0$.

1.2.3 收敛数列的性质

性质 1.2.1（极限的唯一性） 如果数列 $\{u_n\}$ 收敛，则其极限必唯一.

证明 现用反证法证明.

设数列 $\{u_n\}$ 有两个极限 a 和 b，不妨设 $a<b$，取 $\varepsilon=\dfrac{b-a}{2}>0$，因为 $\lim\limits_{n\to\infty}u_n=a$，故 $\exists$ 正整数 N_1，当 $n>N_1$ 时，有不等式

$$|u_n-a|<\frac{b-a}{2}$$

成立，即

$$a-\frac{b-a}{2}<u_n<a+\frac{b-a}{2}.$$

从而有

$$u_n<\frac{a+b}{2}. \tag{1.2.1}$$

同理，因为 $\lim\limits_{n\to\infty}u_n=b$，故 $\exists$ 正整数 N_2，当 $n>N_2$ 时，有不等式

$$|u_n-b|<\frac{b-a}{2}$$

成立，即

$$b - \frac{b-a}{2} < u_n < b + \frac{b-a}{2}.$$

从而有

$$u_n > \frac{a+b}{2}. \tag{1.2.2}$$

取 $N = \max\{N_1, N_2\}$ ，则 $n > N$ 时，（1.2.1）（1.2.2）两式同时成立，得到矛盾．这矛盾就证明了本定理的结论．

性质 1.2.2（收敛数列的有界性） 如果数列 $\{u_n\}$ 收敛，则 $\{u_n\}$ 一定有界．

证明 设数列 $\{u_n\}$ 收敛于 a ，由数列极限的定义，取 $\varepsilon = 1$ ，则存在正整数 N ，当 $n > N$ 时，有

$$|u_n - a| < 1$$

成立．于是，当 $n > N$ 时

$$|u_n| = |(u_n - a) + a| \leqslant |(u_n - a)| + |a| < 1 + |a|.$$

取 $M = \max\{|u_1|, |u_2|, \cdots, |u_N|, 1 + |a|\}$ ，则对 $\forall n \in N^+$ ，都有

$$|u_n| \leqslant M.$$

这就证明了数列 $\{u_n\}$ 是有界的．

根据上述定理，如果数列 $\{u_n\}$ 无界，则数列 $\{u_n\}$ 一定发散．但是，如果数列 $\{u_n\}$ 有界，却不能断定数列 $\{u_n\}$ 一定收敛．例如，数列 $\{(-1)^{n-1}\}$ 有界，但却是发散的．所以数列有界仅是数列收敛的必要条件，而不是充分条件．

性质 1.2.3（收敛数列的保号性） 如果 $\lim\limits_{n\to\infty} u_n = a$ ，且 $a > 0$ （或 $a < 0$ ），则存在正整数 N ，当 $n > N$ 时，有 $u_n > 0$ （或 $u_n < 0$ ）．

证明 设 $a > 0$ ，由于 $\lim\limits_{n\to\infty} u_n = a$ ，取 $\varepsilon = \dfrac{a}{2} > 0$ ，则存在正整数 N ，当 $n > N$ 时，有

$$|u_n - a| < \frac{a}{2}.$$

从而有

$$u_n > a - \frac{a}{2} = \frac{a}{2} > 0.$$

当 $a < 0$ 时可类似证明．

推论 1.2.1 如果数列 $\{u_n\}$ 从某项起有 $u_n \geqslant 0$ （或 $u_n \leqslant 0$ ），且 $\lim\limits_{n\to\infty} u_n = a$ ，那么 $a \geqslant 0$ （或 $a \leqslant 0$ ）．

证明 设数列 $\{u_n\}$ 从第 N_1 项起，即当 $n > N_1$ 时，有 $u_n \geqslant 0$ ．现用反证法证明 $a \geqslant 0$ ．若 $\lim\limits_{n\to\infty} u_n = a < 0$ ，由定理 1.2.3 可知，存在正整数 N_2 ，当 $n > N_2$ 时，有 $u_n < 0$ ，

取 $N = \max\{N_1, N_2\}$，则当 $n > N$ 时，按假定有 $u_n \geqslant 0$，而按定理 1.2.3 有 $u_n < 0$，这引起矛盾．因此必有 $a \geqslant 0$．

数列 $\{u_n\}$ 从某项起有 $u_n \leqslant 0$ 的情形可类似证明．

最后，介绍子数列的概念以及关于收敛数列与其子数列间关系的一个定理．

在数列 $\{u_n\}$ 中任意抽取无限多项并保持这些项在原数列 $\{u_n\}$ 中的先后次序，这样得到的数列称为原数列 $\{u_n\}$ 的**子数列**（或**子列**）．

设在数列 $\{u_n\}$ 中，第一次取 u_{n_1}，第二次在 u_{n_1} 后取 u_{n_2}，第三次在 u_{n_2} 后取 u_{n_3}，… 这样无休止地取下去，得到一个数列

$$u_{n_1}, u_{n_2}, u_{n_3}, \cdots, u_{n_k}, \cdots$$

该数列记作 $\{u_{n_k}\}$，就是数列 $\{u_n\}$ 的一个子数列．

可见，在子数列 $\{u_{n_k}\}$ 中，一般项 u_{n_k} 是第 k 项，而在原数列 $\{u_n\}$ 中是第 n_k 项，显然 $n_k \geqslant k$．

性质 1.2.4（**收敛数列与其子数列间的关系**） 如果数列 $\{u_n\}$ 收敛于 a，则其任一子数列也收敛，且极限也是 a．

证明从略．

由性质 1.2.4 可知，如果数列 $\{u_n\}$ 有一个子数列发散，则数列 $\{u_n\}$ 也一定发散．而如果数列 $\{u_n\}$ 有两个收敛于不同极限的子数列，则数列 $\{u_n\}$ 也一定发散．例如，数列 $\{(-1)^{n-1}\}$ 的子数列 $\{u_{2k-1}\}$ 收敛于 1，而子数列 $\{u_{2k}\}$ 收敛于 -1，因此数列 $\{(-1)^{n-1}\}$ 是发散的．同时这个例子也说明，一个发散的数列也可能有收敛的子数列．

习题 1.2

1．观察下列数列的变化趋势，如果有极限，写出其极限：

（1）$u_n = \dfrac{1}{2^n}$；

（2）$u_n = \dfrac{n-1}{n+1}$；

（3）$u_n = (-1)^n \dfrac{1}{n}$；

（4）$u_n = (-1)^{n-1} n^2$；

（5）$u_n = \dfrac{\sin n\pi}{n}$；

（6）$u_n = \cos \dfrac{1}{n}$．

2．用数列极限的定义证明下列极限：

（1）$\lim\limits_{n \to \infty} \dfrac{1}{n^2} = 0$；

（2）$\lim\limits_{n \to \infty} \dfrac{2n+1}{n+2} = 2$；

（3）$\lim\limits_{n \to \infty} \dfrac{\sin n}{n} = 0$．

3．如果 $\lim\limits_{n \to \infty} u_n = a$，证明：$\lim\limits_{n \to \infty} |u_n| = |a|$，举例说明反之未必．

4．设数列 $\{u_n\}$ 有界，且 $\lim\limits_{n \to \infty} v_n = 0$，证明：$\lim\limits_{n \to \infty} u_n v_n = 0$．

5．设数列 $\{u_{2k-1}\}$ 和 $\{u_{2k}\}$ 均为数列 $\{u_n\}$ 的子数列，若 $\lim\limits_{k\to\infty} u_{2k-1} = \lim\limits_{k\to\infty} u_{2k} = a$，证明：$\lim\limits_{n\to\infty} u_n = a$．

1.3 函数的极限

因为数列 $\{u_n\}$ 可以看作自变量为 n 的函数 $u_n = f(n)$，$n \in \mathbf{N}^+$，所以数列 $\{u_n\}$ 的极限为 a，就是当自变量 n 取正整数且无限增大（即 $n \to \infty$）这一过程中，对应的函数值 $f(n)$ 无限接近于确定的数 a．把数列极限概念中的函数为 $f(n)$ 而自变量的变化过程为 $n \to \infty$ 等特殊性撇开，可以引出函数极限的概念：在自变量的某个变化过程中，如果对应的函数值无限接近于某个确定的常数，那么这个确定的常数就称为自变量在这一变化过程中函数的极限．这个极限是与自变量的变化过程密切相关的，由于自变量的变化过程不同，函数的极限就表现为不同的形式．下面讨论自变量 x 变化过程中函数 $f(x)$ 的极限，根据自变量 x 的变化不同，主要有两种情形：

（1）自变量 x 的绝对值 $|x|$ 无限增大即趋于无穷大（记作 $x \to \infty$）时，对应的函数 $f(x)$ 的变化趋势；

（2）自变量 x 任意接近于有限值 x_0 即趋于有限值 x_0（记作 $x \to x_0$）时，对应的函数 $f(x)$ 的变化趋势．

1.3.1 自变量趋于无穷大时函数的极限

考察函数 $f(x) = \dfrac{x+1}{x}$，从其图像（图 1.16）中可以看出：当 $x \to \infty$ 时，$f(x)$ 的函数值无限接近于常数 1，此时我们称 1 为函数 $f(x)$ 当 $x \to \infty$ 时的极限．

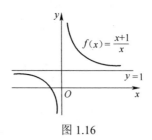

图 1.16

一般地，有下面的描述性定义．

定义 1.3.1 给定函数 $y = f(x)$，当 $|x|$ 无限增大时，如果函数 $f(x)$ 无限接近于确定的常数 A，则称 A 为 $x \to \infty$ 时函数 $f(x)$ 的**极限**，记作

$$\lim_{x\to\infty} f(x) = A \text{ 或 } f(x) \to A \text{（} x \to \infty \text{）．}$$

由定义 1.3.1 可知，1 为函数 $f(x)=\dfrac{x+1}{x}$ 当 $x\to\infty$ 时的极限，记为 $\lim\limits_{x\to\infty}\dfrac{x+1}{x}=1$.

有时我们还需要区分 x 趋于无穷大的符号，如果 x 沿 x 轴正向无限增大，记为 $x\to+\infty$；沿 x 轴负向绝对值无限增大，记为 $x\to-\infty$，相应地可表示为

$$\lim\limits_{x\to+\infty}f(x)=A \ ; \quad \lim\limits_{x\to-\infty}f(x)=A \ .$$

显然，$\lim\limits_{x\to\infty}f(x)=A$ 成立的充要条件是 $\lim\limits_{x\to+\infty}f(x)=\lim\limits_{x\to-\infty}f(x)=A$.

由以上描述性定义并借助于基本初等函数的图形，不难得出：

（1）$\lim\limits_{x\to\infty}C=C$；　　　　（2）$\lim\limits_{x\to+\infty}e^x$ 不存在；　　　　（3）$\lim\limits_{x\to-\infty}e^x=0$；

（4）$\lim\limits_{x\to+\infty}\arctan x=\dfrac{\pi}{2}$；　　（5）$\lim\limits_{x\to-\infty}\arctan x=-\dfrac{\pi}{2}$.

依照数列极限的 $\varepsilon-N$ 定义，下面给出当 $x\to\infty$ 时函数 $f(x)$ 极限的精确定义.

定义 1.3.1′（$\varepsilon-X$ 定义）　设函数 $f(x)$ 当 $|x|$ 大于某一正数时有定义，如果存在常数 A，对于任意给定的正数 ε（不论它多么小），总存在正数 X，使得当 $|x|>X$ 时，不等式 $|f(x)-A|<\varepsilon$ 恒成立，则称 A 为 $f(x)$ 当 $x\to\infty$ 时的**极限**. 记作

$$\lim\limits_{x\to\infty}f(x)=A \ \text{或} \ f(x)\to A \ （x\to\infty）.$$

上述定义可以简单地表达为：

$\lim\limits_{x\to\infty}f(x)=A \Leftrightarrow \forall\varepsilon>0$，$\exists X>0$，当 $|x|>X$ 时，有 $|f(x)-A|<\varepsilon$.

类似地，可以写出极限 $\lim\limits_{x\to+\infty}f(x)=A$ 和 $\lim\limits_{x\to-\infty}f(x)=A$ 的精确定义.

从几何直观上来看，$\lim\limits_{x\to\infty}f(x)=A$ 是指无论取多么小的正数 ε，总能找到一个正数 X，当 $x>X$ 或 $x<-X$ 时，曲线 $y=f(x)$ 总是介于两条水平直线 $y=A-\varepsilon$ 和 $y=A+\varepsilon$ 之间（如图 1.17）.

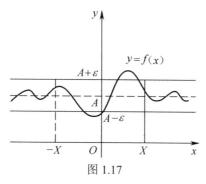

图 1.17

一般地，若 $\lim\limits_{x\to\infty}f(x)=A$（或 $\lim\limits_{x\to+\infty}f(x)=A$，$\lim\limits_{x\to-\infty}f(x)=A$），则称直线 $y=A$ 为曲线 $y=f(x)$ 的**水平渐近线**.

例 1.3.1　证明：$\lim\limits_{x\to\infty}\dfrac{1}{x}=0$.

证明 $\forall \varepsilon > 0$ ，要使不等式 $\left| \dfrac{1}{x} - 0 \right| = \dfrac{1}{|x|} < \varepsilon$ 成立，只要 $|x| > \dfrac{1}{\varepsilon}$. 因此，如果取

$X = \dfrac{1}{\varepsilon}$ ，则当 $|x| > X$ 时，不等式 $\left| \dfrac{1}{x} - 0 \right| < \varepsilon$ 成立. 这就证明了 $\lim\limits_{x \to \infty} \dfrac{1}{x} = 0$.

例 1.3.2 证明： $\lim\limits_{x \to -\infty} e^x = 0$.

证明 $\forall \varepsilon > 0$ （设 $\varepsilon < 1$），要使 $\left| e^x - 0 \right| = e^x < \varepsilon$ 成立，只要 $x < \ln \varepsilon$. 取 $X = -\ln \varepsilon$ ，则当 $x < -X$ 时，不等式 $\left| e^x - 0 \right| < \varepsilon$ 成立. 这就证明了 $\lim\limits_{x \to -\infty} e^x = 0$.

1.3.2 自变量趋于有限值时函数的极限

考察函数 $f(x) = \dfrac{x^2 - 1}{x - 1}$ ，从其图像（图 1.18）中可以看出：当 x 从 $x = 1$ 的左侧或右侧无限接近于 1 时， $f(x)$ 的函数值无限趋向于 2 . 此时我们说 2 为函数 $f(x)$ 当 $x \to 1$ 时的极限.

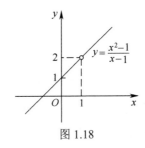

图 1.18

一般地，有下面描述性定义.

定义 1.3.2 设函数 $f(x)$ 在 x_0 的某去心邻域内有定义，如果存在常数 A ，当 x 无限接近于 x_0 时，函数 $f(x)$ 无限接近于 A ，则称 A 为 $f(x)$ 当 x 趋向于 x_0 时的**极限**. 记作

$$\lim_{x \to x_0} f(x) = A \text{ 或 } f(x) \to A \ (x \to x_0).$$

显然，函数 $f(x)$ 当 $x \to x_0$ 时极限存在与否与函数 $f(x)$ 在 x_0 处的函数值无关，也与 $f(x)$ 在 x_0 点有无定义无关.

由描述性定义并借助初等函数的图形不难得出：

（1） $\lim\limits_{x \to x_0} C = C$ ；

（2） $\lim\limits_{x \to x_0} x = x_0$ ；

（3） $\lim\limits_{x \to 0} \sin x = 0$ ；

（4） $\lim\limits_{x \to 0} \cos x = 1$.

依照数列极限的 $\varepsilon - N$ 定义，下面给出当 $x \to x_0$ 时函数 $f(x)$ 极限的精确定义.

定义 1.3.2′（ $\varepsilon - \delta$ **定义**） 设函数 $f(x)$ 在 x_0 的某去心邻域内有定义，如果存在常数 A ，对任意给定的正数 ε （不论它多么小），总存在正数 δ ，使得当 $0 < |x - x_0| < \delta$ 时，不等式 $|f(x) - A| < \varepsilon$ 恒成立，则称 A 为函数 $f(x)$ 当 $x \to x_0$ 时的

极限，记作
$$\lim_{x \to x_0} f(x) = A \text{ 或 } f(x) \to A \ (x \to x_0).$$

上述定义可以简单地表达为：
$$\lim_{x \to x_0} f(x) = A \Leftrightarrow \forall \varepsilon > 0, \exists \delta > 0, \text{ 当 } 0 < |x - x_0| < \delta \text{ 时，有 } |f(x) - A| < \varepsilon.$$

从几何上看，$\lim\limits_{x \to x_0} f(x) = A$ 是指无论对于多么小的正数 ε，总能找到正数 δ，当 $y = f(x)$ 图形上点的横坐标 x 在邻域 $(x_0 - \delta, x_0 + \delta)$ 内，但 $x \neq x_0$ 时，曲线 $y = f(x)$ 总是介于两条水平直线 $y = A - \varepsilon$ 和 $y = A + \varepsilon$ 之间（如图1.19所示）.

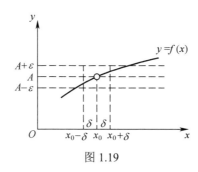

图 1.19

例 1.3.3 证明：$\lim\limits_{x \to 2}(3x - 2) = 4$.

证明 $\forall \varepsilon > 0$，要使 $|f(x) - 4| = |(3x - 2) - 4| = 3|x - 2| < \varepsilon$ 成立，只要 $|x - 2| < \dfrac{\varepsilon}{3}$. 所以可取 $\delta = \dfrac{\varepsilon}{3}$，则当 $0 < |x - 2| < \delta$ 时，就有 $|(3x - 2) - 4| < \varepsilon$. 这就证明了 $\lim\limits_{x \to 2}(3x - 2) = 4$.

例 1.3.4 证明：$\lim\limits_{x \to 1}\dfrac{x^2 - 1}{x - 1} = 2$.

证明 函数 $f(x) = \dfrac{x^2 - 1}{x - 1}$ 在 $x = 1$ 处无定义，但 $f(x)$ 当 $x \to 1$ 时极限存在与否与其并没有关系. 事实上，$\forall \varepsilon > 0$，要使
$$|f(x) - 2| = \left|\frac{x^2 - 1}{x - 1} - 2\right| = |(x + 1) - 2| = |x - 1| < \varepsilon,$$

可取 $\delta = \varepsilon$，那么当 $0 < |x - 1| < \delta$ 时，就有 $\left|\dfrac{x^2 - 1}{x - 1} - 2\right| < \varepsilon$. 这就证明了 $\lim\limits_{x \to 1}\dfrac{x^2 - 1}{x - 1} = 2$.

上述 $x \to x_0$ 时函数极限的定义中，$x \to x_0$ 的方式是任意的，即不论 x 从 x_0 的左侧还是 x_0 的右侧趋向于 x_0 时，函数 $f(x)$ 都无限地接近于常数 A，这种极限实际上为双侧极限. 但有时只能或只需考虑 x 仅从 x_0 的一侧趋向于 x_0 时函数 $f(x)$ 的极限情形，这就是单侧极限问题. 对于单侧极限，一般地，有如下定义.

定义 1.3.3 （1）设函数 $f(x)$ 在 x_0 的某左邻域内有定义，如果当 x 从 x_0 的左侧无限接近于 x_0 时，$f(x)$ 的函数值无限接近于某个常数 A，则称 A 为 $f(x)$ 当 x 趋向于 x_0 时的**左极限**，记作

$$\lim_{x \to x_0^-} f(x) = A \text{ 或 } f(x_0^-) = A .$$

（2）设函数 $f(x)$ 在 x_0 的某右邻域内有定义，如果当 x 从 x_0 的右侧无限接近于 x_0 时，$f(x)$ 的函数值无限接近于某个常数 A，则称 A 为 $f(x)$ 当 x 趋向于 x_0 时的**右极限**，记作

$$\lim_{x \to x_0^+} f(x) = A \text{ 或 } f(x_0^+) = A .$$

左极限和右极限统称为**单侧极限**.

以上为左极限和右极限的描述性定义，其精确定义（$\varepsilon - \delta$ 定义）请读者自行写出.

由以上定义，不难得到以下结论：

定理 1.3.1（函数极限与左右极限的关系）

$$\lim_{x \to x_0} f(x) = A \Leftrightarrow \lim_{x \to x_0^-} f(x) = \lim_{x \to x_0^+} f(x) = A .$$

注意：定理 1.3.1 常用于判断分段函数在分段点处极限的存在性.

例 1.3.5 讨论函数 $f(x) = \begin{cases} x - 1, & x < 0, \\ 0, & x = 0, \\ x + 1, & x > 0. \end{cases}$ 当 $x \to 0$ 时极限是否存在.

解 由定义与几何图形（图 1.20），可知

$$\lim_{x \to 0^-} f(x) = \lim_{x \to 0^-} (x - 1) = -1 , \quad \lim_{x \to 0^+} f(x) = \lim_{x \to 0^+} (x + 1) = 1 .$$

因为左右极限存在不相等，所以 $\lim_{x \to 0} f(x)$ 不存在.

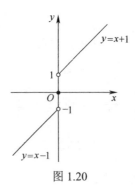

图 1.20

1.3.3 函数极限的性质

与收敛数列的性质相比较，可得函数极限的一些相应性质. 它们都可以根据函

数极限的定义，运用类似于证明收敛数列性质的方法加以证明．由于函数极限中自变量的变化过程较复杂，下面仅就 $x \to x_0$ 的情形给出结论，至于其他变化过程的相应结论请读者自己给出．

性质 1.3.1（函数极限的唯一性） 如果 $\lim\limits_{x \to x_0} f(x)$ 存在，则其极限必唯一．

性质 1.3.2（函数极限的局部有界性） 如果 $\lim\limits_{x \to x_0} f(x) = A$，则存在常数 $M > 0$ 和 $\delta > 0$，使得当 $0 < |x - x_0| < \delta$ 时，有 $|f(x)| \leq M$．

性质 1.3.3（函数极限的局部保号性） 如果 $\lim\limits_{x \to x_0} f(x) = A$（$A \neq 0$）且 $A > 0$（或 $A < 0$），则存在常数 $\delta > 0$，使得当 $0 < |x - x_0| < \delta$ 时，有 $f(x) > 0$（或 $f(x) < 0$）．

由性质 1.3.3，易得以下推论．

推论 1.3.1 如果在 x_0 的某去心邻域内 $f(x) \geq 0$（或 $f(x) \leq 0$），且 $\lim\limits_{x \to x_0} f(x) = A$，则有 $A \geq 0$（或 $A \leq 0$）．

习题 1.3

1．对图 1.21 所示的函数 $f(x)$，下列陈述中哪些是对的，哪些是错的？

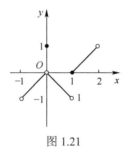

图 1.21

（1）$\lim\limits_{x \to 0} f(x)$ 不存在；

（2）$\lim\limits_{x \to 1} f(x) = 0$；

（3）$\lim\limits_{x \to 2^-} f(x) = 1$；

（4）$\lim\limits_{x \to -1^+} f(x)$ 不存在；

（5）对每个 $x_0 \in (-1, 1)$，$\lim\limits_{x \to x_0} f(x)$ 存在；

（6）对每个 $x_0 \in (1, 2)$，$\lim\limits_{x \to x_0} f(x)$ 存在．

2．用函数极限的定义证明下列极限：

（1）$\lim\limits_{x \to \infty} \dfrac{2x+1}{x} = 2$；

（2）$\lim\limits_{x \to +\infty} \dfrac{\sin x}{x} = 0$；

（3）$\lim\limits_{x \to 2}(x+1) = 3$；

（4）$\lim\limits_{x \to -2} \dfrac{x^2 - 4}{x + 2} = -4$．

3. 设函数 $f(x) = \begin{cases} \dfrac{1}{x-1}, & x < 0, \\ x, & 0 \leqslant x \leqslant 1, \\ 1, & x > 1. \end{cases}$ 问极限 $\lim\limits_{x \to 0} f(x)$ 与 $\lim\limits_{x \to 1} f(x)$ 是否存在？

4. 已知函数 $f(x) = \begin{cases} x^2, & x \leqslant 1, \\ x+k, & x > 1. \end{cases}$ 确定常数 k 的值，使极限 $\lim\limits_{x \to 1} f(x)$ 存在.

5. 设函数 $f(x) = |x|$，证明：$\lim\limits_{x \to 0} f(x) = 0$.

6. 求函数 $f(x) = \dfrac{x}{x}$，$\varphi(x) = \dfrac{|x|}{x}$ 当 $x \to 0$ 时的左、右极限，并说明它们在 $x \to 0$ 时的极限是否存在.

7. 证明：$\lim\limits_{x \to x_0} f(x) = A$ 的充要条件是 $\lim\limits_{x \to x_0^-} f(x) = \lim\limits_{x \to x_0^+} f(x) = A$.

8. 已知 $\lim\limits_{x \to x_0} f(x) = A$（$A \neq 0$），证明：存在常数 $\delta > 0$，使得当 $0 < |x - x_0| < \delta$ 时，有 $|f(x)| > \dfrac{|A|}{2}$.

1.4　无穷小与无穷大

1.4.1　无穷小

在极限的研究中，极限为零的函数发挥着重要作用，需要进行专门的讨论，为此先引入如下定义.

定义 1.4.1　如果函数 $f(x)$ 在自变量 x 的某一变化过程中的极限为零，则称函数 $f(x)$ 为该变化过程中的**无穷小量**，简称**无穷小**，记作

$$\lim f(x) = 0.$$

这里，记号"lim"下面没有标明自变量 x 的变化过程，是指前面所提到的变化过程（$x \to x_0$，$x \to x_0^-$，$x \to x_0^+$，$x \to \infty$，$x \to -\infty$，$x \to +\infty$）中的某一个. 在以后的表述中，这种记法的含义相同.

特别地，以零为极限的数列 $\{u_n\}$ 称为 $n \to \infty$ 时的无穷小.

例如，$\lim\limits_{x \to 1}(x-1) = 0$，所以函数 $x-1$ 为 $x \to 1$ 时的无穷小.

$\lim\limits_{x \to \infty} \dfrac{\sin x}{x} = 0$，所以函数 $\dfrac{\sin x}{x}$ 为 $x \to \infty$ 时的无穷小.

$\lim\limits_{n \to \infty} \dfrac{1}{n+1} = 0$，所以数列 $\left\{\dfrac{1}{n+1}\right\}$ 为 $n \to \infty$ 时的无穷小.

有时为了表达方便，我们也用希腊字母 α，β，γ 等表示无穷小.

需要注意的是，无穷小不是很小的数，而是在自变量的某个变化过程中，其

极限为零的变量；再者，无穷小是相对于自变量的某一变化过程而言的，例如 $x \to \infty$ 时 $\frac{1}{x}$ 是无穷小，而 $x \to 1$ 时 $\frac{1}{x}$ 则不是无穷小．

按照极限的 $\varepsilon - \delta$ 定义，容易得出：$f(x)$ 为 $x \to x_0$ 时的无穷小 $\Leftrightarrow \forall \varepsilon > 0$，$\exists \delta > 0$，当 $0 < |x - x_0| < \delta$ 时，有 $|f(x)| < \varepsilon$．

其他情形下无穷小定义可用类似语言表述．

具有极限的变量与无穷小量之间有着密切的联系．

定理 1.4.1　在自变量的同一变化过程中，函数 $f(x)$ 以 A 为极限的充要条件是 $f(x) = A + \alpha$，其中 α 为无穷小．

证明　仅就自变量 $x \to x_0$ 的情形为例证明，其他情形可类似求证．

先证必要性．设 $\lim\limits_{x \to x_0} f(x) = A$，则 $\forall \varepsilon > 0$，$\exists \delta > 0$，当 $0 < |x - x_0| < \delta$ 时，有

$$|f(x) - A| < \varepsilon .$$

令 $\alpha = f(x) - A$，则 α 为 $x \to x_0$ 时的无穷小，且 $f(x) = A + \alpha$．这就证明了 $f(x)$ 等于它的极限 A 与一个无穷小 α 之和．

再证充分性．设 $f(x) = A + \alpha$，其中 A 为常数，α 为 $x \to x_0$ 时的无穷小．于是

$$|f(x) - A| = |\alpha|$$

因 α 为 $x \to x_0$ 时的无穷小，所以 $\forall \varepsilon > 0$，$\exists \delta > 0$，使当 $0 < |x - x_0| < \delta$ 时，有 $|\alpha| < \varepsilon$，即

$$|f(x) - A| < \varepsilon .$$

这就证明了 A 为 $f(x)$ 当 $x \to x_0$ 时的极限．

无穷小还具有以下几个明显的性质．

性质 1.4.1　有限个无穷小的和仍是无穷小．

性质 1.4.2　有限个无穷小的乘积仍是无穷小．

性质 1.4.3　无穷小与有界变量的乘积仍是无穷小．特别地，常量与无穷小的乘积仍是无穷小．

例 1.4.1　求极限 $\lim\limits_{x \to \infty} \dfrac{\arctan x}{x}$．

解　因为 $\lim\limits_{x \to \infty} \dfrac{1}{x} = 0$，$|\arctan x| \leqslant \dfrac{\pi}{2}$，故由性质 1.4.3 知，$\lim\limits_{x \to \infty} \dfrac{\arctan x}{x} = 0$．

1.4.2　无穷大

和无穷小的变化状态相反，如果在某个变化过程中，函数的绝对值无限增大，就称它是无穷大量，一般地，有下述定义．

定义 1.4.2　在自变量的某一变化过程中，如果 $|f(x)|$ 无限增大，则称函数 $f(x)$ 为该变化过程中的**无穷大量**，简称**无穷大**，记作

$$\lim f(x) = \infty .$$

特别地，如果当 $n \to \infty$ 时，$|u_n|$ 无限增大，则称数列 $\{u_n\}$ 为 $n \to \infty$ 时的无穷大.

例如，$\lim\limits_{x \to 0} \dfrac{1}{x} = \infty$，所以函数 $\dfrac{1}{x}$ 为 $x \to 0$ 时的无穷大.

$\lim\limits_{x \to \frac{\pi}{2}} \tan x = \infty$，所以函数 $\tan x$ 为 $x \to \dfrac{\pi}{2}$ 时的无穷大.

$\lim\limits_{x \to \infty} (2x+1) = \infty$，所以函数 $2x+1$ 为 $x \to \infty$ 时的无穷大.

下面给出当自变量 $x \to x_0$ 时无穷大的精确定义，自变量其他变化过程无穷大的精确定义请读者自己给出.

定义 1.4.3 设 $f(x)$ 在 x_0 的某去心邻域有定义，如果对任意给定的正数 M，总存在正数 δ，使得当 $0 < |x - x_0| < \delta$ 时，不等式

$$|f(x)| > M$$

恒成立，则称 $f(x)$ 为 $x \to x_0$ 的**无穷大**，记作

$$\lim_{x \to x_0} f(x) = \infty .$$

注意：无穷大是变量而不是常数，所以无论多么大的数也不是无穷大. 再者 $\lim f(x) = \infty$ 并不意味着 $f(x)$ 在这一过程中有极限，而是借助这一记法表明极限不存在情形下这一特殊形态，有时也读作"函数 $f(x)$ 的极限是无穷大".

如果在无穷大定义中，把 $|f(x)| > M$ 换成 $f(x) > M$（或 $f(x) < -M$），就得到正无穷大（或负无穷大）的定义，记作

$$\lim f(x) = +\infty \quad （或 \lim f(x) = -\infty）.$$

例如，$\lim\limits_{x \to 1^-} \dfrac{1}{1-x} = +\infty$，所以函数 $\dfrac{1}{1-x}$ 为 $x \to 1^-$ 时的正无穷大.

$\lim\limits_{x \to 0^+} \ln x = -\infty$，所以函数 $\ln x$ 为 $x \to 0^+$ 时的负无穷大.

$\lim\limits_{x \to +\infty} \ln x = +\infty$，所以函数 $\ln x$ 为 $x \to +\infty$ 时的正无穷大.

一般地，如果 $\lim\limits_{x \to x_0} f(x) = \infty$，则称直线 $x = x_0$ 是曲线 $y = f(x)$ 的**垂直渐近线**.

另外还需指出，与无穷小不同的是，在自变量同一变化过程中，两个无穷大相加或相减的结果是不确定的. 因此，无穷大没有和无穷小那样类似的性质，须具体问题具体分析.

1.4.3 无穷小与无穷大的关系

无穷小与无穷大之间有一种简单的关系，即

定理 1.4.2 在自变量的同一变化过程中，如果 $f(x)$ 为无穷大，则 $\dfrac{1}{f(x)}$ 为无

穷小；反之，如果 $f(x)$ 为无穷小且 $f(x) \neq 0$，则 $\dfrac{1}{f(x)}$ 为无穷大.

证明从略.

例如，$2x+1$ 为 $x \to \infty$ 时的无穷大，所以 $\dfrac{1}{2x+1}$ 为 $x \to \infty$ 时的无穷小；x^2 为

$x \to 0$ 时的无穷小，且 $x^2 \neq 0$，所以 $\dfrac{1}{x^2}$ 为 $x \to 0$ 时的无穷大.

根据该定理，我们可将对无穷大的研究转化为对无穷小的研究，而无穷小的分析是微积分学的精髓.

习题 1.4

1．两个无穷小的商是否一定是无穷小？举例说明.

2．两个无穷大的和是否一定是无穷大？举例说明.

3．下列函数在什么变化过程中是无穷小，在什么变化过程中是无穷大：

（1）$y = \dfrac{1}{(x-1)^2}$；　　　　　（2）$y = 2^x$；　　　　　（3）$y = \dfrac{x+2}{x^2-1}$.

4．下列各题中，哪些是无穷小，哪些是无穷大：

（1）$\ln x$，当 $x \to 0^+$ 时；　　　　　　（2）$\dfrac{1+(-1)^n}{n}$，当 $n \to \infty$ 时；

（3）$\dfrac{1}{\sqrt{x-2}}$，当 $x \to 2^+$ 时；　　　　（4）$\mathrm{e}^{\frac{1}{x}}$，当 $x \to 0^+$ 及 $x \to 0^-$ 时.

5．求下列函数的极限：

（1）$\lim\limits_{x \to \infty} \dfrac{1+\cos x}{x}$；　　　　　　（2）$\lim\limits_{x \to 0}(x^2+x)\arctan x$.

6．证明函数 $y = x\sin x$ 在 $(0,+\infty)$ 内无界，但这个函数不是 $x \to +\infty$ 时的无穷大.

1.5　极限的运算法则

前面讨论了极限的概念，本节讨论极限的求法，主要介绍极限的四则运算法则和复合函数的极限运算法则，以后我们还将介绍求极限的其他方法.

1.5.1　极限的四则运算法则

定理 1.5.1　在自变量同一变化过程中，设 $\lim f(x) = A$，$\lim g(x) = B$，那么

（1）$\lim[f(x) \pm g(x)] = \lim f(x) \pm \lim g(x) = A \pm B$；

（2）$\lim[f(x) \cdot g(x)] = \lim f(x) \cdot \lim g(x) = A \cdot B$；

（3）若 $B \neq 0$，则 $\lim \dfrac{f(x)}{g(x)} = \dfrac{\lim f(x)}{\lim g(x)} = \dfrac{A}{B}$.

证明 仅给出（2）的证明，另外两种情形的证明与其类似，请读者自行给出.

因为 $\lim f(x) = A$，$\lim g(x) = B$，根据无穷小与函数极限的关系，可知

$$f(x) = A + \alpha，\quad g(x) = B + \beta，$$

其中 α, β 为无穷小. 从而

$$f(x) \cdot g(x) = (A + \alpha)(B + \beta) = AB + (A\beta + B\alpha + \alpha\beta)，$$

由无穷小的性质知，$A\beta + B\alpha + \alpha\beta$ 也是无穷小，而 AB 为常量，所以

$$\lim[f(x) \cdot g(x)] = A \cdot B = \lim f(x) \cdot \lim g(x).$$

定理 1.5.1 中的（1）、（2）可以推广到有限个函数的情形，即若极限 $\lim f_1(x)$，$\lim f_2(x)$，$\cdots$，$\lim f_n(x)$ 均存在，则有

（1）$\lim[f_1(x) \pm f_2(x) \pm \cdots \pm f_n(x)] = \lim f_1(x) \pm \lim f_2(x) \pm \cdots \pm \lim f_n(x)$；

（2）$\lim[f_1(x) \cdot f_2(x) \cdots f_n(x)] = \lim f_1(x) \cdot \lim f_2(x) \cdots \lim f_n(x)$.

推论 1.5.1 如果 $\lim f(x)$ 存在，C 为常数，则 $\lim[Cf(x)] = C \cdot \lim f(x)$.

推论 1.5.2 如果 $\lim f(x)$ 存在，$n \in N^+$，则 $\lim[f(x)]^n = [\lim f(x)]^n$.

说明一点，由于数列是特殊的函数，其极限的运算法则同定理 1.5.1，不再赘述.

定理 1.5.2 如果 $\varphi(x) \geq \psi(x)$，而 $\lim \varphi(x) = a$，$\lim \psi(x) = b$，则 $a \geq b$.

证明 令 $f(x) = \varphi(x) - \psi(x)$，则 $f(x) \geq 0$，根据函数极限的性质，$\lim f(x) \geq 0$. 由定理 1.5.1，知

$$\lim f(x) = \lim[\varphi(x) - \psi(x)] = \lim \varphi(x) - \lim \psi(x) = a - b，$$

所以

$$a - b \geq 0，\text{即 } a \geq b.$$

例 1.5.1 设有理整函数 $P_n(x) = a_n x^n + a_{n-1} x^{n-1} + \cdots + a_1 x + a_0$，对任意 $x_0 \in R$，证明：$\lim_{x \to x_0} P_n(x) = P_n(x_0)$.

证明 $\lim_{x \to x_0} P_n(x) = \lim_{x \to x_0} (a_n x^n + a_{n-1} x^{n-1} + \cdots + a_1 x + a_0)$

$$= a_n \lim_{x \to x_0} x^n + a_{n-1} \lim_{x \to x_0} x^{n-1} + \cdots + a_1 \lim_{x \to x_0} x + \lim_{x \to x_0} a_0$$

$$= a_n x_0^n + a_{n-1} x_0^{n-1} + \cdots + a_1 x_0 + a_0 = P_n(x_0).$$

由本例可知，有理整函数的极限 $\lim_{x \to x_0} P_n(x)$ 就是 $P_n(x)$ 在 x_0 处的函数值 $P_n(x_0)$.

例 1.5.2 求 $\lim_{x \to 1} (x^2 - 5x + 10)$.

解 $\lim_{x \to 1} (x^2 - 5x + 10) = 1^2 - 5 \times 1 + 10 = 6$.

例 1.5.3 设有理分式函数 $F(x) = \dfrac{P_n(x)}{Q_m(x)} = \dfrac{a_n x^n + a_{n-1} x^{n-1} + \cdots + a_0}{b_m x^m + b_{m-1} x^{m-1} + \cdots + b_0}$，且 $Q_m(x_0) \neq 0$. 证明：$\lim_{x \to x_0} F(x) = F(x_0)$.

证明 根据定理 1.5.1（3），因为 $Q_m(x_0) \neq 0$，所以

$$\lim_{x \to x_0} F(x) = \lim_{x \to x_0} \frac{P_n(x)}{Q_m(x)} = \frac{\lim\limits_{x \to x_0} P_n(x)}{\lim\limits_{x \to x_0} Q_m(x)} = \frac{P_n(x_0)}{Q_m(x_0)} = F(x_0).$$

例 1.5.4 求 $\lim\limits_{x \to 0} \dfrac{x^3 + 7x - 9}{x^5 - x + 3}$.

解 这里分母的极限 $\lim\limits_{x \to 0}(x^5 - x + 3) = 3 \neq 0$，所以

$$\lim_{x \to 0} \frac{x^3 + 7x - 9}{x^5 - x + 3} = \frac{0^3 + 7 \times 0 - 9}{0^5 - 0 + 3} = -3.$$

在定理 1.5.1 的（3）中，要求 $\lim g(x) \neq 0$，如果 $\lim g(x) = 0$，则关于商的极限的运算法则不能应用，需做特别处理.

例 1.5.5 求 $\lim\limits_{x \to 3} \dfrac{x - 3}{x^2 - 9}$.

解 当 $x \to 3$ 时，分子与分母的极限均为零，于是不能直接用商的极限运算法则计算. 注意到分子与分母有公因子 $x - 3$，而 $x \to 3$ 时，$x \neq 3$，$x - 3 \neq 0$，可约去这个不为零的公因子，所以

$$\lim_{x \to 3} \frac{x - 3}{x^2 - 9} = \lim_{x \to 3} \frac{1}{x + 3} = \frac{1}{6}.$$

例 1.5.6 求 $\lim\limits_{x \to 1}\left(\dfrac{x}{x - 1} - \dfrac{2}{x^2 - 1}\right)$.

解 由于 $\lim\limits_{x \to 1} \dfrac{x}{x - 1} = \infty$，$\lim\limits_{x \to 1} \dfrac{2}{x^2 - 1} = \infty$，所以不能用差的极限运算法则计算. 为此，我们先通分化简再求极限，得

$$\lim_{x \to 1}\left(\frac{x}{x - 1} - \frac{2}{x^2 - 1}\right) = \lim_{x \to 1} \frac{x^2 + x - 2}{x^2 - 1} = \lim_{x \to 1} \frac{(x - 1)(x + 2)}{(x - 1)(x + 1)} = \lim_{x \to 1} \frac{x + 2}{x + 1} = \frac{3}{2}.$$

注意：例 1.5.5 和例 1.5.6 中利用了分解因式将函数中极限为零的因子约去.

例 1.5.7 求 $\lim\limits_{x \to 2} \dfrac{x^2 + 1}{x - 2}$.

解 当 $x \to 2$ 时，分母的极限为零，故同样不能直接用商的极限运算法则计算. 注意到 $x \to 2$ 时，$x^2 + 1 \to 5 \neq 0$，由

$$\lim_{x \to 2} \frac{x - 2}{x^2 + 1} = \frac{2 - 2}{5} = 0.$$

根据无穷小与无穷大的关系，得

$$\lim_{x \to 2} \frac{x^2 + 1}{x - 2} = \infty.$$

例 1.5.8 求 $\lim\limits_{x \to \infty} \dfrac{3x^3 + 4x^2 + 2}{7x^3 + 5x^2 - 3}$.

解 当 $x \to \infty$ 时分子、分母都为无穷大，故也不能直接用商的极限运算法则计算．为此，先用 x^3 去除分子及分母，然后取极限，得

$$\lim_{x \to \infty} \frac{3x^3 + 4x^2 + 2}{7x^3 + 5x^2 - 3} = \lim_{x \to \infty} \frac{3 + \dfrac{4}{x} + \dfrac{2}{x^3}}{7 + \dfrac{5}{x} - \dfrac{3}{x^3}} = \frac{3}{7}.$$

例 1.5.9 求 $\lim_{x \to \infty} \dfrac{3x^2 - 2x - 1}{2x^3 - x^2 + 5}$．

解 先用 x^3 去除分子及分母，然后取极限，得

$$\lim_{x \to \infty} \frac{3x^2 - 2x - 1}{2x^3 - x^2 + 5} = \lim_{x \to \infty} \frac{\dfrac{3}{x} - \dfrac{2}{x^2} - \dfrac{1}{x^3}}{2 - \dfrac{1}{x} + \dfrac{5}{x^3}} = \frac{0}{2} = 0.$$

注意： 例 1.5.8 和例 1.5.9 中利用的是生成无穷小量的方法求极限，这种方法也叫做"抓大头"．

例 1.5.10 求 $\lim_{x \to \infty} \dfrac{2x^3 - x^2 + 5}{3x^2 - 2x - 1}$．

解 由上例可知 $\lim_{x \to \infty} \dfrac{3x^2 - 2x - 1}{2x^3 - x^2 + 5} = 0$，根据定理 1.4.2，所以 $\lim_{x \to \infty} \dfrac{2x^3 - x^2 + 5}{3x^2 - 2x - 1} = \infty$．

由例 1.5.8 至例 1.5.10，可得如下结论：

设 $a_n \neq 0$，$b_m \neq 0$，m，n 为非负整数，则

$$\lim_{x \to \infty} \frac{a_n x^n + a_{n-1} x^{n-1} + \cdots + a_0}{b_m x^m + b_{m-1} x^{m-1} + \cdots + b_0} = \begin{cases} \dfrac{a_n}{b_m}, & \text{当} \ n = m, \\ 0, & \text{当} \ n < m, \\ \infty, & \text{当} \ n > m. \end{cases}$$

这个结论也适用于数列的极限．

例 1.5.11 求 $\lim_{n \to \infty} \left(\dfrac{1}{n^2} + \dfrac{2}{n^2} + \cdots + \dfrac{n}{n^2} \right)$．

解 $\lim_{n \to \infty} \left(\dfrac{1}{n^2} + \dfrac{2}{n^2} + \cdots + \dfrac{n}{n^2} \right) = \lim_{n \to \infty} \dfrac{1 + 2 + \cdots + n}{n^2} = \lim_{n \to \infty} \dfrac{n(n+1)}{2n^2} = \dfrac{1}{2}$．

例 1.5.12 求 $\lim_{x \to \infty} \dfrac{\sin x}{x}$．

解 当 $x \to \infty$ 时，分子与分母的极限都不存在，故关于商的极限的运算法则不能应用．如果把 $\dfrac{\sin x}{x}$ 看作 $\dfrac{1}{x}$ 与 $\sin x$ 的乘积，由于 $\dfrac{1}{x}$ 当 $x \to \infty$ 时为无穷小，而 $\sin x$ 是有界函数，所以根据无穷小与有界函数的乘积仍为无穷小，得

$$\lim_{x \to \infty} \frac{\sin x}{x} = 0.$$

例 1.5.13 已知 $\lim\limits_{x \to 2} \dfrac{x^2 - x + a}{x - 2} = 3$，求 a 的值.

解 由于 $x \to 2$ 时，$\lim\limits_{x \to 2}(x - 2) = 0$，$\lim\limits_{x \to 2}(x^2 - x + a) = 2 + a$，要使得 $\lim\limits_{x \to 2} \dfrac{x^2 - x + a}{x - 2} = 3$，必有 $\lim\limits_{x \to 2}(x^2 - x + a) = 2 + a = 0$，所以 $a = -2$.

前面已经看到，对于有理函数（有理整式函数或有理分式函数）$f(x)$，只要 $f(x)$ 在点 x_0 处有定义，那么 $x \to x_0$ 时 $f(x)$ 的极限必定存在且等于 $f(x)$ 在点 x_0 处的函数值 $f(x_0)$.

我们不加证明地指出：一切基本初等函数在其定义域的每点处都具有这样的性质. 这就是说，若 $f(x)$ 是基本初等函数，设 x_0 为 $f(x)$ 定义域内一点，则必有

$$\lim_{x \to x_0} f(x) = f(x_0).$$

例如，$\lim\limits_{x \to 2} \sqrt{x} = \sqrt{2}$，$\lim\limits_{x \to 0} \cos x = 1$，$\lim\limits_{x \to 1} \ln x = 0$.

1.5.2 复合函数极限的运算法则

定理 1.5.3 设函数 $y = f[\varphi(x)]$ 是由 $y = f(u)$，$u = \varphi(x)$ 复合而成，$f[\varphi(x)]$ 在点 x_0 的某去心邻内有定义，若 $\lim\limits_{x \to x_0} \varphi(x) = u_0$，$\lim\limits_{u \to u_0} f(u) = A$，且当 $x \in \overset{o}{U}(x_0)$ 时，$\varphi(x) \neq u_0$，则

$$\lim_{x \to x_0} f[\varphi(x)] = \lim_{u \to u_0} f(u) = A.$$

证明从略.

定理 1.5.3 说明，计算复合函数的极限 $\lim\limits_{x \to x_0} f[\varphi(x)]$ 时，可令 $u = \varphi(x)$，先求中间变量的极限 $\lim\limits_{x \to x_0} \varphi(x) = u_0$，再求 $\lim\limits_{u \to u_0} f(u)$ 即可.

在定理 1.5.3 中，把 $\lim\limits_{x \to x_0} \varphi(x) = u_0$ 换成 $\lim\limits_{x \to x_0} \varphi(x) = \infty$（或 $\lim\limits_{x \to \infty} \varphi(x) = \infty$），而把 $\lim\limits_{u \to u_0} f(u) = A$ 换成 $\lim\limits_{u \to \infty} f(u) = A$，可得类似结论.

例 1.5.14 求 $\lim\limits_{x \to 3} \sqrt{\dfrac{x^2 - 9}{x - 3}}$.

解 函数 $y = \sqrt{\dfrac{x^2 - 9}{x - 3}}$ 是由 $y = \sqrt{u}$ 与 $u = \dfrac{x^2 - 9}{x - 3}$ 复合而成的. 因为

$$\lim_{x \to 3} \frac{x^2 - 9}{x - 3} = \lim_{x \to 3}(x + 3) = 6,$$

所以

$$\lim_{x \to 3} \sqrt{\frac{x^2 - 9}{x - 3}} = \lim_{u \to 6} \sqrt{u} = \sqrt{6}.$$

习题 1.5

1. 求下列极限：

（1）$\lim\limits_{x\to 2}\dfrac{x-1}{x^2+1}$；

（2）$\lim\limits_{x\to\infty}\dfrac{2x^2-x-1}{x^2+3x+1}$；

（3）$\lim\limits_{x\to 1}\dfrac{x^2-3x+2}{1-x^2}$；

（4）$\lim\limits_{h\to 0}\dfrac{(x+h)^2-x^2}{h}$；

（5）$\lim\limits_{x\to\infty}\dfrac{x-1}{x^2+x+1}$；

（6）$\lim\limits_{x\to 1}\dfrac{x^n-1}{x-1}$；

（7）$\lim\limits_{n\to\infty}\dfrac{(-1)^n+3^{n+1}}{(-2)^{n+1}+3^n}$；

（8）$\lim\limits_{x\to\infty}\dfrac{(2x-1)^{30}\cdot(3x-2)^{20}}{(2x+1)^{50}}$；

（9）$\lim\limits_{x\to 1}\left(\dfrac{3}{1-x^3}-\dfrac{1}{1-x}\right)$；

（10）$\lim\limits_{x\to 0}\dfrac{x}{\sqrt{x+1}-1}$；

（11）$\lim\limits_{x\to 1}\dfrac{\sqrt{3-x}-\sqrt{1+x}}{x^2-1}$；

（12）$\lim\limits_{x\to+\infty}x(\sqrt{1+x^2}-x)$；

（13）$\lim\limits_{n\to\infty}\left(1+\dfrac{1}{2}+\dfrac{1}{4}+\cdots+\dfrac{1}{2^n}\right)$；

（14）$\lim\limits_{n\to\infty}\left(\dfrac{1}{1\cdot 2}+\dfrac{1}{2\cdot 3}+\cdots+\dfrac{1}{n(n+1)}\right)$.

2. 若极限 $\lim\limits_{x\to 1}\dfrac{x^2+ax-b}{1-x}=5$，求常数 a，b 的值.

3. 若函数 $f(x)=\dfrac{4x^2+3}{x-1}+ax+b$，按下列所给条件确定 a，b 值：

（1）$\lim\limits_{x\to\infty}f(x)=0$；

（2）$\lim\limits_{x\to\infty}f(x)=\infty$；

（3）$\lim\limits_{x\to\infty}f(x)=2$；

（4）$\lim\limits_{x\to 0}f(x)=1$.

4. 下列陈述中，哪些是对的，哪些是错的？如果是对的，说明理由；如果是错的，试举出一个反例.

（1）如果 $\lim\limits_{x\to x_0}f(x)$ 存在，但 $\lim\limits_{x\to x_0}g(x)$ 不存在，那么 $\lim\limits_{x\to x_0}\left[f(x)+g(x)\right]$ 不存在.

（2）如果 $\lim\limits_{x\to x_0}f(x)$ 和 $\lim\limits_{x\to x_0}g(x)$ 都不存在，那么 $\lim\limits_{x\to x_0}\left[f(x)+g(x)\right]$ 不存在.

（3）如果 $\lim\limits_{x\to x_0}f(x)$ 存在，但 $\lim\limits_{x\to x_0}g(x)$ 不存在，那么 $\lim\limits_{x\to x_0}f(x)g(x)$ 不存在.

1.6 极限存在准则 两个重要极限

本节介绍两个判断极限存在的准则，并在此理论基础上给出两个重要极限.

1.6.1 夹逼准则

以下准则 I 和准则 I′ 称为极限的**夹逼准则**.

准则 I 如果数列 $\{x_n\}$，$\{y_n\}$，$\{z_n\}$ 满足以下两个条件：

（1）$y_n \leqslant x_n \leqslant z_n$（$n = 1, 2, 3, \cdots$）；

（2）$\lim\limits_{n \to \infty} y_n = \lim\limits_{n \to \infty} z_n = a$．

则数列 $\{x_n\}$ 的极限存在，且 $\lim\limits_{n \to \infty} x_n = a$．

证明 因为 $\lim\limits_{n \to \infty} y_n = a$，$\lim\limits_{n \to \infty} z_n = a$，根据数列极限的定义，$\forall \varepsilon > 0$，$\exists$ 正整数 N_1，当 $n > N_1$ 时，有 $|y_n - a| < \varepsilon$；$\exists$ 正整数 N_2，当 $n > N_2$ 时，有 $|z_n - a| < \varepsilon$．取 $N = \max\{N_1, N_2\}$，则当 $n > N$ 时，有

$$|y_n - a| < \varepsilon，\quad |z_n - a| < \varepsilon$$

同时成立，即

$$a - \varepsilon < y_n < a + \varepsilon，\quad a - \varepsilon < z_n < a + \varepsilon$$

同时成立．又因 $y_n \leqslant x_n \leqslant z_n$，所以当 $n > N$ 时，有

$$a - \varepsilon < y_n \leqslant x_n \leqslant z_n < a + \varepsilon，$$

即

$$|x_n - a| < \varepsilon$$

成立．这就证明了 $\lim\limits_{n \to \infty} x_n = a$．

上述数列极限存在准则可以推广到函数的极限．

准则 I′ 在自变量的同一变化过程，如果函数 $f(x)$，$g(x)$，$h(x)$ 满足：

（1）$g(x) \leqslant f(x) \leqslant h(x)$，$x \in \overset{o}{U}(x_0)$（或 $|x| > M$）；

（2）$\lim g(x) = \lim h(x) = A$．

则 $f(x)$ 的极限存在，且 $\lim f(x) = A$．

作为准则 I′ 的应用，下面证明第一个重要极限

$$\lim_{x \to 0} \frac{\sin x}{x} = 1．$$

首先注意到，函数 $\dfrac{\sin x}{x}$ 对于一切 $x \neq 0$ 都有定义．作单位圆，如图 1.22 所示．

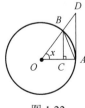

图 1.22

设圆心角 $\angle AOB = x$，并设 $0 < x < \dfrac{\pi}{2}$，显然

$$S_{\triangle AOB} < S_{\text{扇形} AOB} < S_{\triangle AOD}，$$

即
$$\frac{1}{2}\sin x < \frac{1}{2}x < \frac{1}{2}\tan x ,$$

即
$$\sin x < x < \tan x ,$$

不等式两边同除以 $\sin x$，就有

$$1 < \frac{x}{\sin x} < \frac{1}{\cos x}$$

或
$$\cos x < \frac{\sin x}{x} < 1 .$$

当 x 用 $-x$ 代替时，$\cos x$，$\dfrac{\sin x}{x}$ 的值均不变，故对满足 $0 < |x| < \dfrac{\pi}{2}$ 的一切 x，

都有
$$\cos x < \frac{\sin x}{x} < 1 .$$

又因为
$$\lim_{x \to 0} \cos x = \lim_{x \to 0} 1 = 1$$

利用夹逼准则，易知
$$\lim_{x \to 0} \frac{\sin x}{x} = 1 .$$

例 1.6.1 求 $\lim\limits_{x \to 0} \dfrac{\tan x}{x}$.

解 $\lim\limits_{x \to 0} \dfrac{\tan x}{x} = \lim\limits_{x \to 0} \left(\dfrac{\sin x}{x} \cdot \dfrac{1}{\cos x} \right) = \lim\limits_{x \to 0} \dfrac{\sin x}{x} \cdot \lim\limits_{x \to 0} \dfrac{1}{\cos x} = 1$.

例 1.6.2 求 $\lim\limits_{x \to 0} \dfrac{1 - \cos x}{x^2}$.

解 $\lim\limits_{x \to 0} \dfrac{1 - \cos x}{x^2} = \lim\limits_{x \to 0} \dfrac{2\sin^2\left(\dfrac{x}{2}\right)}{x^2} = \dfrac{1}{2} \cdot \lim\limits_{x \to 0} \left(\dfrac{\sin\dfrac{x}{2}}{\dfrac{x}{2}} \right)^2 = \dfrac{1}{2}$.

例 1.6.3 求 $\lim\limits_{x \to 0} \dfrac{\arcsin x}{x}$.

解 令 $t = \arcsin x$，则 $x = \sin t$，当 $x \to 0$ 时，有 $t \to 0$，于是

$$\lim_{x \to 0} \frac{\arcsin x}{x} = \lim_{t \to 0} \frac{t}{\sin t} = 1$$

需要说明的是，在利用第一个重要极限计算时，要注意灵活使用. 一般地，可用如下形式：

$$\lim_{\Delta \to 0} \frac{\sin \Delta}{\Delta} = 1 , \text{ 其中 } \Delta = \varphi(x) .$$

例如，$\lim\limits_{x \to 1} \dfrac{\sin(x-1)}{(x-1)} = 1$. $\lim\limits_{x \to \infty} x\sin\dfrac{1}{x} = \lim\limits_{x \to \infty} \dfrac{\sin\dfrac{1}{x}}{\dfrac{1}{x}} = 1$.

1.6.2 单调有界收敛准则

以下准则Ⅱ称为极限的单调有界收敛准则.

准则Ⅱ 单调有界数列必有极限.

通过前面的学习我们知道：收敛数列一定有界，但有界数列却不一定收敛.现在准则Ⅱ表明：如果数列不仅有界，并且是单调的，则该数列的极限必定存在，即该数列一定收敛.

准则Ⅱ包含了以下两个结论：

（1）若数列$\{x_n\}$单调增加且有上界，则该数列必有极限.

（2）若数列$\{x_n\}$单调减少且有下界，则该数列必有极限.

例 1.6.4 设$x_{n+1}=\dfrac{1}{2}\left(x_n+\dfrac{a}{x_n}\right)$，且$x_1>0$，$a>0$.证明数列$\{x_n\}$存在极限并求其极限值.

证明 由$x_{n+1}=\dfrac{1}{2}\left(x_n+\dfrac{a}{x_n}\right)\geqslant\sqrt{x_n\cdot\dfrac{a}{x_n}}=\sqrt{a}$，且

$$\frac{x_{n+1}}{x_n}=\frac{1}{2}\left(1+\frac{a}{x_n^2}\right)\leqslant\frac{1}{2}\left(1+\frac{a}{a}\right)=1.$$

所以数列$\{x_n\}$单调减少有下界，利用准则Ⅱ知$\lim\limits_{n\to\infty}x_n$存在.

设$\lim\limits_{n\to\infty}x_n=A$，在等式$x_{n+1}=\dfrac{1}{2}\left(x_n+\dfrac{a}{x_n}\right)$两边同时取$n\to\infty$时的极限得

$$A=\frac{1}{2}\left(A+\frac{a}{A}\right)$$

解方程得$A=\pm\sqrt{a}$.又$x_n>0$，所以$\lim\limits_{n\to\infty}x_n=\sqrt{a}$.

可以证明数列$\left\{\left(1+\dfrac{1}{n}\right)^n\right\}$单调增加并且有上界（具体证明过程从略），于是根据准则Ⅱ可知$\lim\limits_{n\to\infty}\left(1+\dfrac{1}{n}\right)^n$存在，即得本节的第二个重要极限.这个极限通常用字母e表示，即

$$\lim_{n\to\infty}\left(1+\frac{1}{n}\right)^n=\mathrm{e}.$$

利用夹逼准则还可以证明（此处不加以证明），当x取实数且趋向于$+\infty$或$-\infty$时，函数$\left(1+\dfrac{1}{x}\right)^x$的极限也存在，且都等于e.因此

$$\lim_{x \to \infty} \left(1 + \frac{1}{x}\right)^x = e .$$

其中数 e 是一个无理数，它的值是

$$e = 2.718\ 281\ 828\ 459\ 045\cdots .$$

利用复合函数的极限运算法则，在 $\left(1 + \frac{1}{x}\right)^x$ 中做代换 $z = \frac{1}{x}$，则当 $x \to \infty$ 时，$z \to 0$，因此得

$$\lim_{x \to \infty} \left(1 + \frac{1}{x}\right)^x = \lim_{z \to 0} (1 + z)^{\frac{1}{z}} = e .$$

例 1.6.5 求 $\lim_{x \to \infty} \left(1 - \frac{1}{x}\right)^x$.

解 令 $t = -x$，则当 $x \to \infty$ 时，$t \to \infty$. 于是

$$\lim_{x \to \infty} \left(1 - \frac{1}{x}\right)^x = \lim_{t \to \infty} \left(1 + \frac{1}{t}\right)^{-t} = \lim_{t \to \infty} \left[\left(1 + \frac{1}{t}\right)^t\right]^{-1} = \frac{1}{\lim_{t \to \infty}\left(1 + \frac{1}{t}\right)^t} = \frac{1}{e} .$$

例 1.6.6 求 $\lim_{n \to \infty} \left(1 + \frac{1}{n}\right)^{n+2}$.

解 $\lim_{n \to \infty} \left(1 + \frac{1}{n}\right)^{n+2} = \lim_{n \to \infty} \left(1 + \frac{1}{n}\right)^n \left(1 + \frac{1}{n}\right)^2 = e \times 1^2 = e .$

例 1.6.7 求 $\lim_{x \to 0} \frac{\ln(1+x)}{x}$.

解 由于 $\frac{\ln(1+x)}{x} = \ln(1+x)^{\frac{1}{x}}$，故

$$\lim_{x \to 0} \frac{\ln(1+x)}{x} = \lim_{x \to 0} \ln(1+x)^{\frac{1}{x}} = \ln e = 1 .$$

例 1.6.8 求 $\lim_{x \to 0} \frac{e^x - 1}{x}$.

解 令 $u = e^x - 1$，即 $x = \ln(1+u)$，则当 $x \to 0$ 时，$u \to 0$. 于是

$$\lim_{x \to 0} \frac{e^x - 1}{x} = \lim_{u \to 0} \frac{u}{\ln(1+u)} = 1 .$$

需要说明的是，在利用第二个重要极限计算时，也要注意灵活使用. 一般地，可用如下形式：

$$\lim_{\Delta \to \infty} \left[1 + \frac{1}{\Delta}\right]^{\Delta} = e \quad 或 \quad \lim_{\Delta \to 0} \left[1 + \Delta\right]^{\frac{1}{\Delta}} = e, \ 其中 \Delta = \varphi(x) .$$

例如，$\lim\limits_{x \to \infty}\left(1+\dfrac{1}{2x}\right)^x = \lim\limits_{x \to \infty}\left[\left(1+\dfrac{1}{2x}\right)^{2x}\right]^{\frac{1}{2}} = \mathrm{e}^{\frac{1}{2}}$.

例 1.6.9 求 $\lim\limits_{x \to +\infty}\left(1-\dfrac{1}{x}\right)^{\sqrt{x}}$.

解 $\lim\limits_{x \to +\infty}\left(1-\dfrac{1}{x}\right)^{\sqrt{x}} = \lim\limits_{x \to +\infty}\left(1-\dfrac{1}{\sqrt{x}}\right)^{\sqrt{x}}\left(1+\dfrac{1}{\sqrt{x}}\right)^{\sqrt{x}} = \mathrm{e}^{-1} \cdot \mathrm{e} = 1$.

关于函数的极限，有类似的准则. 以 $x \to x_0$ 为例，将准则叙述如下：

准则 II′ 设函数 $f(x)$ 在 x_0 的某个左邻域内单调且有界，则 $f(x)$ 在 x_0 的左极限 $f(x_0^-)$ 必存在.

设函数 $f(x)$ 在 x_0 的某个右邻域内单调且有界，则 $f(x)$ 在 x_0 的右极限 $f(x_0^+)$ 必存在.

习题 1.6

1．求下列极限：

（1）$\lim\limits_{x \to 0} x \cot 2x$；

（2）$\lim\limits_{n \to \infty} 2^n \sin \dfrac{x}{2^n}$（$x$ 为不等于零的常数）；

（3）$\lim\limits_{x \to 0} \dfrac{1-\cos 2x}{x \sin x}$；

（4）$\lim\limits_{x \to +\infty} \dfrac{x^2 \sin \dfrac{1}{x}}{\sqrt{x^2-1}}$；

（5）$\lim\limits_{x \to 0} \dfrac{x-\sin x}{x+\sin x}$；

（6）$\lim\limits_{x \to 0} \dfrac{\tan x - \sin x}{x^3}$；

（7）$\lim\limits_{x \to 0^+} \dfrac{x}{\sqrt{1-\cos x}}$；

（8）$\lim\limits_{x \to 0} \dfrac{1-\sqrt{1+x^2}}{\tan^2 x}$.

2．求下列极限：

（1）$\lim\limits_{x \to 0}(1-3x)^{\frac{2}{x}}$；

（2）$\lim\limits_{x \to \infty}\left(\dfrac{x+2}{x-1}\right)^x$；

（3）$\lim\limits_{x \to 0}\left(\dfrac{2-x}{2}\right)^{\frac{1}{x}}$；

（4）$\lim\limits_{x \to \infty}\left(1-\dfrac{3}{x}\right)^{\sqrt{x}}$；

（5）$\lim\limits_{x \to 0}(\cos x)^{\frac{1}{1-\cos x}}$；

（6）$\lim\limits_{x \to 0}(1+\tan x)^{\frac{1}{x}}$.

3．利用极限的夹逼准则求下列极限：

（1）$\lim\limits_{n \to \infty}\left(\dfrac{n}{n^2+1} + \dfrac{n}{n^2+2} + \cdots + \dfrac{n}{n^2+n}\right)$；

（2）$\lim\limits_{n\to\infty}(1+2^n+3^n)^{\frac{1}{n}}$．

4．利用极限的单调有界准则，证明下列数列极限存在，并求出极限值：

（1）$x_1=\sqrt{2}$，$x_{n+1}=\sqrt{2+x_n}$，$n=1,2,\cdots$；

（2）$x_1=1$，$x_{n+1}=1+\dfrac{x_n}{1+x_n}$，$n=1,2,\cdots$．

1.7　无穷小的比较

由无穷小的性质知，两个无穷小的和、差及乘积仍为无穷小，但两个无穷小的商还是无穷小吗？例如，当 $x\to 0$ 时，x，x^2，$2x$ 都是无穷小，而

$$\lim_{x\to 0}\frac{x}{2x}=\frac{1}{2}，\quad \lim_{x\to 0}\frac{x^2}{x}=0，\quad \lim_{x\to 0}\frac{x}{x^2}=\infty．$$

两个无穷小之比的极限的各种不同情况，反映了不同的无穷小趋于零的"快慢"程度．为了刻画两个无穷小趋于零的"快慢"，我们给出如下定义．

定义 1.7.1　设无穷小 α，β 及极限 $\lim\dfrac{\beta}{\alpha}$ 都是对于同一个自变量的变化过程而言的，且 $\alpha\neq 0$．

（1）如果 $\lim\dfrac{\beta}{\alpha}=0$，则称 β 是比 α **高阶**的无穷小，记作 $\beta=o(\alpha)$．

（2）如果 $\lim\dfrac{\beta}{\alpha}=\infty$，则称 β 是比 α **低阶**的无穷小．

（3）如果 $\lim\dfrac{\beta}{\alpha}=c$（$c\neq 0$），则称 β 与 α 是**同阶**的无穷小．特别地，如果 $\lim\dfrac{\beta}{\alpha}=1$，则称 β 与 α 是**等价**无穷小，记作 $\alpha\sim\beta$．

（4）如果 $\lim\dfrac{\beta}{\alpha^k}=c\neq 0$，则称 β 是 α 的 k **阶**无穷小．

显然，等价无穷小是同阶无穷小当 $c=1$ 的特殊情形．

下面我们举一些具体的例子：

因为 $\lim\limits_{x\to 0}\dfrac{x^2}{x}=0$，所以当 $x\to 0$ 时，x^2 是比 x 高阶的无穷小，即

$$x^2=o(x)\quad（x\to 0）．$$

因为 $\lim\limits_{n\to\infty}\dfrac{\dfrac{1}{n}}{\dfrac{1}{n^2}}=\infty$，所以当 $n\to\infty$ 时，$\dfrac{1}{n}$ 是比 $\dfrac{1}{n^2}$ 低阶的无穷小．

因为 $\lim\limits_{x \to 0}\dfrac{1-\cos x}{x^2}=\dfrac{1}{2}$，所以当 $x \to 0$ 时，$1-\cos x$ 与 x^2 是同阶无穷小，且 $1-\cos x$ 是 x 的二阶无穷小.

因为 $\lim\limits_{x \to 0}\dfrac{\sin x}{x}=1$，$\lim\limits_{x \to 0}\dfrac{1-\cos x}{\dfrac{1}{2}x^2}=1$，所以当 $x \to 0$ 时，$\sin x$ 与 x 是等价无穷小，

$1-\cos x$ 与 $\dfrac{1}{2}x^2$ 是等价无穷小，即 $\sin x \sim x$，$1-\cos x \sim \dfrac{1}{2}x^2$（$x \to 0$）.

例 1.7.1 证明：当 $x \to 0$ 时，$\sqrt[n]{1+x}-1 \sim \dfrac{x}{n}$（$n \in \mathrm{N}^+$）.

证明 $\lim\limits_{x \to 0}\dfrac{\sqrt[n]{1+x}-1}{\dfrac{x}{n}}=\lim\limits_{x \to 0}\dfrac{\left(\sqrt[n]{1+x}\right)^n-1}{\dfrac{x}{n}\left[\sqrt[n]{(1+x)^{n-1}}+\sqrt[n]{(1+x)^{n-2}}+\cdots+1\right]}$

$=\lim\limits_{x \to 0}\dfrac{n}{\sqrt[n]{(1+x)^{n-1}}+\sqrt[n]{(1+x)^{n-2}}+\cdots+1}=1$.

所以 $x \to 0$ 时

$$\sqrt[n]{1+x}-1 \sim \dfrac{1}{n}x.$$

更一般地，当 $x \to 0$ 时，有

$$(1+x)^{\alpha}-1 \sim \alpha x \quad (\alpha \text{ 为常数}).$$

由上一节的讨论及本节的定义可得到如下几个常用的等价无穷小：当 $x \to 0$ 时，$\sin x \sim x$，$\tan x \sim x$，$\arcsin x \sim x$，$\arctan x \sim x$，$\ln(1+x) \sim x$，$\mathrm{e}^x-1 \sim x$，$1-\cos x \sim \dfrac{x^2}{2}$，$(1+x)^{\alpha}-1 \sim \alpha x$（$\alpha$ 为常数）.

关于等价无穷小，有下面两个定理.

定理 1.7.1 α 与 β 是等价无穷小的充要条件为 $\beta=\alpha+o(\alpha)$.

证明 先证必要性 设 $\alpha \sim \beta$，则

$$\lim\dfrac{\beta-\alpha}{\alpha}=\lim\left(\dfrac{\beta}{\alpha}-1\right)=\lim\dfrac{\beta}{\alpha}-1=0,$$

因此 $\beta-\alpha=o(\alpha)$，即 $\beta=\alpha+o(\alpha)$.

再证充分性 若 $\beta=\alpha+o(\alpha)$，则

$$\lim\dfrac{\beta}{\alpha}=\lim\dfrac{\alpha+o(\alpha)}{\alpha}=\lim\left[1+\dfrac{o(\alpha)}{\alpha}\right]=1,$$

即 $\alpha \sim \beta$.

根据定理 1.7.1，因为 $x \to 0$ 时，$\sin x \sim x$，$\tan x \sim x$，$\arcsin x \sim x$，

$1-\cos x \sim \dfrac{x^2}{2}$，所以当 $x \to 0$ 时，有

$$\sin x = x + o(x)，\quad \tan x = x + o(x)，\quad \arcsin x = x + o(x)，\quad 1-\cos x = \dfrac{x^2}{2} + o(x^2)．$$

定理 1.7.2（等价无穷小替换原理） 设 α，β，α'，β' 均为 x 的同一变化过程中的无穷小，且 $\alpha \sim \alpha'$，$\beta \sim \beta'$，则

$$\lim \dfrac{\beta}{\alpha} = \lim \dfrac{\beta'}{\alpha'}$$

证明　$\lim \dfrac{\beta}{\alpha} = \lim\left(\dfrac{\beta}{\beta'} \cdot \dfrac{\beta'}{\alpha'} \cdot \dfrac{\alpha'}{\alpha}\right) = \lim \dfrac{\beta}{\beta'} \cdot \lim \dfrac{\beta'}{\alpha'} \cdot \lim \dfrac{\alpha'}{\alpha} = \lim \dfrac{\beta'}{\alpha'}．$

定理 1.7.2 表明，在求两个无穷小比的极限时，分子和分母都可用等价无穷小替换，如果选择适当，可使计算过程得到简化．因此要熟知常用的重要等价无穷小．

例 1.7.2　求 $\lim\limits_{x \to 0} \dfrac{\tan 2x}{\sin 5x}$．

解　当 $x \to 0$ 时，$\sin 5x \sim 5x$，$\tan 2x \sim 2x$．所以

$$\lim\limits_{x \to 0} \dfrac{\tan 2x}{\sin 5x} = \lim\limits_{x \to 0} \dfrac{2x}{5x} = \dfrac{2}{5}．$$

例 1.7.3　求 $\lim\limits_{x \to 0} \dfrac{\ln(1+2x)}{\arcsin 3x}$．

解　当 $x \to 0$ 时，$\arcsin 3x \sim 3x$，$\ln(1+2x) \sim 2x$．所以

$$\lim\limits_{x \to 0} \dfrac{\ln(1+2x)}{\arcsin 3x} = \lim\limits_{x \to 0} \dfrac{2x}{3x} = \dfrac{2}{3}．$$

例 1.7.4　求 $\lim\limits_{x \to 0} \dfrac{e^x - 1}{x^2 + 3x}$．

解　当 $x \to 0$ 时，$e^x - 1 \sim x$，$x^2 + 3x \sim x^2 + 3x$．所以

$$\lim\limits_{x \to 0} \dfrac{e^x - 1}{x^2 + 3x} = \lim\limits_{x \to 0} \dfrac{x}{x^2 + 3x} = \dfrac{1}{3}．$$

注意：利用等价无穷小替换求极限，一般是积商时进行整体替换，而在有和差时要慎重，如

$$\lim\limits_{x \to 0} \dfrac{2\sin x - \sin 2x}{x^3} = \lim\limits_{x \to 0} \dfrac{2x - 2x}{x^3} = 0．$$

这是直接利用了等价无穷小替换，但这个结果是错误的，事实上

$$\lim\limits_{x \to 0} \dfrac{2\sin x - \sin 2x}{x^3} = \lim\limits_{x \to 0} \dfrac{2\sin x}{x} \cdot \dfrac{1-\cos x}{x^2} = \lim\limits_{x \to 0} \dfrac{2x}{x} \cdot \dfrac{\frac{x^2}{2}}{x^2} = 2 \cdot \dfrac{1}{2} = 1．$$

习题 1.7

1. 比较下列无穷小的阶：

  （1）当 $x \to 0$ 时，$x^3 + 100x$ 与 x^2；

  （2）当 $x \to 0$ 时，$(1+x)^{\frac{1}{3}} - 1$ 与 $\dfrac{x}{3}$；

  （3）当 $x \to 1$ 时，$1 - x$ 与 $1 - \sqrt[3]{x}$；

  （4）当 $x \to 0$ 时，$\sec x - 1$ 与 $\dfrac{x^2}{2}$.

2. 利用无穷小的等价代换，求下列极限：

  （1）$\displaystyle\lim_{x \to 0} \frac{1 - \cos 2x}{\sin^2 x}$；
      （2）$\displaystyle\lim_{x \to 0} \frac{\ln(1 - 2x)}{\arcsin 3x}$；

  （3）$\displaystyle\lim_{x \to 0} \frac{\tan x - \sin x}{\sin^3 x}$；
     （4）$\displaystyle\lim_{x \to 1} \frac{\sqrt[3]{1 + (x-1)^2} - 1}{\sin^2(x - 1)}$.

3. 证明：当 $x \to 0$ 时，有

  （1）$\arctan x \sim x$；
      （2）$\sqrt{1 + x^2} - \sqrt{1 - x^2} \sim x^2$.

4. 证明无穷小的等价关系具有下列性质：

  （1）自反性：$\alpha \sim \alpha$.

  （2）对称性：若 $\alpha \sim \beta$，则 $\beta \sim \alpha$.

  （3）传递性：若 $\alpha \sim \beta$，$\beta \sim \gamma$，则 $\alpha \sim \gamma$.

1.8 函数的连续性与间断点

  自然界中很多变量的变化是连续不断的，如气温的变化、植物的生长、生物体的运动速度的变化等都是连续变化的. 这就是说，当时间变化很小时，气温、植物的生长、运动速度等的变化也很小，这种现象反映在数学上就是函数的连续性. 下面我们以极限为工具建立函数连续的概念.

1.8.1 函数的连续性

  设函数 $y = f(x)$ 在 x_0 的某邻域内有定义，如果自变量 x 从 x_0 变化到 $x_0 + \Delta x$（$x_0 + \Delta x$ 仍然在该邻域内），那么 Δx 称为自变量的增量，相应地函数 y 从 $f(x_0)$ 变化到 $f(x_0 + \Delta x)$，则函数的增量为（如图 1.23）

$$\Delta y = f(x_0 + \Delta x) - f(x_0).$$

增量 Δx，Δy 可以是正的，可以是负的，也可以是零.

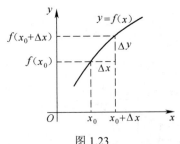

图 1.23

对于函数 $y = f(x)$ 定义域内的一点，如果自变量 x 在 x_0 处取得极其微小的改变量 Δx 时，函数 y 相应的改变量 Δy 也极其微小，且当 Δx 趋于 0 时，Δy 也趋于 0，则称 $y = f(x)$ 在 x_0 处连续，如图 1.24 所示. 而对如图 1.25 的函数来说，$y = f(x)$ 在 x_0 处不连续.

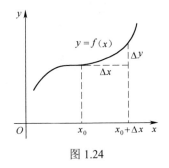

图 1.24   图 1.25

定义 1.8.1   设函数 $y = f(x)$ 在 x_0 的某邻域内有定义，如果

$$\lim_{\Delta x \to 0} \Delta y = \lim_{\Delta x \to 0} [f(x_0 + \Delta x) - f(x_0)] = 0,$$

则称函数 $y = f(x)$ 在点 x_0 **连续**，x_0 称为 $f(x)$ 的**连续点**.

为了应用方便，下面我们把函数 $y = f(x)$ 在点 x_0 连续的定义用不同的方式来叙述.

设 $x = x_0 + \Delta x$，则 $\Delta x \to 0$ 时，$x \to x_0$，又由于

$$\Delta y = f(x_0 + \Delta x) - f(x_0) = f(x) - f(x_0),$$

所以

$$\lim_{x \to 0} \Delta y = \lim_{x \to x_0} [f(x) - f(x_0)] = \lim_{x \to x_0} f(x) - f(x_0) = 0,$$

即

$$\lim_{x \to x_0} f(x) = f(x_0).$$

因此，函数 $y = f(x)$ 在点 x_0 连续的定义可等价叙述如下.

定义 1.8.1′   设函数 $y = f(x)$ 在 x_0 的某邻域内有定义，如果

$$\lim_{x \to x_0} f(x) = f(x_0),$$

则称函数 $y = f(x)$ 在点 x_0 **连续**.

如果只考虑单侧极限，则当 $\lim\limits_{x \to x_0^-} f(x) = f(x_0)$ 时，称 $f(x)$ 在点 x_0 **左连续**；当 $\lim\limits_{x \to x_0^+} f(x) = f(x_0)$ 时，称 $f(x)$ 在点 x_0 **右连续**.

显然，函数 $f(x)$ 在点 x_0 连续的充要条件是 $f(x)$ 在点 x_0 既左连续又右连续.

定义 1.8.2 如果函数 $y = f(x)$ 在 (a,b) 内每一点都连续，则称函数 $f(x)$ 在 (a,b) 内**连续**；如果 $f(x)$ 在 (a,b) 内连续，且在 a 点右连续，b 点左连续，则称 $f(x)$ 在 $[a,b]$ 上**连续**.

例 1.8.1 证明：函数 $y = \sin x$ 在区间 $(-\infty, +\infty)$ 内是连续的.

证明 设 x 为区间 $(-\infty, +\infty)$ 内任意一点. 则有

$$\Delta y = \sin(x + \Delta x) - \sin x = 2\sin\frac{\Delta x}{2}\cos\left(x + \frac{\Delta x}{2}\right),$$

$\Delta x \to 0$ 时，Δy 是无穷小与有界函数的乘积，所以 $\lim\limits_{\Delta x \to 0} \Delta y = 0$. 这就证明了函数 $y = \sin x$ 在区间 $(-\infty, +\infty)$ 内任意一点 x 都是连续的.

类似地可以证明 $y = \cos x$ 在 $(-\infty, +\infty)$ 内连续.

1.8.2 函数的间断点

设函数 $f(x)$ 在 x_0 的某去心邻域内有定义，如果 x_0 不是函数 $f(x)$ 的连续点，则称 x_0 为 $f(x)$ 的**间断点**. 可见，如果 x_0 是函数 $f(x)$ 的**间断点**，那么必定是以下三种情形之一：

（1） $f(x)$ 在 x_0 处无定义；

（2） $f(x)$ 在 x_0 处有定义，$\lim\limits_{x \to x_0} f(x)$ 不存在；

（3） $f(x)$ 在 x_0 处有定义，且 $\lim\limits_{x \to x_0} f(x)$ 存在，但 $\lim\limits_{x \to x_0} f(x) \neq f(x_0)$.

下面举例说明函数间断点的几种常见类型.

例 1.8.2 函数 $f(x) = \dfrac{x^2 - 1}{x - 1}$ 在 $x = 1$ 处无定义，点 $x = 1$ 为 $f(x)$ 的间断点. 但

$$\lim\limits_{x \to 1}\frac{x^2 - 1}{x - 1} = \lim\limits_{x \to 1}(x + 1) = 2.$$

如果补充定义 $f(1) = 2$，即

$$f(x) = \begin{cases} \dfrac{x^2 - 1}{x - 1}, & x \neq 1, \\ 2, & x = 1. \end{cases}$$

则 $f(x)$ 在 $x = 1$ 处连续（如图 1.26 所示）. 所以 $x = 1$ 称为函数的**可去间断点**.

例 1.8.3 设函数 $f(x) = \begin{cases} x, & x \neq 0, \\ 1, & x = 0. \end{cases}$ 讨论 $f(x)$ 在 $x = 0$ 处的连续性.

解 函数 $f(x)$ 在 $x=0$ 处有定义 $f(0)=1$，但 $\lim\limits_{x\to 0}f(x)=\lim\limits_{x\to 0}x=0\neq f(0)$．所以 $f(x)$ 在 $x=0$ 处不连续，即 $x=0$ 是 $f(x)$ 的间断点（如图 1.27 所示）.

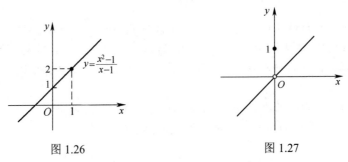

图 1.26   图 1.27

如果改变定义 $f(0)=\lim\limits_{x\to 0}f(x)=0$，则 $f(x)$ 在 $x=0$ 处连续．所以 $x=0$ 是函数 $f(x)$ 的**可去间断点**.

例 1.8.4 设函数 $f(x)=\begin{cases}x+1, & x\geqslant 0,\\ x-1, & x<0.\end{cases}$ 讨论 $f(x)$ 在 $x=0$ 处的连续性．

解 函数 $f(x)$ 在 $x=0$ 处有定义 $f(0)=1$，但
$$\lim_{x\to 0^-}f(x)=\lim_{x\to 0^-}(x-1)=-1,\quad \lim_{x\to 0^+}f(x)=\lim_{x\to 0^+}(x+1)=1.$$
所以 $\lim\limits_{x\to 0}f(x)$ 不存在，$f(x)$ 在 $x=0$ 处不连续，即 $x=0$ 是 $f(x)$ 的间断点．

此间断点的特征是左、右极限都存在但不相等，从图形来看，曲线在 $x=0$ 处产生了跳跃现象（如图 1.28 所示），所以 $x=0$ 称为函数的**跳跃间断点**.

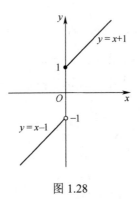

图 1.28

例 1.8.5 函数 $f(x)=\tan x$ 在 $x=\dfrac{\pi}{2}$ 处无定义，$x=\dfrac{\pi}{2}$ 是其间断点，且因为
$$\lim_{x\to\frac{\pi}{2}}\tan x=\infty$$

所以 $x = \dfrac{\pi}{2}$ 是函数的**无穷间断点**.

例 1.8.6 函数 $f(x) = \sin \dfrac{1}{x}$ 在 $x = 0$ 处无定义，$x = 0$ 是其间断点，且当 $x \to 0$ 时，$f(x)$ 的函数值在 $(-1, 1)$ 内无限次振荡（如图 1.29 所示），故 $\lim\limits_{x \to 0} f(x)$ 不存在. 我们也称 $x = 0$ 为函数的**振荡间断点**.

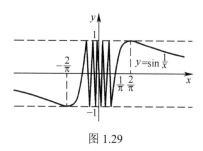

图 1.29

可去间断点或跳跃间断点的主要特征是函数在该点处的左极限和右极限都存在，通常把具有这类特征的间断点统称为**第一类间断点**. 除此之外的任何间断点皆称为**第二类间断点**，无穷间断点和振荡间断点显然是第二类间断点.

1.8.3 连续函数的运算法则

1. 连续函数的和、差、积、商的运算

由函数在某点连续的定义和极限的四则运算法则，即可得出下面的定理.

定理 1.8.1 如果函数 $f(x)$，$g(x)$ 均在 x_0 连续，则函数 $f(x) \pm g(x)$，$f(x) \cdot g(x)$，$\dfrac{f(x)}{g(x)}$ $(g(x) \neq 0)$ 也在点 x_0 处连续.

由于 $\tan x = \dfrac{\sin x}{\cos x}$，$\cot x = \dfrac{\cos x}{\sin x}$，$\sec x = \dfrac{1}{\cos x}$，$\csc x = \dfrac{1}{\sin x}$，而 $\sin x$ 和 $\cos x$ 在区间 $(-\infty, +\infty)$ 内连续，由定理 1.8.1 可知，$\tan x$，$\cot x$，$\sec x$，$\csc x$ 在各自的定义域内连续.

2. 反函数与复合函数的连续性

定理 1.8.2 如果函数 $y = f(x)$ 在区间 I_x 上单调增加（或减少）且连续，则其反函数 $x = \varphi(y)$ 在相应的区间 $I_y = \{ y \mid y = f(x), x \in I_x \}$ 上也单调增加（或减少）且连续.

如 $y = \sin x$ 在 $\left[-\dfrac{\pi}{2}, \dfrac{\pi}{2} \right]$ 上单调增加且连续，其反函数 $y = \arcsin x$ 在 $[-1, 1]$ 上也单调增加且连续.

类似地，$y = \arccos x$，$y = \arctan x$，$y = \text{arccot}\, x$ 在其定义域内都是连续的.

定理 1.8.3 设函数 $y = f[\varphi(x)]$ 是由函数 $y = f(u)$ 及 $u = \varphi(x)$ 复合而成，若 $\lim\limits_{x \to x_0} \varphi(x) = u_0$，而函数 $y = f(u)$ 在 $u = u_0$ 连续，则

$$\lim_{x \to x_0} f[\varphi(x)] = \lim_{u \to u_0} f(u) = f(u_0).$$

由于 $\lim\limits_{x \to x_0} \varphi(x) = u_0$，$y = f(u)$ 在 $u = u_0$ 连续，所以上式可以改写成下面形式：

$$\lim_{x \to x_0} f[\varphi(x)] = f(u_0) = f[\lim_{x \to x_0} \varphi(x)]$$

这说明在定理 1.8.3 的条件下，求 $y = f[\varphi(x)]$ 的极限时，极限和函数可以交换运算次序.

若将定理 1.8.3 中的 $x \to x_0$ 改成 $x \to \infty$，可得类似结论.

例 1.8.7 求 $\lim\limits_{x \to 3} \sqrt{\dfrac{x-3}{x^2-9}}$.

解 $y = \sqrt{\dfrac{x-3}{x^2-9}}$ 是由 $y = \sqrt{u}$ 与 $u = \dfrac{x-3}{x^2-9}$ 复合而成的. $\lim\limits_{x \to 3} \dfrac{x-3}{x^2-9} = \dfrac{1}{6}$，函数 $y = \sqrt{u}$ 在点 $u = \dfrac{1}{6}$ 处连续. 所以

$$\lim_{x \to 3} \sqrt{\frac{x-3}{x^2-9}} = \sqrt{\lim_{x \to 3} \frac{x-3}{x^2-9}} = \sqrt{\frac{1}{6}} = \frac{\sqrt{6}}{6}.$$

定理 1.8.4 设函数 $y = f[\varphi(x)]$ 是由函数 $y = f(u)$ 及 $u = \varphi(x)$ 复合而成，若函数 $u = \varphi(x)$ 在点 x_0 连续，而 $y = f(u)$ 在点 $u_0 = \varphi(x_0)$ 连续，则复合函数 $y = f[\varphi(x)]$ 在点 x_0 也连续.

证明 因为 $\varphi(x)$ 在点 x_0 连续，所以 $\lim\limits_{x \to x_0} \varphi(x) = \varphi(x_0) = u_0$. 又 $y = f(u)$ 在点 $u = u_0$ 连续，所以 $\lim\limits_{x \to x_0} f[\varphi(x)] = f(u_0) = f[\varphi(x_0)]$. 这就证明了复合函数 $f[\varphi(x)]$ 在点 x_0 连续.

1.8.4 初等函数的连续性

前面证明了三角函数及反三角函数在其定义域内是连续的.

利用连续的定义可以证明指数函数 $y = a^x$（$a > 1$，$a \neq 1$）在其定义域 $(-\infty, +\infty)$ 内单调连续，其值域为 $(0, +\infty)$；因此根据定理 1.8.2，其反函数——对数函数 $y = \log_a x$（$a > 1$，$a \neq 1$）在其定义域 $(0, +\infty)$ 内连续.

对于幂函数 $y = x^\alpha$，可表示为 $y = x^\alpha = e^{\alpha \ln x}$，由定理 1.8.4 知，幂函数在其定义域内连续.

经过以上讨论，可得出如下重要结论：

（1）基本初等函数在其定义域内都是连续的.

（2）初等函数在其定义区间内都是连续的. 所谓定义区间是包含在定义域内的区间.

上述有关初等函数连续性的结论，为我们提供了一种求极限的简便方法，即：如果函数 $f(x)$ 是初等函数，而 x_0 是 $f(x)$ 定义区间内的点，则

$$\lim_{x \to x_0} f(x) = f(x_0).$$

例 1.8.8 求 $\displaystyle\lim_{x \to 0} \frac{\sqrt{1+x^2}-1}{x}$.

解 $\displaystyle\lim_{x \to 0} \frac{\sqrt{1+x^2}-1}{x} = \lim_{x \to 0} \frac{(\sqrt{1+x^2}-1)(\sqrt{1+x^2}+1)}{x(\sqrt{1+x^2}+1)} = \lim_{x \to 0} \frac{x}{\sqrt{1+x^2}+1} = \frac{0}{2} = 0.$

例 1.8.9 求 $\displaystyle\lim_{x \to 0} \frac{\log_a(1+x)}{x}$.

解 $\displaystyle\lim_{x \to 0} \frac{\log_a(1+x)}{x} = \lim_{x \to 0} \log_a(1+x)^{\frac{1}{x}} = \log_a \left[\lim_{x \to 0}(1+x)^{\frac{1}{x}} \right] = \log_a \mathrm{e} = \frac{1}{\ln a}.$

例 1.8.10 求 $\displaystyle\lim_{x \to 0} \frac{a^x - 1}{x}$.

解 令 $a^x - 1 = t$，则 $x = \log_a(1+t)$，当 $x \to 0$ 时，$t \to 0$，于是

$$\lim_{x \to 0} \frac{a^x - 1}{x} = \lim_{t \to 0} \frac{t}{\log_a(1+t)} = \ln a.$$

注意：由上面两个例题可得等价无穷小 $\log_a(1+x) \sim \dfrac{x}{\ln a}$，$a^x - 1 \sim x \ln a$（$x \to 0$）.

形如 $[f(x)]^{g(x)}$ 的函数（通常称为**幂指函数**），如果 $\lim f(x) = A > 0$，$\lim g(x) = B$，则有

$$\lim [f(x)]^{g(x)} = A^B.$$

例 1.8.11 求 $\displaystyle\lim_{x \to 0}(1 + \sin 3x)^{\frac{1}{x}}$.

解 $\displaystyle\lim_{x \to 0}(1 + \sin 3x)^{\frac{1}{x}} = \lim_{x \to 0} \left[(1 + \sin 3x)^{\frac{1}{\sin 3x}} \right]^{\frac{\sin 3x}{x}} = \mathrm{e}^3.$

求幂指函数中 1^∞ 形的极限，除了利用第二个重要极限，还可以利用函数的连续性来求.

如 $\displaystyle\lim_{x \to 0}(1 + \sin 3x)^{\frac{1}{x}} = \lim_{x \to 0} \mathrm{e}^{\frac{1}{x} \ln(1 + \sin 3x)} = \mathrm{e}^{\lim_{x \to 0} \frac{1}{x} \ln(1 + \sin 3x)} = \mathrm{e}^{\lim_{x \to 0} \frac{\sin 3x}{x}} = \mathrm{e}^3.$

结论：一般地，对于 $\lim[1 + u(x)]^{v(x)}$ 来说，如果 $\lim u(x) = 0$，$\lim v(x) = \infty$，有

$$\lim(1 + u(x))^{v(x)} = \lim \mathrm{e}^{v(x) \ln(1 + u(x))} = \lim \mathrm{e}^{u(x)v(x)} = \mathrm{e}^{\lim u(x)v(x)}.$$

例 1.8.12 求 $\lim\limits_{x \to 0}(\cos x)^{\frac{1}{x^2}}$.

解 $\lim\limits_{x \to 0}(\cos x)^{\frac{1}{x^2}} = \lim\limits_{x \to 0}[1+(\cos x-1)]^{\frac{1}{x^2}} = e^{\lim\limits_{x \to 0}\frac{1}{x^2}(\cos x-1)} = e^{\lim\limits_{x \to 0}\frac{1}{x^2} \cdot (-\frac{1}{2}x^2)} = e^{-\frac{1}{2}}$.

例 1.8.13 求 $\lim\limits_{n \to \infty}\left(\dfrac{n-1}{n+1}\right)^n$.

解 $\lim\limits_{n \to \infty}\left(\dfrac{n-1}{n+1}\right)^n = \lim\limits_{n \to \infty}\left(1-\dfrac{2}{n+1}\right)^n = e^{\lim\limits_{n \to \infty}\left(-\frac{2n}{n+1}\right)} = e^{-2}$.

例 1.8.14 函数 $f(x)=\begin{cases} \dfrac{\ln(1-ax)}{x}, & x<0, \\ b, & x=0, \\ \dfrac{\sqrt{1+x}-1}{x}, & x>0, \end{cases}$ 在点 $x=0$ 处连续，求 a,b 的值.

解 因 $\lim\limits_{x \to 0^+}f(x) = \lim\limits_{x \to 0^+}\dfrac{\sqrt{1+x}-1}{x} = \dfrac{1}{2}$, $\lim\limits_{x \to 0^-}f(x) = \lim\limits_{x \to 0^-}\dfrac{\ln(1-ax)}{x} = -a$ ，由题设，

$f(x)$ 在点 $x=0$ 处连续，故 $\lim\limits_{x \to 0^+}f(x) = \lim\limits_{x \to 0^-}f(x) = f(0)$ ，即 $\dfrac{1}{2} = -a = b$ ，所以

$a = -\dfrac{1}{2}$, $b = \dfrac{1}{2}$.

习题 1.8

1．讨论下列函数的连续区间：

（1） $f(x)=\begin{cases} x, & -1 \leqslant x \leqslant 1, \\ 1, & x<-1 \text{ 或 } x>1; \end{cases}$ （2） $f(x)=\begin{cases} \dfrac{\arcsin x}{x}, & -1<x<0, \\ 2-x, & 0 \leqslant x<1, \\ (x-1)\sin x, & x \geqslant 1; \end{cases}$

（3） $f(x)=\dfrac{\ln(1-x^2)}{x(1-2x)}$.

2．求下列函数的间断点，并指出其类型，如果是可去间断点，则补充或改变函数的定义使其连续：

（1） $f(x)=x\sin\dfrac{1}{x}$;   （2） $f(x)=\dfrac{x^2-1}{x^2-3x+2}$;

（3） $f(x)=\begin{cases} e^{\frac{1}{x}}, & x \neq 0, \\ 1, & x=0; \end{cases}$ （4） $f(x)=\begin{cases} \dfrac{\sin x}{x}, & x<0, \\ x^2-1, & x \geqslant 0. \end{cases}$

3．确定常数 a，b，使下列函数在其定义域内连续：

（1）$f(x) = \begin{cases} \mathrm{e}^x, & x < 0, \\ x + a, & x \geqslant 0; \end{cases}$

（2）$f(x) = \begin{cases} \dfrac{\sin ax}{x}, & x < 0, \\ 2, & x = 0, \\ x \sin \dfrac{1}{x} - b, & x > 0. \end{cases}$

4．求下列函数的极限：

（1）$\lim\limits_{x \to 0} \ln \dfrac{\sin x}{x}$；

（2）$\lim\limits_{x \to 0} \sqrt{x^2 - 2x + 5}$；

（3）$\lim\limits_{x \to 1} \dfrac{\sqrt{5x - 4} - \sqrt{x}}{x - 1}$；

（4）$\lim\limits_{x \to a} \dfrac{\sin x - \sin a}{x - a}$；

（5）$\lim\limits_{x \to 0} \dfrac{\mathrm{e}^x - \mathrm{e}^{2x}}{x}$；

（6）$\lim\limits_{x \to 0} (x + \mathrm{e}^x)^{\frac{1}{x}}$；

（7）$\lim\limits_{x \to +\infty} (\sqrt{x^2 + x} - \sqrt{x^2 - x})$；

（8）$\lim\limits_{x \to 0} (1 + 3 \tan^2 x)^{\cot^2 x}$．

1.9　闭区间上连续函数的性质

前面已经说明了函数在闭区间上连续的概念，而闭区间上连续函数的许多性质在理论及应用上很有价值，这些性质的几何直观很明显，但其证明却并不容易，需要用到实数理论．下面我们以定理的形式叙述这些性质，并给出几何解释．

1.9.1　最大值与最小值定理及有界性定理

先介绍最大值和最小值的概念．

定义 1.9.1　设函数 $f(x)$ 在区间 I 上有定义，如果存在 $x_0 \in I$，使得对于任一 $x \in I$，都有

$$f(x) \leqslant f(x_0) \quad (\text{或 } f(x) \geqslant f(x_0)),$$

则称 $f(x)$ 在 x_0 处取得**最大值**（或**最小值**），$f(x_0)$ 称为 $f(x)$ 在区间 I 上的**最大值**（或**最小值**），x_0 称为 $f(x)$ 在区间 I 上的**最大值点**（或**最小值点**）．

例如，函数 $f(x) = 1 + \sin x$ 在区间 $[0, 2\pi]$ 有最大值 2 和最小值 0．又如，符号函数 $f(x) = \operatorname{sgn} x$ 在区间 $(-\infty, +\infty)$ 内有最大值 1 和最小值 -1；但在 $(0, +\infty)$ 内，$\operatorname{sgn} x$ 的最大值和最小值都等于 1．

定理 1.9.1（最大值与最小值定理）　闭区间上的连续函数在该区间上一定能够取得最大值和最小值．

此定理告诉我们，如果 $f(x)$ 在闭区间 $[a, b]$ 上连续，则至少存在一点 $x_1 \in [a, b]$，使 $f(x_1)$ 是 $f(x)$ 在 $[a, b]$ 上的最大值；又至少存在一点 $x_2 \in [a, b]$，使 $f(x_2)$ 是 $f(x)$ 在

[a,b]上的最小值（如图 1.30 所示）.

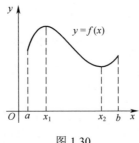

图 1.30

需要注意的是，定理 1.9.1 的两个条件：闭区间 $[a,b]$ 及 $f(x)$ 在 $[a,b]$ 上连续，缺少一个都可能导致结论不成立. 例如 $y=x$ 在区间 $(-1,1)$ 内连续，但在 $(-1,1)$ 内既无最大值也无最小值；又如函数 $f(x)=\begin{cases}1-x, & 0\leqslant x<1, \\ 1, & x=1, \\ 3-x, & 1<x\leqslant 2,\end{cases}$ 在闭区间 $[0,2]$ 上有间断点 $x=1$，该函数在 $[0,2]$ 上同样既无最大值又无最小值（如图 1.31 所示）.

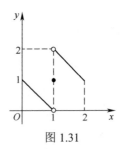

图 1.31

根据最大值最小值定理，很容易得到如下的有界性定理.

推论 1.9.1（**有界性定理**） 闭区间上的连续函数在该区间上一定有界.

该推论告诉我们，如果函数 $f(x)$ 在闭区间 $[a,b]$ 上连续，那么存在常数 $M>0$，使得对任一 $x\in[a,b]$，都有 $|f(x)|\leqslant M$.

与定理 1.9.1 相似，该推论的两个条件缺少一个都可能导致结论不成立.

1.9.2 零点定理与介值定理

如果 x_0 满足 $f(x_0)=0$，则称 x_0 为函数 $f(x)$ 的**零点**.

定理 1.9.2（**零点定理**） 设 $f(x)$ 在闭区间 $[a,b]$ 上连续，且 $f(a)$ 与 $f(b)$ 异号（即 $f(a)\cdot f(b)<0$），那么在开区间 (a,b) 内至少存在一点 ξ，使 $f(\xi)=0$.

从几何直观来看，定理 1.9.2 表示：如果连续曲线弧 $y=f(x)$ 的两个端点位于 x 轴的不同侧，那么该曲线弧与 x 轴至少有一个交点（如图 1.32 所示）.

由定理 1.9.2 立即可推得下面更具一般性的定理.

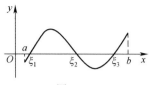

图 1.32

定理 1.9.3（介值定理） 设函数 $f(x)$ 在闭区间上连续，且 $f(a) \neq f(b)$，则对于 $f(a)$ 与 $f(b)$ 之间的任意一个数 C，在 (a,b) 内至少存在一点 ξ，使得
$$f(\xi) = C.$$

证明 设 $\varphi(x) = f(x) - C$，则在 $[a,b]$ 上连续，且 $\varphi(a) = f(a) - C$，$\varphi(b) = f(b) - C$。由已知条件知 $\varphi(a)$ 与 $\varphi(b)$ 异号，根据零点定理，至少存在一点 $\xi \in (a,b)$，使得 $\varphi(\xi) = 0$。即 $f(\xi) - C = 0$，所以
$$f(\xi) = C.$$

从几何上来看，定理 1.9.3 表明：若数 C 介于 $f(a)$ 与 $f(b)$ 之间，则连续曲线弧 $y = f(x)$ 与水平直线 $y = C$ 至少有一个交点（如图 1.33 所示）。

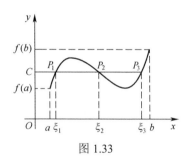

图 1.33

推论 1.9.2 闭区间上的连续函数必取得介于最大值与最小值之间的任何值。

证明 设 $f(x)$ 在闭区间 $[a,b]$ 上连续，且在点 x_1 处取得最大值 M，在点 x_2 处取得最小值 m，则在闭区间 $[x_1, x_2]$（或 $[x_2, x_1]$）上应用介值定理，即得上述推论。

例 1.9.1 证明：方程 $x^3 - 3x = 1$ 在 $(1,2)$ 之间至少有一个根。

证明 令 $f(x) = x^3 - 3x - 1$，则 $f(x)$ 在 $[1,2]$ 上连续，且
$$f(1) = -3 < 0, \quad f(2) = 1 > 0.$$
根据零点定理，在 $(1,2)$ 内至少存在一点，使 $f(\xi) = 0$，即
$$\xi^3 - 3\xi - 1 = 0.$$
这说明方程 $x^3 - 3x = 1$ 在 $(1,2)$ 之间至少有一个根 ξ。

习题 1.9

1. 证明：方程 $x = e^x - 2$ 在区间 $(0,2)$ 内必有实根。

2. 若 $a > 0$，$b > 0$。证明：方程 $x = a\sin x + b$ 至少有一个正根，并且它不超过

$a+b$.

3. 设 $f(x)$ 在 $[a,b]$ 上连续且没有零点，证明：$f(x)$ 在 $[a,b]$ 上不变号.

4. 设 $f(x)$ 在 $[a,b]$ 上连续，且 $f(a)<a$ ，$f(b)>b$ ，证明：在 (a,b) 内至少有一点 ξ ，使得 $f(\xi)=\xi$.

5. 估计方程 $x^3-6x+2=0$ 的根的位置.

复习题 1

1. 在"充分"、"必要"和"充分必要"三者中选择一个正确的填入下列空格内：

（1）数列 $\{x_n\}$ 有界是数列 $\{x_n\}$ 收敛的_____条件. 数列收敛是数列 $\{x_n\}$ 有界的_____条件.

（2）$f(x)$ 当 $x \to x_0$ 时右极限 $f(x_0^+)$ 及左极限 $f(x_0^-)$ 都存在且相等是 $\lim\limits_{x \to x_0} f(x)$ 存在的_____条件.

2. 单项选择题：

（1）函数 $y=1+\sin x$ 是（ ）.

  A. 无界函数；   B. 单调减少函数；

  C. 单调增加函数；   D. 有界函数.

（2）下列极限正确的是（ ）.

  A. $\lim\limits_{x \to 1} e^{\frac{1}{x-1}}=\infty$ ；   B. $\lim\limits_{x \to 1^-} e^{\frac{1}{x-1}}=\infty$ ；

  C. $\lim\limits_{x \to 1^+} e^{\frac{1}{x-1}}=\infty$ ；   D. $\lim\limits_{x \to \infty} e^{\frac{1}{x-1}}=\infty$.

（3）若极限 $\lim\limits_{x \to 0} \dfrac{ax+2\sin x}{x}=3$ ，则常数 $a=$（ ）.

  A. 3；   B. 0；   C. 任意实数； D. 1.

（4）下列变量在给定变化过程中（ ）是无穷小.

  A. $\dfrac{\sin 2x}{x}$ （ $x \to 0$ ）；   B. $\dfrac{x}{\sqrt{x+1}}$ （ $x \to \infty$ ）；

  C. $2^{-x}-1$ （ $x \to +\infty$ ）； D. $\dfrac{x^2}{x+1}\left(2+\cos\dfrac{1}{x}\right)$ （ $x \to 0$ ）.

（5）下列变量在给定变化过程中（ ）是无穷大.

  A. $\dfrac{x}{\sqrt{x^2+1}}$ （ $x \to +\infty$ ）； B. $e^{\frac{1}{x}}$ （ $x \to 0^-$ ）；

  C. $\ln x$ （ $x \to 0^+$ ）；   D. $\dfrac{\ln(1+x^2)}{\sin x}$ （ $x \to 0$ ）.

（6）若函数 $f(x)=\begin{cases}(1+kx)^{\frac{m}{x}}, & x\neq 0, \\ a, & x=0,\end{cases}$ 在 $x=0$ 处连续，则常数 $a=$（　　）.

　A．e^m；　　　　　　　　　　B．e^k；

　C．e^{-km}；　　　　　　　　　D．e^{km}.

（7）设 $f(x)=\begin{cases}\mathrm{e}^{\frac{1}{x}}, & x<0, \\ 1, & x\geqslant 0,\end{cases}$ 则 $x=0$ 是 $f(x)$ 的（　　）.

　A．连续点；　　　　　　　　　B．跳跃间断点；

　C．可去间断点；　　　　　　　D．无穷间断点.

（8）当 $x\to 0$ 时，$x-\sin x$ 是 x 的（　　）.

　A．低阶无穷小；　　　　　　　B．高阶无穷小；

　C．等价无穷小；　　　　　　　D．同阶但非等价无穷小.

3．求下列极限：

（1）$\displaystyle\lim_{x\to 1}\frac{x-1}{\mathrm{e}^x-\mathrm{e}}$；　　　　　　　　（2）$\displaystyle\lim_{x\to\infty}\left(\frac{x-2}{x+1}\right)^x$；

（3）$\displaystyle\lim_{x\to+\infty}x(\sqrt{x^2+1}-x)$；　　　　（4）$\displaystyle\lim_{x\to 1}x^{\frac{1}{1-x}}$；

（5）$\displaystyle\lim_{x\to 0}\left(\frac{a^x+b^x+c^x}{3}\right)^{\frac{1}{x}}$　（$a,b,c>0$）.

4．已知极限值，确定常数 a 和 b 的值：

（1）$\displaystyle\lim_{x\to\infty}\left(ax+b-\frac{x^3+1}{x^2+1}\right)=1$；　　（2）$\displaystyle\lim_{x\to-1}\frac{x^2+ax+b}{x+1}=5$.

5．已知当 $x\to 0$ 时，$\sqrt{1+ax^2}-1$ 与 $\sin^2 x$ 是等价无穷小，求 a 的值.

6．设函数 $f(x)=\begin{cases}\mathrm{e}^{\frac{1}{x-1}}, & x>0, \\ \ln(1+x), & -1<x\leqslant 0.\end{cases}$ 求 $f(x)$ 的间断点，并判别其类型.

7．讨论函数 $f(x)=\displaystyle\lim_{n\to\infty}\frac{1-x^{2n}}{1+x^{2n}}x$（$n\in\mathbf{N}^+$）的连续性，若存在间断点，判别其类型.

8．用夹逼准则证明
$$\lim_{n\to\infty}\left(\frac{1}{\sqrt{n^2+1}}+\frac{1}{\sqrt{n^2+2}}+\cdots+\frac{1}{\sqrt{n^2+n}}\right)=1.$$

9．证明：曲线 $y=\sin x+x+1$ 在区间 $\left(-\dfrac{\pi}{2},\dfrac{\pi}{2}\right)$ 内与 x 轴至少有一个交点.

10．证明：方程 $x\cdot 3^x=2$ 至少有一个小于 1 的正根.

数学家简介——刘徽

刘徽（约公元 225～295），汉族，据传为山东邹平县人，我国魏晋时期伟大的数学家，中国古典数学理论的奠基者之一. 他的杰作《九章算术注》和《海岛算经》是我国最宝贵的数学遗产，奠定了他在中国数学史上的不朽地位.

刘徽在数学上的主要成就之一，是为《九章算术》做了注释，书名叫《九章算术注》，此书于魏景元 4 年（公元 263 年）成书，共 9 卷，现在有传本可据，是我国最可贵的数学遗产之一. 刘徽的《九章算术注》整理了《九章算术》中各种解题方法的思想体系，旁征博引，纠正了其中某些错误，提高了《九章算术》的学术水平. 他善于用文字讲清道理，用图形说明问题，便于读者学习、理解、掌握；而且，在他的注释中提出了很多独到的见解.

例如他创造了用"割圆术"来计算圆周率的方法，从而开创了我国数学发展史中圆周率研究的新纪元. 他从圆的内接正六边形算起，依次将边数加倍，一直算到内接正 192 边形的面积，从而得到圆周率 π 的近似值为 $\frac{157}{50} = 3.14$，后人为了纪念刘徽，称这个数值为"徽率"，以后他又算到圆内接正 3072 边形的面积，从而得到圆周率 π 的近似值 $\frac{3927}{1250} = 3.1416$. 外国关于 π 取值 3.1416 的记载最早是印度的阿利耶毗陀（Aryabhato），但他比刘徽晚 200 多年，比祖冲之晚半个世纪.

刘徽"割圆术"中所述的"割之弥细，所失弥少，割之又割，以至于不可割，则与圆周合体而无所失矣"，已经完全体现出了现代极限的思想. 他的割圆术只需要计算内接多边形而不需要计算外切多边形，这与阿基米德的方法比较起来显得事半功倍. 此外他的极限思想还反映在"少广"章开方术的注释中，以及"商功"章棱锥体体积的计算的注释中. 刘徽堪称我国第一个创造性地把极限观念运用于数学的人.

刘徽的大多数推理、证明都合乎逻辑，十分严谨，从而把《九章算术》及他自己提出的解法、公式建立在必然性的基础之上. 虽然刘徽没有写出自成体系的著作，但他注释《九章算术》所运用的数学知识，实际上已经形成了一个独具特色、包括概念和判断、并以数学证明为其联系纽带的理论体系.

刘徽思想敏捷，方法灵活，既提倡推理又主张直观，他是我国最早明确主张用逻辑推理的方式来论证数学命题的人. 刘徽的一生是为数学刻苦探求的一生，他虽然地位低下，但人格高尚，他的著作堪称中国传统数学理论的精华，为中华民族留下了宝贵的文化财富.

第 2 章　导数与微分

微分学是微积分的重要组成部分，它的基本概念是导数与微分．本章中，我们主要讨论导数和微分的概念以及他们的计算方法，对于导数的应用，将在第 3 章讨论．

2.1　导数的概念

2.1.1　导数概念的引例

为了说明微分学的基本概念——导数，我们先讨论两个问题：速度问题和切线问题．这两个问题在历史上都与导数概念的形成有密切的关系．

例 2.1.1　变速直线运动的瞬时速度．

一物体做变速直线运动，位移函数为 $s = f(t)$ ，求物体在时刻 t_0 的瞬时速度 $v(t_0)$ ．

首先考虑物体从 t_0 到 $t_0 + \Delta t$ 这段时间内的平均速度

$$\bar{v} = \frac{\Delta s}{\Delta t} = \frac{s(t_0 + \Delta t) - s(t_0)}{\Delta t} , \tag{2.1.1}$$

其中 Δs 是这段时间内的路程改变量．

当时间间隔很小时，可以认为物体在时间 $[t_0, t_0 + \Delta t]$ 内近似地做匀速运动．因此，可以用 $\bar{v}$ 近似代替 $v(t_0)$ ，且 Δt 越小，其近似度越高．为求在时刻 t_0 的速度的精确值，令 $\Delta t \to 0$ ，取（2.1.1）式的极限，我们把这个极限值称为在时刻 t_0 的（瞬时）速度，即

$$v(t_0) = \lim_{\Delta t \to 0} \frac{\Delta s}{\Delta t} = \lim_{\Delta t \to 0} \frac{s(t_0 + \Delta t) - s(t_0)}{\Delta t} .$$

例 2.1.2　平面曲线的切线斜率．

设一曲线方程为 $y = f(x)$ ，求曲线 $y = f(x)$ 在 $M(x_0, y_0)$ 处的切线斜率．

如图 2.1 所示，设点 $N(x_0 + \Delta x, y_0 + \Delta y)$ 是曲线上任意点，作割线 MN ．让 N 沿着曲线趋向 M ，割线 MN 的极限位置 MT 就称为曲线 $y = f(x)$ 在点 M 处的切线．

设割线的倾角为 φ ，则割线 MN 的斜率为

$$k_{MN} = \tan \varphi = \frac{\Delta y}{\Delta x} = \frac{f(x_0 + \Delta x) - f(x_0)}{\Delta x} .$$

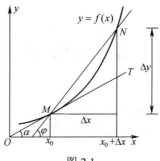

图 2.1

当点 N 沿曲线趋于点 M 时，割线 MN 的倾角 φ 趋近于切线 MT 的倾角 α，即

$$\tan\alpha = \lim_{\Delta x \to 0}\tan\varphi = \lim_{\Delta x \to 0}\frac{\Delta y}{\Delta x} = \lim_{\Delta x \to 0}\frac{f(x_0+\Delta x)-f(x_0)}{\Delta x}.$$

2.1.2 导数的概念

1. 函数在一点处的导数与导函数

从上面所讨论的两个问题看出，非匀速运动的速度和切线的斜率都归结为如下的极限：

$$\lim_{\Delta x \to 0}\frac{f(x_0+\Delta x)-f(x_0)}{\Delta x}.$$

我们撇开这些量的具体意义，就得出函数的导数概念.

定义 2.1.1 设函数 $y=f(x)$ 在点 x_0 的某邻域内有定义，当自变量 x 在点 x_0 处取得增量 Δx （点 $x_0+\Delta x$ 也在该邻域内）时，相应地函数 y 取得增量 $\Delta y = f(x_0+\Delta x)-f(x_0)$，若极限

$$\lim_{\Delta x \to 0}\frac{\Delta y}{\Delta x} = \lim_{\Delta x \to 0}\frac{f(x_0+\Delta x)-f(x_0)}{\Delta x} \tag{2.1.2}$$

存在，则称函数 $y=f(x)$ 在点 x_0 处**可导**，并称此极限值为函数 $y=f(x)$ 在点 x_0 处的**导数**，记作

$$f'(x_0),\quad y'\big|_{x=x_0},\quad \frac{\mathrm{d}y}{\mathrm{d}x}\Big|_{x=x_0} \text{ 或 } \frac{\mathrm{d}f}{\mathrm{d}x}\Big|_{x=x_0},$$

即

$$f'(x_0) = \lim_{\Delta x \to 0}\frac{f(x_0+\Delta x)-f(x_0)}{\Delta x}.$$

如果极限（2.1.2）不存在，则称函数 $y=f(x)$ 在点 x_0 处不可导. 若 $\Delta x \to 0$ 时，$\dfrac{\Delta y}{\Delta x} \to \infty$，则说函数 $y=f(x)$ 在点 x_0 处的导数为无穷大.

令 $x=x_0+\Delta x$，当 $\Delta x \to 0$ 时，有 $x \to x_0$，则

$$f'(x_0) = \lim_{x \to x_0} \frac{f(x) - f(x_0)}{x - x_0}.$$

令 $h = \Delta x$，则

$$f'(x_0) = \lim_{h \to 0} \frac{f(x_0 + h) - f(x_0)}{h},$$

式中的 h 即自变量的增量 Δx（导数与自变量的增量的表示形式无关）.

若函数 $y = f(x)$ 在开区间 (a,b) 内每一点都可导，则称 $f(x)$ 在区间 (a,b) 内可导. 此时，对于每一个 $x \in (a,b)$，都对应着 $f(x)$ 的一个确定的导数值 $f'(x)$，从而构成了一个新的函数，称为函数 $f(x)$ 的导函数，简称导数，记作 y'，$f'(x)$，$\dfrac{dy}{dx}$ 或 $\dfrac{df}{dx}$，即

$$f'(x) = \lim_{\Delta x \to 0} \frac{f(x + \Delta x) - f(x)}{\Delta x}.$$

函数 $y = f(x)$ 在点 x_0 处的导数 $f'(x_0)$ 就是导函数 $f'(x)$ 在点 x_0 处的函数值，即

$$f'(x_0) = f'(x)\big|_{x=x_0}.$$

例 2.1.3 试按导数定义求 $\lim\limits_{x \to a} \dfrac{f(2x) - f(2a)}{x - a}$.

解 $\lim\limits_{x \to a} \dfrac{f(2x) - f(2a)}{x - a} = \lim\limits_{x \to a} \dfrac{f(2x) - f(2a)}{\dfrac{1}{2}(2x - 2a)} = 2 \lim\limits_{x \to a} \dfrac{f(2x) - f(2a)}{2x - 2a} = 2f'(2a)$.

2. 左、右导数

下面两个极限

$$\lim_{\Delta x \to 0^-} \frac{\Delta y}{\Delta x} = \lim_{\Delta x \to 0^-} \frac{f(x_0 + \Delta x) - f(x_0)}{\Delta x},$$

$$\lim_{\Delta x \to 0^+} \frac{\Delta y}{\Delta x} = \lim_{\Delta x \to 0^+} \frac{f(x_0 + \Delta x) - f(x_0)}{\Delta x}$$

分别叫做函数 $y = f(x)$ 在点 x_0 处的**左导数**和**右导数**，分别记为 $f'_-(x_0)$ 和 $f'_+(x_0)$.

由上一章关于左、右极限的性质可知下面的定理.

定理 2.1.1 函数 $y = f(x)$ 在点 x_0 处可导的充分必要条件是 $f(x)$ 在点 x_0 处的左、右导数都存在且相等.

例 2.1.4 证明函数 $y = |x|$ 在 $x = 0$ 处不可导（如图 2.2 所示）.

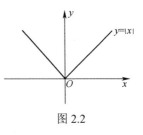

图 2.2

证明 $f'_+(0) = \lim\limits_{\Delta x \to 0^+} \dfrac{f(0 + \Delta x) - f(0)}{\Delta x} = \lim\limits_{\Delta x \to 0^+} \dfrac{\Delta x}{\Delta x} = 1$；

$$f'_-(0) = \lim_{\Delta x \to 0^-} \frac{f(0 + \Delta x) - f(0)}{\Delta x} = \lim_{\Delta x \to 0^-} \frac{-\Delta x}{\Delta x} = -1 \, .$$

所以函数 $y = |x|$ 在 $x = 0$ 处不可导.

例 2.1.5 证明函数 $f(x) = \begin{cases} \dfrac{\sqrt{1+x}-1}{\sqrt{x}}, & x > 0, \\ 0, & x \leqslant 0, \end{cases}$ 在 $x = 0$ 不可导.

证明 $f'_+(0) = \lim_{x \to 0^+} \frac{f(x) - f(0)}{x} = \lim_{x \to 0^+} \frac{\sqrt{1+x}-1}{x\sqrt{x}} = \lim_{x \to 0^+} \frac{x}{x\sqrt{x}(\sqrt{1+x}+1)} = +\infty \, ;$

$$f'_-(0) = \lim_{x \to 0^-} \frac{f(x) - f(0)}{x} = 0 \, .$$

所以函数 $f(x)$ 在 $x = 0$ 处不可导.

注意：如果 $f(x)$ 在开区间 (a,b) 内可导，且 $f'_+(a)$ 及 $f'_-(b)$ 都存在，则称 $f(x)$ 在闭区间 $[a,b]$ 上可导.

下面应用导数的定义计算一些简单函数的导数.

例 2.1.6 求函数 $y = x^2$ 的导数.

解 $\lim_{\Delta x \to 0} \frac{\Delta y}{\Delta x} = \lim_{\Delta x \to 0} \frac{f(x + \Delta x) - f(x)}{\Delta x} = \lim_{\Delta x \to 0} \frac{(x + \Delta x)^2 - x^2}{\Delta x} = \lim_{\Delta x \to 0} (2x + \Delta x) = 2x \, ,$

即

$$(x^2)' = 2x \, .$$

同理可得 $\qquad (x^n)' = nx^{n-1}$ （n 为正整数）.

一般地，当指数为任意实数 μ 时，有 $(x^\mu)' = \mu x^{\mu-1}$.

例如

$$(\sqrt{x})' = (x^{\frac{1}{2}})' = \frac{1}{2} x^{\frac{1}{2}-1} = \frac{1}{2\sqrt{x}} \, .$$

$$\left(\frac{1}{x}\right)' = (x^{-1})' = (-1)x^{-1-1} = -\frac{1}{x^2} \, .$$

例 2.1.7 求指数函数 $y = a^x$ 的导数（$a > 0$，$a \neq 1$）.

解 $\lim_{\Delta x \to 0} \frac{\Delta y}{\Delta x} = \lim_{\Delta x \to 0} \frac{a^{x+\Delta x} - a^x}{\Delta x} = a^x \lim_{\Delta x \to 0} \frac{a^{\Delta x} - 1}{\Delta x} = a^x \lim_{\Delta x \to 0} \frac{\Delta x \ln a}{\Delta x} = a^x \ln a \, ,$

即

$$(a^x)' = a^x \ln a \, .$$

特别地，上式中令 $a = \mathrm{e}$，可得自然对数函数 $y = \mathrm{e}^x$ 的导数

$$(\mathrm{e}^x)' = \mathrm{e}^x \, .$$

例 2.1.8 求对数函数 $y = \log_a x$ 的导数（$a > 0$，$a \neq 1$）.

解 $\lim\limits_{\Delta x \to 0} \dfrac{\Delta y}{\Delta x} = \lim\limits_{\Delta x \to 0} \dfrac{\log_a(x+\Delta x) - \log_a x}{\Delta x} = \lim\limits_{\Delta x \to 0} \dfrac{\log_a \dfrac{x+\Delta x}{x}}{\Delta x} = \lim\limits_{\Delta x \to 0} \log_a \left(1 + \dfrac{\Delta x}{x}\right)^{\frac{1}{\Delta x}}$

$$= \dfrac{1}{x} \lim\limits_{\Delta x \to 0} \log_a \left(1 + \dfrac{\Delta x}{x}\right)^{\frac{x}{\Delta x}} = \dfrac{1}{x} \log_a \mathrm{e} = \dfrac{1}{x \ln a},$$

即

$$(\log_a x)' = \dfrac{1}{x \ln a}.$$

特别地，上式中令 $a = \mathrm{e}$，可得自然对数函数 $y = \ln x$ 的导数

$$(\ln x)' = \dfrac{1}{x}.$$

例 2.1.9 求函数 $y = \sin x$ 的导数.

解 $\lim\limits_{\Delta x \to 0} \dfrac{\Delta y}{\Delta x} = \lim\limits_{\Delta x \to 0} \dfrac{\sin(x+\Delta x) - \sin x}{\Delta x} = \lim\limits_{\Delta x \to 0} \dfrac{2\cos\left(x + \dfrac{\Delta x}{2}\right)\sin\dfrac{\Delta x}{2}}{\Delta x}$

$$= \lim\limits_{\Delta x \to 0} \dfrac{2\cos\left(x + \dfrac{\Delta x}{2}\right)\dfrac{\Delta x}{2}}{\Delta x} = \cos x,$$

即

$$(\sin x)' = \cos x.$$

类似的方法可得 $(\cos x)' = -\sin x$.

2.1.3 导数的几何意义

函数 $f(x)$ 在点 x_0 处的导数 $f'(x_0)$ 在几何上表示曲线 $y = f(x)$ 在点 $(x_0, f(x_0))$ 处的切线的斜率（如图 2.3 所示），即

$$k = f'(x_0) = \lim\limits_{\Delta x \to 0} \dfrac{\Delta y}{\Delta x}.$$

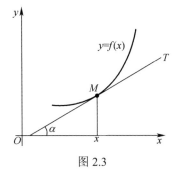

图 2.3

过曲线上一点且垂直于该点处切线的直线，称为曲线在该点处的**法线**.

因此可以求得曲线 $y = f(x)$ 在点 $(x_0, f(x_0))$ 处的切线方程为

$$y - y_0 = f'(x_0)(x - x_0).$$

法线方程为

$$y - y_0 = -\frac{1}{f'(x_0)}(x - x_0) \quad (f'(x_0) \neq 0).$$

特别的，若 $f'(x_0) = \infty$，则切线垂直于 x 轴，切线的方程就是 x 轴的垂线 $x = x_0$.

例 2.1.10 求曲线 $y = x^2$ 在点 $(1,1)$ 处的切线和法线方程.

解 由 $y' = 2x$，曲线 $y = x^2$ 在点 $(1,1)$ 的切线与法线的斜率分别为

$$k_1 = y'\big|_{x=2} = 2, \quad k_2 = -\frac{1}{k_1} = -\frac{1}{2}.$$

切线方程为

$$y - 1 = 2(x - 1),$$

即

$$2x - y - 1 = 0.$$

法线方程为

$$y - 1 = -\frac{1}{2}(x - 1),$$

即

$$x + 2y - 3 = 0.$$

2.1.4 可导与连续的关系

若 $f(x)$ 在点 x_0 处可导，则

$$f'(x_0) = \lim_{\Delta x \to 0} \frac{\Delta y}{\Delta x}.$$

根据函数极限与无穷小间的关系，得

$$\frac{\Delta y}{\Delta x} = f'(x_0) + \alpha,$$

其中 α 是当 $\Delta x \to 0$ 时的无穷小. 从而有

$$\Delta y = f'(x_0)\Delta x + \alpha \cdot \Delta x,$$

因此

$$\lim_{\Delta x \to 0} \Delta y = \lim_{\Delta x \to 0}\left[f'(x_0)\Delta x + \alpha \cdot \Delta x\right] = 0,$$

因此有下面的定理.

定理 2.1.2 如果函数 $y = f(x)$ 在点 x_0 处可导，则 $f(x)$ 在点 x_0 处连续.

上述定理的逆命题不一定成立. 例如由例 2.1.4 知函数 $y = |x|$ 在 $x = 0$ 处不可导，但在 $x = 0$ 处连续.

例 2.1.11 讨论函数 $y = f(x) = \sqrt[3]{x}$ 在 $x = 0$ 处的连续性和可导性.

解 在点 $x = 0$ 处有

$$\frac{f(0+h) - f(0)}{h} = \frac{\sqrt[3]{h} - 0}{h} = \frac{1}{h^{2/3}},$$

因而，$\lim\limits_{h \to 0} \dfrac{f(0+h) - f(0)}{h} = \lim\limits_{h \to 0} \dfrac{1}{h^{2/3}} = +\infty$，即导数为无穷大（注意，导数不存在）. 用几何图形表示即曲线 $y = \sqrt[3]{x}$ 在原点 O 具有垂直于 x 轴的切线 $x = 0$.

由此可见，函数在某点连续是函数在该点可导的必要条件，但不是充分条件.

习题 2.1

1. 将一高温物体置于室温中，物体就会不断冷却而使温度下降. 若物体的温度 T 与时间 t 的函数关系为 $T = T(t)$，则物体在某时刻 t 的冷却速度是多少？

2. 求下列函数的导数：

（1）$y = \log_3 x$；　　　　　　　　　　（2）$y = 3^x e^x$；

（3）$y = \sqrt[3]{t^2}$；　　　　　　　　　　（4）$y = \cos x$.

3. 设 $f'(x_0)$ 存在，利用导数定义求下列极限：

（1）$\lim\limits_{\Delta x \to 0} \dfrac{f(x_0 - \Delta x) - f(x_0)}{\Delta x}$；　　　　（2）$\lim\limits_{h \to 0} \dfrac{f(x_0 + h) - f(x_0 - h)}{h}$.

4. 求曲线 $y = \dfrac{1}{x^2}$ 在点（1，1）处的切线方程与法线方程.

5. 讨论下列函数在 $x = 0$ 处是否连续、是否可导？

（1）$y = |\sin x|$；　　　　　　　（2）$y = \begin{cases} x \sin \dfrac{1}{x}, & x \neq 0, \\ 0, & x = 0. \end{cases}$

6. 设 $f(x) = \begin{cases} x^2, & x \leqslant 1, \\ ax + b, & x > 1, \end{cases}$ 求 a, b 的值，使得 $f(x)$ 在 $x = 1$ 处可导.

7. 设 $f(0) = 1$，$f'(0) = -1$，求极限 $\lim\limits_{x \to 1} \dfrac{f(\ln x) - 1}{1 - x}$.

2.2 函数的求导法则

在本节中，将介绍求导数的几个基本法则以及前一节中未讨论过的几个基本初等函数的导数公式.

2.2.1 函数的和、差、积、商的求导法则

定理 2.2.1 设函数 $u = u(x)$ 与 $v = v(x)$ 在点 x 处均可导，则它们的和、差、积、

商（当分母不为零时）都在点 x 处可导，则

（1） $(u \pm v)' = u' \pm v'$；

（2） $(uv)' = u'v + uv'$；

（3） $\left(\dfrac{u}{v}\right)' = \dfrac{u'v - uv'}{v^2}$ （ $v \neq 0$ ）.

下面我们给出法则（3）的证明，其余的留给读者自己证.

证明 令 $y = \dfrac{u(x)}{v(x)}$ ，对自变量 x 的增量 Δx ，则

$$
\begin{aligned}
\lim_{\Delta x \to 0} \frac{\Delta y}{\Delta x} &= \lim_{\Delta x \to 0} \left[\frac{u(x + \Delta x)}{v(x + \Delta x)} - \frac{u(x)}{v(x)} \right] \cdot \frac{1}{\Delta x} \\
&= \lim_{\Delta x \to 0} \frac{[u(x + \Delta x) - u(x)]v(x) - u(x)[v(x + \Delta x) - v(x)]}{v(x + \Delta v)v(x)\Delta x} \\
&= \lim_{\Delta x \to 0} \frac{\dfrac{[u(x + \Delta x) - u(x)]}{\Delta x}v(x) - u(x)\dfrac{v(x + \Delta x) - v(x)}{\Delta x}}{v(x + \Delta v)v(x)} \\
&= \frac{u'v - uv'}{v^2}.
\end{aligned}
$$

特别地，若 $u(x) = 1$ ，则可得公式

$$
\left(\frac{1}{v}\right)' = \frac{-v'}{v^2} \quad （\, v \neq 0 \,）.
$$

法则（1），（2）均可推广到有限多个可导函数的情形.

设 $u = u(x)$，$v = v(x)$，$w = w(x)$ 在点 x 处均可导，则

$$
(u \pm v \pm w)' = u' \pm v' \pm w',
$$

$$
(uvw)' = u'vw + uv'w + uvw'.
$$

例 2.2.1 设 $y = x^{\frac{1}{2}} - \sin x + \ln x$ ，求 y' .

解 $y' = (x^{\frac{1}{2}})' - (\sin x)' + (\ln x)' = \dfrac{1}{2\sqrt{x}} - \cos x + \dfrac{1}{x}$.

例 2.2.2 设 $y = 5x^3 2^x$ ，求 y' .

解 $y' = 5(x^3)'2^x + 5x^3(2^x)' = 15x^2 2^x + 5x^3 2^x \ln 2$.

例 2.2.3 设 $y = \mathrm{e}^x(\sin x + \cos x)$ ，求 y' .

解 $y' = (\mathrm{e}^x)'(\sin x + \cos x) + \mathrm{e}^x(\sin x + \cos x)'$

$= \mathrm{e}^x(\sin x + \cos x) + \mathrm{e}^x(\cos x - \sin x)$

$= 2\mathrm{e}^x \cos x$.

例 2.2.4 求 $y = \tan x$ 的导数.

解 $y' = (\tan x)' = \left(\dfrac{\sin x}{\cos x} \right)' = \dfrac{(\sin x)' \cos x - \sin x (\cos x)'}{\cos^2 x}$

$$= \frac{\cos^2 x + \sin^2 x}{\cos^2 x} = \frac{1}{\cos^2 x} = \sec^2 x .$$

即

$$(\tan x)' = \sec^2 x .$$

类似地可得 $(\cot x)' = -\csc^2 x$.

例 2.2.5 求 $y = \sec x$ 的导数.

解 $y' = (\sec x)' = \left(\dfrac{1}{\cos x} \right)' = \dfrac{\sin x}{\cos^2 x} = \dfrac{1}{\cos x} \cdot \tan x = \sec x \cdot \tan x$.

即

$$(\sec x)' = \sec x \cdot \tan x .$$

类似地可得 $(\csc x)' = -\csc x \cdot \cot x$.

2.2.2 复合函数的导数

定理 2.2.2 如果函数 $u = \varphi(x)$ 在 x 处可导，而函数 $y = f(u)$ 在对应的 u 处可导，那么复合函数 $y = f[\varphi(x)]$ 在 x 处可导，且有

$$\frac{\mathrm{d}y}{\mathrm{d}x} = \frac{\mathrm{d}y}{\mathrm{d}u} \cdot \frac{\mathrm{d}u}{\mathrm{d}x} \text{ 或 } y'_x = y'_u \cdot u'_x .$$

证明 $y = f(u)$ 可导，有

$$\frac{\Delta y}{\Delta u} = \frac{\mathrm{d}y}{\mathrm{d}u} + \alpha ,$$

其中 $\lim\limits_{\Delta u \to 0} \alpha = 0$. 上式两边同乘 Δu 得

$$\Delta y = \frac{\mathrm{d}y}{\mathrm{d}u} \cdot \Delta u + \alpha \cdot \Delta u ,$$

于是

$$\frac{\Delta y}{\Delta x} = \frac{\mathrm{d}y}{\mathrm{d}u} \cdot \frac{\Delta u}{\Delta x} + \alpha \cdot \frac{\Delta u}{\Delta x} ,$$

因为可导必连续，所以当 $\Delta x \to 0$ 时，$\Delta u \to 0$，因此 $\lim\limits_{\Delta x \to 0} \alpha = \lim\limits_{\Delta u \to 0} \alpha = 0$，从而有

$$\frac{\mathrm{d}y}{\mathrm{d}x} = \lim_{\Delta x \to 0} \frac{\Delta y}{\Delta x} = \lim_{\Delta x \to 0} \left[\frac{\mathrm{d}y}{\mathrm{d}u} \cdot \frac{\Delta u}{\Delta x} + \alpha \cdot \frac{\Delta u}{\Delta x} \right] = \frac{\mathrm{d}y}{\mathrm{d}u} \cdot \frac{\mathrm{d}u}{\mathrm{d}x} .$$

上式表明，求复合函数 $y = f[\varphi(x)]$ 对 x 的导数时，由表及里，先求出 $y = f(u)$ 对 u 的导数，再求 $u = \varphi(x)$ 对 x 的导数，然后相乘即可.

以上法则还可记为 $y'_x = y'_u \cdot u'_x$ 或 $y'_x = f'(u) \cdot \varphi'(x)$.

复合函数的求导法则可以推广到多个中间变量的情形. 例如, 设 $y = f(u)$, $u = \varphi(v)$, $v = \psi(x)$, 则复合函数 $y = f\{\varphi[\psi(x)]\}$ 的导数为

$$\frac{\mathrm{d}y}{\mathrm{d}x} = \frac{\mathrm{d}y}{\mathrm{d}u} \cdot \frac{\mathrm{d}u}{\mathrm{d}v} \cdot \frac{\mathrm{d}v}{\mathrm{d}x}.$$

例 2.2.6 设 $y = \ln(1 + x^3)$, 求 y'.

解 $y = \ln(1 + x^3)$ 可看作是由 $y = \ln u$, $u = 1 + x^3$ 复合而成的, 因此

$$y' = (\ln u)'_u \cdot (1 + x^3)'_x = \frac{1}{u} \cdot 3x^2 = \frac{3x^2}{1 + x^3}.$$

对复合函数的复合过程熟悉后, 就不必再写中间变量, 可直接按复合步骤求导.

例 2.2.7 $y = \cos\sqrt{x^2 + 2}$, 求 y'.

解 $y' = -\sin\sqrt{x^2 + 2} \cdot \dfrac{1}{2\sqrt{x^2 + 2}} \cdot 2x = -\dfrac{x\sin\sqrt{x^2 + 2}}{\sqrt{x^2 + 2}}.$

例 2.2.8 $y = \ln\sin\mathrm{e}^x$, 求 y'.

解 $y' = \dfrac{1}{\sin\mathrm{e}^x} \cdot (\cos\mathrm{e}^x) \cdot \mathrm{e}^x = \mathrm{e}^x \cot\mathrm{e}^x.$

例 2.2.9 $y = \mathrm{e}^{\cos\frac{1}{x}}$, 求 y'.

解 $y' = (\mathrm{e}^{\cos\frac{1}{x}})' = \mathrm{e}^{\cos\frac{1}{x}}\left(\cos\dfrac{1}{x}\right)' = \mathrm{e}^{\cos\frac{1}{x}} \cdot \left(-\sin\dfrac{1}{x}\right) \cdot \left(\dfrac{1}{x}\right)' = \dfrac{1}{x^2}\mathrm{e}^{\cos\frac{1}{x}} \cdot \sin\dfrac{1}{x}.$

例 2.2.10 证明 $(x^\mu)' = \mu x^{\mu-1}$ ($x > 0$).

证明 $(x^\mu)' = (\mathrm{e}^{\mu\ln x})' = \mathrm{e}^{\mu\ln x} \cdot \mu \cdot \dfrac{1}{x} = x^\mu \cdot \mu \cdot \dfrac{1}{x} = \mu x^{\mu-1}.$

2.2.3 反函数的求导法则

定理 2.2.3 如果单调连续函数 $x = f(y)$ 在某区间内可导, 且 $f'(y) \neq 0$, 则它的反函数 $y = \varphi(x)$ 在对应的区间内可导, 且有

$$\varphi'(x) = \frac{1}{f'(y)} \quad \text{或} \quad \frac{\mathrm{d}y}{\mathrm{d}x} = \frac{1}{\dfrac{\mathrm{d}x}{\mathrm{d}y}}.$$

证明 因 $y = \varphi(x)$ 是 $x = f(y)$ 的反函数, 利用复合函数求导法则, 复合函数 $x = f(y) = f[\varphi(x)]$ 对 x 求导, 得

$$1 = f'_y \cdot \varphi'_x \quad \text{或} \quad 1 = \frac{\mathrm{d}x}{\mathrm{d}y} \cdot \frac{\mathrm{d}y}{\mathrm{d}x}$$

因此

$$\varphi'(x) = \frac{1}{f'(y)} \text{ 或 } \frac{dy}{dx} = \frac{1}{\frac{dx}{dy}} \qquad \left(\frac{dx}{dy} = f'(y) \neq 0\right).$$

例 2.2.11 求函数 $y = \arcsin x$ 的导数.

解 $y = \arcsin x$ 是 $x = \sin y$ 在区间 $\left(-\frac{\pi}{2}, \frac{\pi}{2}\right)$ 的反函数, 且 $(\sin y)'_y = \cos y \neq 0$,

因此在对应的区间 $(-1,1)$ 内有

$$(\arcsin x)'_x = \frac{1}{(\sin y)'} = \frac{1}{\cos y} = \frac{1}{\sqrt{1 - \sin^2 y}} = \frac{1}{\sqrt{1 - x^2}}.$$

即

$$(\arcsin x)'_x = \frac{1}{\sqrt{1 - x^2}}.$$

同理可得

$$(\arccos x)'_x = -\frac{1}{\sqrt{1 - x^2}}.$$

例 2.2.12 求函数 $y = \arctan x$ 的导数.

解 $y = \arctan x$ 是 $x = \tan y$ 在区间 $\left(-\frac{\pi}{2}, \frac{\pi}{2}\right)$ 的反函数, 因此在区间 $(-\infty, +\infty)$

上, 有

$$(\arctan x)'_x = \frac{1}{(\tan y)'_y} = \frac{1}{\sec^2 y} = \frac{1}{1 + \tan^2 y} = \frac{1}{1 + x^2}.$$

即

$$(\arctan x)' = \frac{1}{1 + x^2}.$$

同理可得

$$(\text{arc}\cot x)' = -\frac{1}{1 + x^2}.$$

2.2.4 初等函数的导数

根据函数的四则运算求导法则、复合函数的求导法则以及反函数的求导法则, 现将基本导数公式归纳如下.

（1）$(C)' = 0$ （C 为常数）；　　（2）$(x^\mu)' = \mu x^{\mu-1}$ （μ 为常数）；

（3）$(\log_a x)' = \dfrac{1}{x \ln a}$ ；　　（4）$(\ln x)' = \dfrac{1}{x}$ ；

（5）$(a^x)' = a^x \ln a$ ；　　（6）$(e^x)' = e^x$ ；

（7）$(\sin x)' = \cos x$ ；　　（8）$(\cos x)' = -\sin x$ ；

（9）$(\tan x)' = \sec^2 x = \dfrac{1}{\cos^2 x}$ ；　　（10）$(\cot x)' = -\csc^2 x = -\dfrac{1}{\sin^2 x}$ ；

（11）$(\sec x)' = \sec x \tan x$ ；　　（12）$(\csc x)' = -\csc x \cot x$ ；

（13）$(\arcsin x)' = \dfrac{1}{\sqrt{1-x^2}}$ ； （14）$(\arccos x)' = -\dfrac{1}{\sqrt{1-x^2}}$ ；

（15）$(\arctan x)' = \dfrac{1}{1+x^2}$ ； （16）$(\operatorname{arc cot} x)' = -\dfrac{1}{1+x^2}$.

除以上基本导数公式要熟练掌握外，还需熟练运用函数的四则运算求导法则与复合函数的求导法则，以此求初等函数的导数.

例 2.2.13　$y = (x^2 + \cos x)^3$ ，求 y' .

解　$y' = [(x^2 + \cos x)^3]' = 3(x^2 + \cos x)^2 (x^2 + \cos x)'$

$= 3(x^2 + \cos x)^2 (2x - \sin x)$.

例 2.2.14　$y = e^{x^2} + e^{-\frac{1}{x}}$ ，求 y' .

解　$y' = (e^{x^2})' + \left(e^{-\frac{1}{x}} \right)' = 2x e^{x^2} + \dfrac{1}{x^2} e^{-\frac{1}{x}}$.

例 2.2.15　$y = 3^{-x} \arcsin \dfrac{x^2}{3}$ ，求 y' .

解　$y' = (3^{-x})' \arcsin \dfrac{x^2}{3} + \left(\arcsin \dfrac{x^2}{3} \right)' 3^{-x} = (-3^{-x} \ln 3) \arcsin \dfrac{x^2}{3} + \dfrac{\frac{2x}{3}}{\sqrt{1-\frac{x^4}{9}}} 3^{-x}$

$= 3^{-x} \left(\dfrac{2x}{\sqrt{9-x^4}} - \ln 3 \cdot \arcsin \dfrac{x^2}{3} \right)$.

例 2.2.16　$y = \dfrac{\ln^2 x}{x} + \sin^2 x$ ，求 y' .

解　$y' = \left(\dfrac{\ln^2 x}{x} \right)' + (\sin^2 x)' = \dfrac{2\ln x \cdot \frac{1}{x} \cdot x - 1 \cdot \ln^2 x}{x^2} + 2 \sin x \cos x$

$= \dfrac{2\ln x - \ln^2 x}{x^2} + \sin 2x$.

例 2.2.17　$y = \ln(x + \sqrt{x^2+1})$ ，求 y' .

解　$y' = \dfrac{1}{x + \sqrt{x^2+1}} \cdot \left(1 + \dfrac{2x}{2\sqrt{x^2+1}} \right) = \dfrac{1}{\sqrt{x^2+1}}$.

例 2.2.18　设 $f(x)$ 可导，求 $y = \sin f(x) + f(\sin^2 x)$ 的导数.

解　$y' = \cos f(x) \cdot f'(x) + f'(\sin^2 x) \cdot 2 \sin x \cos x$

$= f'(x) \cos f(x) + f'(\sin^2 x) \sin 2x$.

例 2.2.19　设 $f(x) = \begin{cases} x^2 \sin \dfrac{1}{x}, & x \neq 0, \\ 0, & x = 0, \end{cases}$　求 $f'(x)$.

解　$f'(0) = \lim\limits_{x \to 0} \dfrac{f(x) - f(0)}{x} = \lim\limits_{x \to 0} x \sin \dfrac{1}{x} = 0$,

当 $x \neq 0$ 时，$f'(x) = 2x \sin \dfrac{1}{x} - \cos \dfrac{1}{x}$,

即　　$f'(x) = \begin{cases} 2x \sin \dfrac{1}{x} - \cos \dfrac{1}{x}, & x \neq 0, \\ 0, & x = 0. \end{cases}$

习题 2.2

1．求下列函数的导数：

（1）$y = xa^x + e^x$ ；

（2）$y = 3x \tan x + 2 \sec x - 4$ ；

（3）$y = 3x^3 - 2^x + 3e^x$ ；

（4）$y = \dfrac{1 - \ln x}{1 + \ln x} + \dfrac{2}{x}$ ；

（5）$y = x^2 \ln x$ ；

（6）$y = 5e^x \cos x$ ；

（7）$y = \dfrac{\ln x}{x}$ ；

（8）$y = \dfrac{e^x}{x^2} + \ln 3$ ；

（9）$y = \dfrac{x^2 - x}{x + \sqrt{x}}$ ；

（10）$y = \dfrac{x^2 - x + 1}{x + 2}$ ；

（11）$y = x^2 \log_2 x$ ；

（12）$y = x \arctan x$ ；

（13）$y = 3^x \arcsin x - \sqrt[3]{x^2}$ ；

（14）$y = \arcsin x + \arccos x$.

2．设 $f(x)$ 可导，求下列函数的导数：

（1）$y = [f(x)]^2$ ；

（2）$y = e^{f(x)}$ ；

（3）$y = \arctan[f(x)]$ ；

（4）$y = \ln[1 + f^2(x)]$ ；

（5）$y = f(\sqrt{x} + 1)$ ；

（6）$y = f(\sin^2 x) + f(\cos^2 x)$.

3．求下列函数的导数：

（1）$y = (x^2 - x)^5$ ；

（2）$y = 2 \sin(3x + 6)$ ；

（3）$y = \dfrac{\ln x}{x^n}$ ；

（4）$y = \ln(\tan x)$ ；

（5）$y = \sqrt{1 + \ln x}$ ；

（6）$y = xe^{-2x}$ ；

（7）$y = \arctan \dfrac{x + 1}{x - 1}$ ；

（8）$y = \ln(2^{-x} + 3^{-x} + 4^{-x})$ ；

（9）$y = 2^{\sqrt{x+1}} - \ln(\sin x)$；　　　　（10）$y = (\arcsin\dfrac{x}{2})^2$；

（11）$y = \ln\ln\ln x$；　　　　　　　（12）$y = e^{2\arctan\sqrt{x}}$；

（13）$y = e^{-x}(x^2 - 2x + 3)$；　　　（14）$y = (\arctan\dfrac{x}{2})^2$；

（15）$y = \cos^3 x$；　　　　　　　　（16）$y = \dfrac{e^x - e^{-x}}{e^x + e^{-x}}$．

4．设函数 $f(x)$ 和 $\varphi(x)$ 可导，且 $f^2(x) + \varphi^2(x) \neq 0$，求函数 $y = \sqrt{f^2(x) + \varphi^2(x)}$ 的导数．

2.3 高阶导数

2.3.1 高阶导数的概念

我们知道，加速度 a 是速度函数 $v(t)$ 对时间 t 的导数，而变速直线运动的速度 $v(t)$ 又是位移函数 $s(t)$ 对时间 t 的导数，从而

$$a = \frac{\mathrm{d}v}{\mathrm{d}t} = \frac{\mathrm{d}}{\mathrm{d}t}\left(\frac{\mathrm{d}s}{\mathrm{d}t}\right) \text{ 或 } a = (s')' .$$

这种导数的导数 $\dfrac{\mathrm{d}}{\mathrm{d}t}(\dfrac{\mathrm{d}s}{\mathrm{d}t})$ 或 $(s')'$ 叫做 s 对 t 的二阶导数，记作

$$\frac{\mathrm{d}^2 s}{\mathrm{d}t^2} \text{ 或 } s''(t) .$$

所以，直线运动的加速度就是位置函数 s 对时间 t 的二阶导数．

一般地，函数 $y = f(x)$ 的导函数 $y' = f'(x)$ 仍是 x 的可导函数，我们就称 $y' = f'(x)$ 的导数为函数 $y = f(x)$ 的**二阶导数**，记作 y''，$f''(x)$，$\dfrac{\mathrm{d}^2 y}{\mathrm{d}x^2}$ 或 $\dfrac{\mathrm{d}^2 f(x)}{\mathrm{d}x^2}$，即

$$y'' = (y')', \quad f''(x) = [f'(x)]' ,$$

或

$$\frac{\mathrm{d}^2 y}{\mathrm{d}x^2} = \frac{\mathrm{d}}{\mathrm{d}x}\left(\frac{\mathrm{d}y}{\mathrm{d}x}\right) .$$

我们称 $y = f(x)$ 的导数 $y' = f'(x)$ 为函数 $y = f(x)$ 的**一阶导数**．

类似地，二阶导数的导数，叫做**三阶导数**，三阶导数的导数叫做**四阶导数**，$\cdots$，一般地，$(n-1)$ 阶导数的导数称为 n **阶导数**，分别记作

$$y''', \ y^{(4)}, \cdots, \ y^{(n)}$$

或

$$\frac{d^3 y}{dx^3}, \frac{d^4 y}{dx^4}, \cdots, \frac{d^n y}{dx^n}.$$

函数 $f(x)$ 具有 n 阶导数，也说是函数 $f(x)$ 为 n 阶可导. 如果函数 $f(x)$ 在点 x 处具有 n 阶导数，那么 $f(x)$ 在点 x 的某一邻域内必定具有一切低于 n 阶的导数. 将二阶及二阶以上的导数统称为**高阶导数**.

函数的高阶导数就是将函数逐次求导，因此，导数运算法则与导数基本公式仍然适用于高阶导数的计算.

例 2.3.1 设 $y = ax + b$ ，求 y'' .

解 $y' = a, y'' = 0$.

例 2.3.2 设 $y = e^{-x} \cos x$ ，求 y'' .

解 $y' = -e^{-x} \cos x + e^{-x}(-\sin x) = -e^{-x}(\cos x + \sin x)$ ，

$y'' = e^{-x}(\cos x + \sin x) - e^{-x}(-\sin x + \cos x) = 2e^{-x} \sin x$.

例 2.3.3 设 $y = f(\sin x)$ ，求 y'' .

解 $y' = f'(\sin x) \cos x$ ，

$y'' = f''(\sin x) \cos^2 x - f'(\sin x) \sin x$.

例 2.3.4 设 $y = e^x$ ，求 $y^{(n)}$.

解 $y' = e^x, y'' = e^x, y''' = e^x, y^{(4)} = e^x$.

一般地，可得 $y^{(n)} = e^x$. 即

$$(e^x)^{(n)} = e^x .$$

例 2.3.5 求正弦与余弦函数的 n 阶导数.

解 $y = \sin x$ ， $y' = (\sin x)' = \cos x = \sin\left(x + \frac{\pi}{2}\right)$ ，

$$y'' = \left[\sin\left(x + \frac{\pi}{2}\right)\right]' = \cos\left(x + \frac{\pi}{2}\right) = \sin\left(x + 2 \cdot \frac{\pi}{2}\right) ,$$

$$y''' = \left[\sin\left(x + 2 \cdot \frac{\pi}{2}\right)\right]' = \sin\left(x + 3 \cdot \frac{\pi}{2}\right) ,$$

......

$$y^{(n)} = \sin\left(x + n \cdot \frac{\pi}{2}\right) .$$

即 $$(\sin x)^{(n)} = \sin\left(x + n \cdot \frac{\pi}{2}\right) .$$

同理可得 $$(\cos x)^{(n)} = \cos\left(x + n \cdot \frac{\pi}{2}\right) .$$

例 2.3.6 求幂函数 $y = x^\mu$ 的 n 阶导数（ n 是正整数）.

解 $y = x^\mu$（μ 是任意常数），那么

$$y' = \mu x^{\mu-1}, \quad y'' = \mu(\mu-1)x^{\mu-2}, \cdots, \quad y^{(n)} = \mu(\mu-1)(\mu-2)\cdots(\mu-n+1)x^{\mu-n},$$

即

$$(x^\mu)^{(n)} = \mu(\mu-1)(\mu-2)\cdots(\mu-n+1)x^{\mu-n}.$$

当 $\mu = n$ 时，得到 $(x^n)^{(n)} = \mu(\mu-1)(\mu-2)\cdots 3\cdot 2\cdot 1 = n!$，

而

$$(x^n)^{(n+1)} = 0.$$

例 2.3.7 求函数 $y = \ln(1+x)$ 的 n 阶导数.

解 $y = \ln(1+x)$，$y' = \dfrac{1}{1+x}$，$y'' = -\dfrac{1}{(1+x)^2}$，$y''' = \dfrac{1\cdot 2}{(1+x)^3}$，$y^{(4)} = -\dfrac{1\cdot 2\cdot 3}{(1+x)^4}$，

一般地，可得

$$y^{(n)} = (-1)^{n-1}\frac{(n-1)!}{(1+x)^n},$$

即

$$[\ln(1+x)]^{(n)} = (-1)^{n-1}\frac{(n-1)!}{(1+x)^n}.$$

2.3.2 高阶导数的运算法则

若函数 $u = u(x)$ 及 $v = v(x)$ 都在点 x 处具有 n 阶导数，则 $u(x) + v(x)$ 及 $u(x) - v(x)$ 也在点 x 处具有 n 阶导数，且

$$(u \pm v)^{(n)} = u^{(n)} \pm v^{(n)}.$$

但乘积 $u(x)\cdot v(x)$ 的 n 阶导数并不如此. 由

$$(uv)' = u'v + uv'$$

得出

$$(uv)'' = u''v + 2u'v' + uv'';$$

$$(uv)''' = u'''v + 3u''v' + 3u'v'' + uv'''.$$

用数学归纳法可以证明

$$(uv)^{(n)} = u^{(n)}v + nu^{(n-1)}v' + \frac{n(n-1)}{2!}u^{(n-2)}v'' + \cdots$$

$$+ \frac{n(n-1)\cdots(n-k+1)}{k!}u^{(n-k)}v^{(k)} + \cdots + uv^{(n)}.$$

上式称为**莱布尼茨（Leibniz）公式**. 这个公式可按二项式展开定理记忆：把二项式

$$(u+v)^n = \sum_{k=0}^{n} C_n^k u^{n-k}v^k,$$

中的 k 次幂换成 k 阶导数（零阶导数理解为函数本身），再把左端的 $u+v$ 换成 uv，这样就得到莱布尼茨公式

$$(uv)^{(n)} = \sum_{k=0}^{n} C_n^k u^{(n-k)}v^{(k)}.$$

例 2.3.8 $y = x^2 e^{2x}$，求 $y^{(20)}$.

解 设 $u = e^{2x}, v = x^2$ ，则
$$u^{(k)} = 2^k e^{2x} \ (k = 1, 2, \cdots, 20),$$
$$v' = 2x, \ v'' = 2, \ v^{(k)} = 0 \ (k = 3, 4, \cdots, 20),$$
代入莱布尼茨公式，得
$$y^{(20)} = (x^2 e^{2x})^{(20)} = 2^{20} e^{2x} \cdot x^2 + 20 \cdot 2^{19} e^{2x} \cdot 2x + \frac{20 \cdot 19}{2!} 2^{18} e^{2x} \cdot 2$$
$$= 2^{20} e^{2x} (x^2 + 20x + 95).$$

习题 2.3

1．求下列函数的二阶导数：

（1） $y = xa^x + 7e^x$ ；

（2） $y = 3x \tan x + \sec x$ ；

（3） $y = 3e^x \cos x$ ；

（4） $y = \dfrac{\ln x}{x}$ ；

（5） $y = \dfrac{e^x}{x^2} + \ln 5$ ；

（6） $y = x^2 \ln x \cos x$ ；

（7） $y = \dfrac{1 + \sin x}{1 + \cos x}$ ；

（8） $y = \dfrac{x^2 - x}{x + \sqrt{x}}$ ；

（9） $y = x^2 \log_3 x$ ；

（10） $y = x \arctan x$ ；

（11） $y = \arcsin x + \arccos x$ ；

（12） $y = x \cos x$ ；

（13） $y = e^{2x-1}$ ；

（14） $y = (1 + x^2) \arctan x$ ；

（15） $y = x e^{x^2}$ ；

（16） $y = \ln(x + \sqrt{1 + x^2})$ ．

2．设 $f(x) = (x + 10)^6$ ，求 $f'''(2)$ ．

3．设 $f''(x)$ 存在，求下列函数的二阶导数 $\dfrac{d^2 y}{dx^2}$ ：

（1） $y = f(x^2)$ ；

（2） $y = \ln[f(x)]$ ．

4．证明 $y = e^{-x}(\sin x + \cos x)$ 满足方程 $y'' + y' + 2e^{-x} \cos x = 0$ ．

5．密度大的陨石进入大气层时，当它离地心为 s 千米时的速度与 $\sqrt{s}$ 成反比，试证陨石的加速度与 s^2 成反比．

6．假设质点沿 x 轴运动的速度为 $\dfrac{dx}{dt} = f(x)$ ，试求质点运动的加速度．

7．求下列函数所指定的阶的导数：

（1） $y = e^x \cos x$ ，求 $y^{(4)}$ ；

（2） $y = x^2 \sin 2x$ ，求 $y^{(50)}$ ．

8．求函数 $f(x) = x^2 \ln(1 + x)$ 在 $x = 0$ 处的 n 阶导数 $f^{(n)}(0)$ （ $n \geqslant 3$ ）．

2.4 隐函数及由参数方程所确定的函数的导数

2.4.1 隐函数的导数

前面我们遇到的函数，形如 $y = \sin x$，$y = \ln x + \sqrt{1-x^2}$ 等．将这种等号左端是因变量的符号，右端是含有自变量的式子的函数叫做显函数．但有些函数的表达方式却不是这样，如，方程 $x + y^3 - 1 = 0$ 表示一个函数，因为当变量 x 在 $(-\infty, +\infty)$ 内取值时，变量 y 有确定的值与之对应．这样的函数称为**隐函数**．

一般地，如果变量 x 和 y 满足一个方程 $F(x, y) = 0$，在一定条件下，当 x 取某区间内的任一值时，总有满足这方程的唯一的 y 与之对应，那么就说方程 $F(x, y) = 0$ 在该区间内确定了一个隐函数．

把一个隐函数化成显函数，叫做隐函数的显化．例如从方程 $x + y^3 - 1 = 0$ 解出 $y = \sqrt[3]{1-x}$ ．隐函数的显化有时是有困难的，甚至是不可能的．但在实际问题中，有时需要计算隐函数的导数．下面通过具体例子来说明隐函数求导的方法．

例 2.4.1 求由方程 $\mathrm{e}^y + xy = 0$ 所确定的隐函数 $y = y(x)$ 的导数 $\dfrac{\mathrm{d}y}{\mathrm{d}x}$．

解 方程两边对 x 求导数，注意 y 是 x 的函数，得

$$\mathrm{e}^y \frac{\mathrm{d}y}{\mathrm{d}x} + y + x\frac{\mathrm{d}y}{\mathrm{d}x} = 0,$$

从而 $\dfrac{\mathrm{d}y}{\mathrm{d}x} = -\dfrac{y}{x + \mathrm{e}^y}$ （ $x + \mathrm{e}^y \neq 0$ ）．

例 2.4.2 设 $y = \arctan(x + 2y)$，求 $\dfrac{\mathrm{d}y}{\mathrm{d}x}$．

解 方程两边对 x 求导，得

$$y' = \frac{1}{1 + (x + 2y)^2}(1 + 2y'),$$

解得

$$y' = \frac{1}{(x + 2y)^2 - 1} \quad （(x + 2y)^2 \neq 1）．$$

例 2.4.3 求圆 $x^2 + y^2 = 1$ 在点 $\left(\dfrac{1}{2}, \dfrac{\sqrt{3}}{2}\right)$ 处的切线方程．

解 方程两边对 x 求导，得

$$2x + 2y \cdot y' = 0．$$

所求切线的斜率

$$k = y' \bigg|_{\left(\frac{1}{2}, \frac{\sqrt{3}}{2}\right)} = -\frac{1}{\sqrt{3}} .$$

所求切线方程为 $y - \frac{\sqrt{3}}{2} = -\frac{1}{\sqrt{3}}\left(x - \frac{1}{2}\right)$，即

$$2\sqrt{3}y + 2x - 4 = 0 .$$

例 2.4.4　求由方程 $x - y + \sin y = 0$ 所确定的隐函数 $y = y(x)$ 的二阶导数 $\dfrac{\mathrm{d}^2 y}{\mathrm{d}x^2}$.

解　先求 y'，方程两边对 x 求导，得

$$1 - y' + \cos y \cdot y' = 0 .$$

解得 $y' = \dfrac{1}{1 - \cos y}$.

再求 y''，注意到 y 是 x 的函数，有

$$y'' = \frac{-1}{(1 - \cos y)^2} \cdot (1 - \cos y)' = \frac{-\sin y}{(1 - \cos y)^2} \cdot y' ,$$

将 y' 的表达式代入，得 $\dfrac{\mathrm{d}^2 y}{\mathrm{d}x^2} = y'' = -\dfrac{\sin y}{(1 - \cos y)^3}$.

例 2.4.5　设 $\mathrm{e}^{x+y} - xy = 1$，求 $y''(0)$.

解　方程两边对 x 求导，得 $(1 + y')\mathrm{e}^{x+y} - y - xy' = 0$.
上式两边再对 x 求导，得

$$(1 + y')^2 \mathrm{e}^{x+y} + y''\mathrm{e}^{x+y} - 2y' - xy'' = 0 .$$

令 $x = 0$，可得 $y = 0$，$y'(0) = -1$，将这些值代入上式得 $y''(0) = -2$.

在计算幂指函数的导数以及某些连乘、连除、带根号函数的导数时，可以采用先取对数再求导的方法，简称**对数求导法**.

例 2.4.6　设 $y = \sqrt{\dfrac{(x^2 + 1)(3x - 4)}{(x + 1)(x^2 + 3)}}$，求 y'.

解　将函数两边取自然对数，得

$$\ln y = \frac{1}{2}\left[\ln(x^2 + 1) + \ln|3x - 4| - \ln|x + 1| - \ln(x^2 + 3)\right] ,$$

两边对 x 求导，得

$$\frac{1}{y}y' = \frac{1}{2}\left[\frac{2x}{x^2 + 1} + \frac{3}{3x - 4} - \frac{1}{x + 1} - \frac{2x}{x^2 + 3}\right] ,$$

所以

$$y' = \frac{1}{2}\sqrt{\frac{(x^2 + 1)(3x - 4)}{(x + 1)(x^2 + 3)}} \cdot \left(\frac{2x}{x^2 + 1} + \frac{3}{3x - 4} - \frac{1}{x + 1} - \frac{2x}{x^2 + 3}\right) .$$

例 2.4.7 求 $y = x^{\sin x}$ 的导数.

解 两边取对数得 $\ln y = \sin x \ln x$.

上式两边对 x 求导，得

$$\frac{y'}{y} = \cos x \ln x + \sin x \frac{1}{x},$$

所以

$$y' = y\left(\cos x \ln x + \sin x \frac{1}{x}\right) = x^{\sin x}\left(\cos x \ln x + \sin x \frac{1}{x}\right).$$

2.4.2 由参数方程所确定的函数的导数

若方程 $x = \varphi(t)$ 和 $y = \psi(t)$ 确定 y 与 x 间的函数关系，则称此函数关系所表达的函数为由参数方程

$$\begin{cases} x = \varphi(t), \\ y = \psi(t), \end{cases} \quad t \in (\alpha, \beta)$$

所确定的函数. 下面来讨论由参数方程所确定的函数的导数.

设 $t = \varphi^{-1}(x)$ 为 $x = \varphi(t)$ 的反函数，在 $t \in (\alpha, \beta)$ 中，则复合函数 $y = \psi(\varphi^{-1}(x))$ 的导数为

$$\frac{\mathrm{d}y}{\mathrm{d}x} = \left[\psi(\varphi^{-1}(x))\right]' = \psi'(\varphi^{-1}(x))(\varphi^{-1}(x))'$$

$$= \psi'(\varphi^{-1}(x))\frac{1}{\varphi'(t)} = \frac{\psi'(t)}{\varphi'(t)} \quad (\varphi'(t) \neq 0).$$

于是由参数方程所确定的函数 $y = y(x)$ 的导数为

$$\frac{\mathrm{d}y}{\mathrm{d}x} = \frac{\dfrac{\mathrm{d}y}{\mathrm{d}t}}{\dfrac{\mathrm{d}x}{\mathrm{d}t}} = \frac{y'_t}{x'_t} = \frac{\psi'(t)}{\varphi'(t)}.$$

例 2.4.8 求星形线 $\begin{cases} x = a\cos^3 t \\ y = a\sin^3 t \end{cases}$ 在 $t = \dfrac{\pi}{4}$ 处的切线方程和法线方程.

解 $\dfrac{\mathrm{d}y}{\mathrm{d}x} = \dfrac{(a\sin^3 t)'_t}{(a\cos^3 t)'_t} = \dfrac{3a\sin^2 t \cos t}{3a\cos^2 t(-\sin t)} = -\tan t$.

切线的斜率为 $k = \dfrac{\mathrm{d}y}{\mathrm{d}x}\bigg|_{t=\frac{\pi}{4}} = -1$，法线的斜率为 $-\dfrac{1}{k} = 1$.

所以切线方程为 $y - \dfrac{a}{2\sqrt{2}} = -\left(x - \dfrac{a}{2\sqrt{2}}\right)$，即 $x + y = \dfrac{a}{\sqrt{2}}$.

法线方程为 $y - \dfrac{a}{2\sqrt{2}} = x - \dfrac{a}{2\sqrt{2}}$，即 $y = x$.

例 2.4.9 已知 $\begin{cases} x = a\sin t, \\ y = b\cos t, \end{cases}$ 求 $\dfrac{\mathrm{d}^2 y}{\mathrm{d} x^2}$.

解 $\dfrac{\mathrm{d} y}{\mathrm{d} x} = \dfrac{(b\cos t)'}{(a\sin t)'} = -\dfrac{b\sin t}{a\cos t} = -\dfrac{b}{a}\tan t$,

$$\dfrac{\mathrm{d}^2 y}{\mathrm{d} x^2} = \dfrac{\dfrac{\mathrm{d}}{\mathrm{d} t}\left(\dfrac{\mathrm{d} y}{\mathrm{d} x}\right)}{\dfrac{\mathrm{d} x}{\mathrm{d} t}} = \dfrac{\left(-\dfrac{b}{a}\tan t\right)'}{(a\sin t)'} = -\dfrac{b}{a}\cdot\sec^2 t\cdot\dfrac{1}{-a\cos t} = -\dfrac{b}{a^2}\cdot\sec^3 t .$$

习题 2.4

1．求下列方程所确定的隐函数的导数 $\dfrac{\mathrm{d} y}{\mathrm{d} x}$:

（1） $xy = \mathrm{e}^{x+y}$; （2） $y = 1 - x\mathrm{e}^y$.

2．求曲线 $x^{\frac{2}{3}} + y^{\frac{2}{3}} = a^{\frac{2}{3}}$ 在点 $\left(\dfrac{\sqrt{2}}{4}a, \dfrac{\sqrt{2}}{4}a\right)$ 处的切线方程和法线方程.

3．求由下列方程所确定的隐函数的二阶导数:

（1） $x^2 - y^2 = 1$; （2） $y = 1 + x\mathrm{e}^y$.

4．用对数求导法求下列函数的导数.

（1） $y = \left(\dfrac{x}{1+x}\right)^x$; （2） $y = \dfrac{\sqrt{x+2}(3-x)^4}{(x+1)^5}$;

（3） $y = \sqrt{x\sin x\sqrt{1-\mathrm{e}^x}}$; （4） $y = \dfrac{\sqrt{x^2+2x}}{\sqrt[3]{x^3-2}}$.

5．求下列参数方程所确定的函数的导数 $\dfrac{\mathrm{d} y}{\mathrm{d} x}$ 及 $\dfrac{\mathrm{d} x}{\mathrm{d} y}$:

（1） $\begin{cases} x = at^2, \\ y = bt^2; \end{cases}$ （2） $\begin{cases} x = \theta(1 - \sin\theta), \\ y = \theta\cos\theta. \end{cases}$

6．已知 $\begin{cases} x = \sin t, \\ y = \cos 2t, \end{cases}$ 求当 $t = \dfrac{\pi}{4}$ 时 $\dfrac{\mathrm{d} y}{\mathrm{d} x}$ 的值.

7．写出曲线 $\begin{cases} x = \dfrac{3at}{1+t^2} \\ y = \dfrac{3at^2}{1+t^2} \end{cases}$ 在 $t = 2$ 处的切线方程和法线方程.

8．求下列参数方程所确定的函数的二阶导数 $\dfrac{\mathrm{d}^2 y}{\mathrm{d} x^2}$:

(1) $\begin{cases} x = a\cos t, \\ y = b\sin t; \end{cases}$

(2) $\begin{cases} x = f'(t), \\ y = tf'(t) - f(t), \end{cases}$ 设 $f''(t)$ 存在且不为零.

9. 求参数方程 $\begin{cases} x = \ln(1+t^2), \\ y = t - \arctan t \end{cases}$ 所确定的函数的二阶导数 $\dfrac{d^2 y}{dx^2}$.

2.5 函 数 的 微 分

在实际应用中，常遇到与导数密切相关的一类问题，这就是当自变量有一个微小的改变量 Δx 时，要计算相应的函数的改变量 Δy. 但是求 Δy 是比较困难的，需要找出一种便于计算函数改变量的近似公式.

2.5.1 微分的概念

先考察一个具体问题.

例 2.5.1 设有一个边长为 x_0 的正方形金属片，受热后边长伸长了 Δx，求其面积增加了多少？

解 由图 2.4 可以看出，受热后，边长由 x_0 伸长到 $x_0 + \Delta x$，面积 A 相应的增量为

$$\Delta A = (x_0 + \Delta x)^2 - x_0^2 = 2x_0\Delta x + (\Delta x)^2 .$$

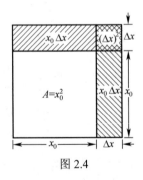

图 2.4

上式可分成两部分：第一部分是 Δx 的线性函数 $2x_0\Delta x$，当 $\Delta x \to 0$ 时与 Δx 为同阶无穷小；第二部分 $(\Delta x)^2$，当 $\Delta x \to 0$ 时是 Δx 的高阶无穷小. 由此可见，当 $|\Delta x|$ 很小时，第二部分的绝对值要比第一部分的绝对值小得多，可以忽略不计，因此可用 Δx 的线性函数 $2x_0\Delta x$ 作为 ΔA 的近似值，即

$$\Delta A \approx 2x_0\Delta x . \tag{2.5.1}$$

显然，$2x_0\Delta x$ 是容易计算的，它是边长 x_0 有增量 Δx 时，面积 ΔA 的增量的主

要部分（亦称线性主部）.

由此引入函数微分的概念.

定义 2.5.1 设函数 $y = f(x)$ 在点 x_0 的某邻域内有定义，如果函数 $f(x)$ 在点 x_0 处的增量 $\Delta y = f(x_0 + \Delta x) - f(x_0)$ 可以表示为

$$\Delta y = A\Delta x + o(\Delta x)，$$

其中 A 是与 Δx 无关的常数，则称函数 $f(x)$ 在点 x_0 处**可微**，$A\Delta x$ 称为 $f(x)$ 在点 x_0 处的**微分**，记作

$$\mathrm{d}y\Big|_{x=x_0}，\quad \text{即 } \mathrm{d}y\Big|_{x=x_0} = A\Delta x.$$

由微分定义，（2.5.1）式可写成

$$\Delta A \approx \mathrm{d}A\Big|_{x=x_0}.$$

定理 2.5.1 函数 $y = f(x)$ 在点 x_0 处可微的充分必要条件是函数 $y = f(x)$ 在点 x_0 处可导.

证明 （必要性） 如果函数 $y = f(x)$ 在点 x_0 处可微，由可微的定义知

$$\Delta y = f(x_0 + \Delta x) - f(x_0) = A\Delta x + o(\Delta x)，$$

则有 $\dfrac{\Delta y}{\Delta x} = A + \dfrac{o(\Delta x)}{\Delta x}$，令 $\Delta x \to 0$ 取极限得：$\lim\limits_{\Delta x \to 0} \dfrac{\Delta y}{\Delta x} = A$，即 $y = f(x)$ 在点 x_0 处可导，并且 $f'(x_0) = A$，$\mathrm{d}y = \widehat{f'(x_0)\Delta x}$.

（充分性）若 $y = f(x)$ 在点 x_0 处可导，由导数定义知 $\lim\limits_{\Delta x \to 0} \dfrac{\Delta y}{\Delta x} = f'(x_0)$，由极限与无穷小的关系可得 $\dfrac{\Delta y}{\Delta x} = f'(x_0) + \alpha$，其中 $\lim\limits_{\Delta x \to 0} \alpha = 0$.

从而有 $\Delta y = f'(x_0)\Delta x + \alpha\Delta x$，显然 $\alpha\Delta x = o(\Delta x)$. 即 $y = f(x)$ 在点 x_0 处可微，且 $\mathrm{d}y = f'(x_0)\Delta x$.

当函数 $y = x$ 时，$y' = 1$，此时 $\mathrm{d}y = \mathrm{d}x = y'\Delta x = \Delta x$，即 $\mathrm{d}x = \Delta x$，称为**自变量的微分**，于是函数 $f(x)$ 在点 x_0 处的微分又可写成

$$\mathrm{d}y\Big|_{x=x_0} = f'(x_0)\mathrm{d}x.$$

若函数 $f(x)$ 在区间 (a,b) 内每一点都可微，则称该函数在 (a,b) 内可微，或称函数 $f(x)$ 是在 (a,b) 内的**可微函数**. 此时，函数 $f(x)$ 在 (a,b) 内任意一点 x 处的微分记为 $\mathrm{d}y$，即

$$\mathrm{d}y = f'(x)\mathrm{d}x，$$

上式两端同除以自变量的微分 $\mathrm{d}x$，得

$$\frac{\mathrm{d}y}{\mathrm{d}x} = f'(x).$$

这就是说，函数 $f(x)$ 的导数等于函数的微分与自变量的微分的商，因此导数也称为**微商**.

例 2.5.2 设 $y = \sqrt{4 + x^2}$, 求 $\dfrac{\mathrm{d}y}{\mathrm{d}x}$ 与 $\mathrm{d}y$.

解 $\dfrac{\mathrm{d}y}{\mathrm{d}x} = (\sqrt{4 + x^2})' = \dfrac{1}{2\sqrt{4 + x^2}}(4 + x^2)' = \dfrac{x}{\sqrt{4 + x^2}}$,

$$\mathrm{d}y = \dfrac{x}{\sqrt{4 + x^2}}\mathrm{d}x .$$

例 2.5.3 求当 $x = 1$, $\Delta x = 0.1$ 时函数 $y = x^2$ 的微分.

解 函数的微分

$$\mathrm{d}y = (x^2)'\Delta x = 2x\Delta x .$$

$$\mathrm{d}y\big|_{\substack{x=1 \\ \Delta x=0.1}} = 2x\Delta x\big|_{\substack{x=1 \\ \Delta x=0.1}} = 0.2 .$$

例 2.5.4 半径为 r 的圆的面积为 $A = \pi r^2$, 当半径增大 Δr 时, 求圆面积的增量与微分.

解 面积的增量

$$\Delta A = \pi(r + \Delta r)^2 - \pi r^2 = 2\pi r\Delta r + \pi(\Delta r)^2 .$$

面积的微分

$$\mathrm{d}A = A' \cdot \Delta r = 2\pi r\mathrm{d}r.$$

2.5.2 微分的几何意义

设函数 $y = f(x)$ 的图形如图 2.5 所示. 过曲线 $y = f(x)$ 上一点 $M(x,y)$ 处作切线 MT , 设 MT 的倾角为 α .

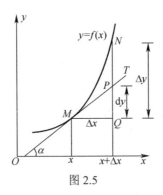

图 2.5

当自变量 x 有增量 Δx 时, 切线 MT 的纵坐标有增量

$$QP = \tan\alpha \cdot \Delta x = f'(x)\Delta x = \mathrm{d}y .$$

因此, 微分 $\mathrm{d}y = f'(x)\Delta x$ 几何上表示当 x 有增量 Δx 时, 曲线 $y = f(x)$ 在对应点 $M(x,y)$ 处的切线的纵坐标的增量.

2.5.3 微分的基本公式与微分法则

1. 微分的基本公式

由函数 $y = f(x)$ 的微分表达式看出，$\mathrm{d}y$ 等于导数 $f'(x)$ 乘以 $\mathrm{d}x$，所以根据导数公式和运算法则，就能得相应的微分公式和微分运算法则.

（1）$\mathrm{d}(C) = 0$（C 为常数）；　　　（2）$\mathrm{d}(x^{\mu}) = \mu x^{\mu-1}\mathrm{d}x$（$\mu \in \mathbf{R}$）；

（3）$\mathrm{d}(\log_a x) = \dfrac{1}{x \ln a}\mathrm{d}x$（$a \neq 1$）；　　　（4）$\mathrm{d}\ln x = \dfrac{1}{x}\mathrm{d}x$；

（5）$\mathrm{d}(a^x) = a^x \ln a\mathrm{d}x$；　　　（6）$\mathrm{d}(\mathrm{e}^x) = \mathrm{e}^x\mathrm{d}x$；

（7）$\mathrm{d}(\sin x) = \cos x\mathrm{d}x$；　　　（8）$\mathrm{d}(\cos x) = -\sin x\mathrm{d}x$；

（9）$\mathrm{d}(\tan x) = \sec^2 x\mathrm{d}x = \dfrac{1}{\cos^2 x}\mathrm{d}x$；

（10）$\mathrm{d}(\cot x) = -\csc^2 x\mathrm{d}x = -\dfrac{1}{\sin^2 x}\mathrm{d}x$；

（11）$\mathrm{d}(\sec x) = \sec x \tan x\mathrm{d}x$；　　　（12）$\mathrm{d}(\csc x) = -\csc x \cot x\mathrm{d}x$；

（13）$\mathrm{d}(\arcsin x) = \dfrac{1}{\sqrt{1-x^2}}\mathrm{d}x$；　　　（14）$\mathrm{d}(\arccos x) = -\dfrac{1}{\sqrt{1-x^2}}\mathrm{d}x$；

（15）$\mathrm{d}(\arctan x) = \dfrac{1}{1+x^2}\mathrm{d}x$；　　　（16）$\mathrm{d}(\operatorname{arccot} x) = -\dfrac{1}{1+x^2}\mathrm{d}x$.

2. 函数的和、差、积、商的微分运算法则

设函数 $u(x) = u$，$v(x) = v$ 均可微，则

$$\mathrm{d}(u \pm v) = \mathrm{d}u \pm \mathrm{d}v；$$

$$\mathrm{d}(uv) = v\mathrm{d}u + u\mathrm{d}v；$$

$$\mathrm{d}(Cu) = C\mathrm{d}u（C \text{ 为常数}）；$$

$$\mathrm{d}\left(\frac{u}{v}\right) = \frac{v\mathrm{d}u - u\mathrm{d}v}{v^2}（v \neq 0）.$$

3. 复合函数的微分法则

设函数 $y = f(u)$，$u = \varphi(x)$ 都是可导函数，则复合函数 $y = f[\varphi(x)]$ 的微分为

$$\mathrm{d}y = f'[\varphi(x)]\varphi'(x)\mathrm{d}x，$$

或　　　　　　　　$\mathrm{d}y = f'(u)\mathrm{d}u$，其中 $\mathrm{d}u = \varphi'(x)\mathrm{d}x$.

可见不论 u 是自变量还是中间变量，函数 $y = f(u)$ 的微分总保持同一形式，这个性质称为**一阶微分形式的不变性**.

利用这个性质，可以比较方便地求一些复合函数的微分、隐函数的微分以及它们的导数.

例 2.5.5　$y = \ln(1 + \mathrm{e}^{x^2})$，求 $\mathrm{d}y$.

解　$dy = d(\ln(1+e^{x^2})) = \dfrac{1}{1+e^{x^2}}d(1+e^{x^2}) = \dfrac{1}{1+e^{x^2}} \cdot e^{x^2}d(x^2)$

$\qquad = \dfrac{e^{x^2}}{1+e^{x^2}}2x dx = \dfrac{2xe^{x^2}}{1+e^{x^2}}dx$.

例 2.5.6　$y = e^{1-2x}\cos x$ ，求 dy .

解　$dy = d(e^{1-2x}\cos x) = \cos x d(e^{1-2x}) + e^{1-2x}d(\cos x)$

$\qquad = (\cos x)e^{1-2x}(-2dx) + e^{1-2x}(-\sin x dx)$

$\qquad = -e^{1-2x}(2\cos x + \sin x)dx$.

例 2.5.7　求由方程 $x^3 + 2xy - 2y^3 = 1$ 所确定的隐函数 $y = f(x)$ 的导数与微分.

解　对方程两边求微分，得

$$3x^2 dx + 2x dy + 2y dx - 6y^2 dy = 0 ,$$

所以微分为

$$dy = \dfrac{3x^2 + 2y}{6y^2 - 2x}dx ,$$

导数为

$$\dfrac{dy}{dx} = y' = \dfrac{3x^2 + 2y}{6y^2 - 2x} .$$

例 2.5.8　在下列等式左端的括号中填入适当的函数，使等式成立.

（1）$d(\quad) = x dx$ ；　　　　　　　　　　　　（2）$d(\quad) = \cos\omega t dt$

解（1）因为 $d(x^2) = 2x dx$ ，所以

$$x dx = \dfrac{1}{2}d(x^2) = d\left(\dfrac{x^2}{2}\right) .$$

一般地，有 $d\left(\dfrac{x^2}{2} + C\right) = x dx$ （ C 为任意常数）.

（2）因为 $d(\sin\omega t) = \omega\cos\omega t dt$ ，所以 $\cos\omega t dt = \dfrac{1}{\omega}d(\sin\omega t) = d\left(\dfrac{1}{\omega}\sin\omega t\right)$.

一般地，有 $d\left(\dfrac{1}{\omega}\sin\omega t + C\right) = \cos\omega t dt$ （ C 为任意常数）.

2.5.4　微分在近似计算中的应用

在实际问题中，经常利用微分作近似计算.

由微分的定义可知，当 $|\Delta x|$ 很小时，

$$\Delta y = f(x_0 + \Delta x) - f(x_0) \approx f'(x_0)\Delta x ,$$

或　　　　　　　　　$$f(x_0 + \Delta x) \approx f(x_0) + f'(x_0)\Delta x .$$

记 $x_0 + \Delta x = x$，则上式又可写为

$$f(x) \approx f(x_0) + f'(x_0)(x - x_0).$$

特别地，当 $x_0 = 0$ 时，有

$$f(x) \approx f(0) + f'(0) \cdot x.$$

因此在工程上有一些常用的近似公式，当 $|x|$ 很小时，

（1）$\sin x \approx x$（x 用弧度作单位来表示）；

（2）$\tan x \approx x$（x 用弧度作单位来表示）；

（3）$e^x \approx 1 + x$；

（4）$\ln(1 + x) \approx x$；

（5）$\sqrt[n]{1 + x} \approx 1 + \dfrac{1}{n} x$.

例 2.5.9 计算 $\sin 46°$ 的近似值.

解 将 $46°$ 转化成弧度为

$$46° = \frac{\pi}{4} + \frac{\pi}{180}.$$

取 $x_0 = \dfrac{\pi}{4}$，则 $\Delta x = \dfrac{\pi}{180}$，所以

$$\sin 46° \approx \sin \frac{\pi}{4} + \cos \frac{\pi}{4} \cdot \frac{\pi}{180} = \frac{\sqrt{2}}{2} + \frac{\sqrt{2}}{2} \cdot \frac{\pi}{180} \approx 0.719.$$

例 2.5.10 计算 $\sqrt{1.05}$ 的近似值.

解 设 $f(x) = \sqrt{1 + x}$，利用近似公式中（5），取 $x = 0.05$，得

$$\sqrt{1.05} \approx 1 + \frac{1}{2} \times 0.05 = 1.025.$$

例 2.5.11 有一批半径为 1cm 的球，为了提高球面的光洁度，要镀上一层铜，厚度定为 0.1cm，估计一下，每只球需用铜多少克（铜的密度为 $8.9\text{g}/\text{cm}^3$）.

解 设球体的半径为 R，则球体的体积为 $V = \dfrac{4}{3}\pi R^3$，从而体积增量为

$$\Delta V \approx dV \bigg|_{\substack{R=1 \\ \Delta R = 0.1}} = 4\pi R^2 \Delta R \bigg|_{\substack{R=1 \\ \Delta R = 0.1}} \approx 1.3 \ (\text{cm}^3).$$

因此每只球需用铜约为

$$8.9 \times 1.3 = 11.6 \ (\text{g}).$$

习题 2.5

1. 已知 $y = x^3 - x$，计算在 $x = 1$，Δx 分别等于 $1, 0.1, 0.01$ 时的 Δy，dy.

2. 求下列函数的微分：

（1）$y = x\sin 2x$ ； （2）$y = \dfrac{1}{x} + 2\sqrt{x}$ ；

（3）$y = \ln^2(1-x)$ ； （4）$y = \dfrac{x}{\sqrt{x^2+1}}$ ；

（5）$y = \mathrm{e}^{-x}\cos(3-x)$ ； （6）$y = x^2\mathrm{e}^{2x}$ ；

（7）$y = \arcsin\sqrt{1-x^2}$ ； （8）$y = \dfrac{1}{\sqrt{x}}\ln x$.

3．求下列微分关系式中的未知函数 $f(x)$：

（1）$\mathrm{e}^{-2x}\mathrm{d}x = \mathrm{d}f(x)$ ； （2）$\dfrac{\mathrm{d}x}{1+x^2} = \mathrm{d}f(x)$ ；

（3）$\sec^2 3x\mathrm{d}x = \mathrm{d}f(x)$ ； （4）$\dfrac{\mathrm{d}x}{\sqrt{1-x^2}} = \mathrm{d}f(x)$.

4．设 $y = y(x)$ 是由方程 $\ln(x^2 + y^2) = x + y$ 所确定的隐函数，求 $\mathrm{d}y$.

5．求近似值：

（1）$\sqrt[6]{65}$ ； （2）$\lg 11$.

6．计算球体体积时，要求精确度在 2% 以内．问这时测量直径 D 的相对误差不能超过多少？

复习题 2

1．在"充分"、"必要"和"充分必要"三者中选择一个正确的填入下列空格内：

（1）$f(x)$ 在点 x_0 可导是 $f(x)$ 在点 x_0 连续的_____条件； $f(x)$ 在点 x_0 连续是 $f(x)$ 在点 x_0 可导的_____条件；

（2）$f(x)$ 在点 x_0 的左导数 $f'_-(x_0)$ 及右导数 $f'_+(x_0)$ 都存在且相等是 $f(x)$ 在点 x_0 可导的_____条件；

（3）$f(x)$ 在点 x_0 可导是 $f(x)$ 在点 x_0 可微的_____条件.

2．设 $f(x) = x(x+1)(x+2)\cdots(x+n)$ （ $n \geqslant 2$ ），则 $f'(0) =$ _____.

3．选择下述题中给出的四个结论中一个正确的结论：

设 $f(x)$ 在 $x = a$ 的某个邻域内有定义，则 $f(x)$ 在 $x = a$ 处可导的一个充分条件是（　　）.

A．$\lim\limits_{h \to +\infty} h\left[f\left(a + \dfrac{1}{h}\right) - f(a)\right]$ 存在； B．$\lim\limits_{h \to 0} \dfrac{f(a+2h) - f(a+h)}{h}$ 存在；

C．$\lim\limits_{h \to 0} \dfrac{f(a+h) - f(a-h)}{h}$ 存在； D．$\lim\limits_{h \to 0} \dfrac{f(a) - f(a-h)}{h}$ 存在.

4. 求下列函数 $f(x)$ 的 $f'_-(0)$、$f'_+(0)$ 及 $f'(0)$ 是否存在：

（1）$f(x) = \begin{cases} \sin x, & x < 0, \\ \ln(1+x), & x \geqslant 0; \end{cases}$

（2）$f(x) = \begin{cases} \dfrac{x}{1+e^{\frac{1}{x}}}, & x \neq 0, \\ 0, & x = 0. \end{cases}$

5. 讨论函数

$$f(x) = \begin{cases} x \sin \dfrac{1}{x}, & x \neq 0 \\ 0, & x = 0 \end{cases}$$

在 $x = 0$ 处的连续性与可导性.

6. 求下列函数的导数：

（1）$y = \dfrac{2\sec x}{1+x^2}$；

（2）$y = \arcsin(\sin x)$；

（3）$y = \dfrac{1+x+x^2}{1+x}$；

（4）$y = x(\sin x + 1)\csc x$；

（5）$y = x^{\frac{1}{x}}$；

（6）$y = \dfrac{1}{1+\sqrt{x}} - \dfrac{1}{1-\sqrt{x}}$；

（7）$y = e^{\tan\frac{1}{x}}$；

（8）$y = \tan^3(1-2x)$.

7. 求下列函数的二阶导数：

（1）$y = \cos^2 x \cdot \ln x$；

（2）$y = \dfrac{x}{\sqrt{1-x^2}}$；

（3）$y = x^2 \ln x$.

8. 求下列函数的 n 阶导数：

（1）$y = \sqrt[m]{1+x}$；

（2）$y = \dfrac{1-x}{1+x}$.

9. 求由下列方程所确定的隐函数的导数 $\dfrac{dy}{dx}$：

（1）$ye^x + \ln y = 1$；

（2）$\arctan \dfrac{y}{x} = \ln \sqrt{x^2+y^2}$.

10. 求下列参数方程所确定的函数的一阶导数 $\dfrac{dy}{dx}$ 及二阶导数 $\dfrac{d^2y}{dx^2}$：

（1）$\begin{cases} x = a\cos^3\theta, \\ y = a\sin^3\theta; \end{cases}$

（2）$\begin{cases} x = \ln\sqrt{1+t^2}, \\ y = \arctan t. \end{cases}$

11. 求曲线 $\begin{cases} x = 2e^t \\ y = e^{-t} \end{cases}$ 在 $t = 0$ 相应的点处的切线方程及法线方程.

12. 求由方程 $y = 1 + xe^y$ 所确定的隐函数的二阶导数 $\dfrac{d^2 y}{dx^2}$.

13. 利用函数的微分代替函数的增量求 $\sqrt[3]{1.02}$ 的近似值.

数学家简介——牛顿

自然与自然规律为黑暗隐蔽，
上帝说，让牛顿来！
一切遂臻光明.

——英国诗人蒲柏（杨振宁译）

牛顿（Isaac Newton）（1643～1727）是英国数学家、物理学家、天文学家. 1643 年 1 月 4 日牛顿生于英格兰林肯郡的伍尔索普；1727 年 3 月 31 日卒于伦敦. 牛顿出身于农民家庭，幼年颇为不幸：他是一个遗腹子又是早产儿，3 岁时母亲改嫁，把他留给了外祖父母，从小过着贫困孤苦的生活. 他在条件较差的地方学校接受了初等教育，中学时也没有显示出特殊的才华. 1661 年牛顿考入剑桥大学三一学院，由于家庭经济困难，学习期间还要从事一些勤杂劳动以减免学费. 由于他学习勤奋，并有幸得到著名数学家巴罗教授的指导，认真钻研了伽利略、开普勒、沃利斯、笛卡儿、巴罗等人的著作，还做了不少实验，打下了坚实的基础，1665 年获学士学位. 1665 年，伦敦地区流行鼠疫，剑

桥大学暂时关闭. 牛顿回到伍尔索普，在乡村幽居的两年中，终日思考各种问题，探索大自然的奥秘. 他平生三大发明，微积分、万有引力定律、光谱分析，都萌发于此，这时他年仅 23 岁. 后来牛顿在追忆这段峥嵘的青春岁月时，深有感触地说："当年我正值发明创造能力最强的年华，比以后任何时期更专心致志于数学和科学."并说："我的成功当归功于精力的思索." "没有大胆的猜想就作不出伟大的发现." 1667 年，牛顿回到剑桥攻读硕士学位，在获得学位后，成为三一学院的教师，并协助巴罗编写讲义，撰写微积分和光学论文. 牛顿的学术成就得到了巴罗的高度评价，巴罗在 1669 年 7 月向皇家学会数学顾问柯林斯（Collins）推荐牛顿的《运用无穷多项方程的分析学》时，称牛顿为"卓越天才". 巴罗还坦然宣称牛顿的学识已超过自己，并在 1669 年 10 月把"卢卡斯教授"的职位让给了牛顿，牛顿当时年仅 26 岁.

牛顿发现微积分，首先得助于他的老师巴罗，巴罗关于"微分三角形"的深

刻思想，给他极大影响；另外费马作切线的方法和沃利斯的《无穷算术》也给了他很大启发. 牛顿的微积分思想（流数术）最早出现在他 1665 年 5 月 21 日写的一页文件中. 他的微积分理论主要体现在《运用无穷多项方程的分析学》、《流数术和无穷级数》及《求曲边形的面积》三部论著里.

牛顿上述三个论著是微积分发展史上的重要里程碑，也为近代数学甚至近代科学的产生与发展开辟了新纪元. 正如恩格斯在《自然辩证法》中所说："一切理论成就中未必再有像 17 世纪后半期微积分的发明那样可以被看作人类精神的最高胜利了."

由于牛顿对科学作出了巨大贡献，因而受到了人们的崇敬：1688 年当选为国会议员，1689 年被选为法国科学院院士，1703 年当选为英国皇家学会会长，1705 年被英国女王封为爵士. 牛顿的研究工作为近代自然科学奠定四个重要基础：他创建的微积分，为近代数学奠定了基础；他的光谱分析，为近代光学奠定了基础；他发现的力学三大定律，为经典力学奠定了基础；他发现的万有引力定律，为近代天文学奠定了基础. 1701 年莱布尼茨说："纵观有史以来的全部数学，牛顿做了一半多的工作." 而牛顿本人非常谦虚并在临终前说："我不知道世人对我怎样看法，但是在我看来，我只不过像一个在海滨玩耍的孩子，偶尔很高兴地拾到几颗光滑美丽的石子或贝壳，但那浩瀚无涯的真理的大海，却还在我的前面未曾被我发现."

牛顿终生未娶. 他死后安葬在威斯敏斯特大教堂之内，与英国的英雄们安葬在一起. 当时法国大文豪伏尔泰正在英国访问，他看到英国的大人物们都争抬牛顿的灵柩时感叹地评论说："英国人悼念牛顿就像悼念一位造福于民的国王." 牛顿是对人类科学做出卓越贡献的巨擘，得到了世人的尊敬和仰慕. 牛顿墓碑上拉丁语墓志铭的最后一句是："他是人类的真正骄傲，让我们为之欢呼吧！"

第 3 章　微分中值定理与导数的应用

在上一章里，我们学习了导数的概念，并讨论了导数的计算方法. 本章利用导数研究函数的性态及函数图形的某些性质，并利用这些结果解决一些实际问题. 因此，首先要学习导数应用的理论基础——微分中值定理.

3.1　微分中值定理

3.1.1　罗尔（Rolle）定理

罗尔（Rolle）定理　若函数 $f(x)$ 满足

（1）在闭区间 $[a,b]$ 上连续；

（2）在开区间 (a,b) 内可导；

（3）$f(a) = f(b)$，

则在开区间 (a,b) 内至少存在一点 ξ，使得

$$f'(\xi) = 0 .$$

证明从略.

罗尔定理的几何意义：如图 3.1 所示，在两端高度相同的一段连续曲线上，如果除端点外，处处都有不垂直于 x 轴的切线，那么在这条曲线上至少有一个点处的切线是水平的.

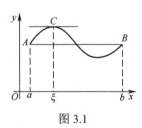

图 3.1

注意：罗尔定理的条件是充分而非必要的.

导数为零的点称为函数的**驻点**（或稳定点，临界点）.

例 3.1.1　验证罗尔定理对函数 $y = \ln \sin x$ 在区间 $\left[\dfrac{\pi}{6}, \dfrac{5\pi}{6}\right]$ 上的正确性.

解　显然 $y = \ln \sin x$ 在区间 $\left[\dfrac{\pi}{6}, \dfrac{5\pi}{6}\right]$ 上连续，又 $y' = \cot x$ 在 $\left(\dfrac{\pi}{6}, \dfrac{5\pi}{6}\right)$ 内有意义，

且 $\ln\sin\dfrac{\pi}{6}=\ln\sin\dfrac{5\pi}{6}=-\ln 2$，所以函数 $y=\ln\sin x$ 在区间 $\left[\dfrac{\pi}{6},\dfrac{5\pi}{6}\right]$ 上满足罗尔定理的三个条件．由 $y'=\cot x=0$ 可得 $x=\dfrac{\pi}{2}$，即在开区间 $\left(\dfrac{\pi}{6},\dfrac{5\pi}{6}\right)$ 内存在一点 $\xi=\dfrac{\pi}{2}$，使得 $f'(\xi)=0$．

例 3.1.2 证明方程 $x^5+x-1=0$ 有且只有一个小于1的正实根．

证明 先证存在性 令 $f(x)=x^5+x-1$，则 $f(x)$ 在 $[0,1]$ 上连续，且
$$f(0)=-1<0，\quad f(1)=1>0，$$
由零点定理知在 $(0,1)$ 内至少存在一点 x_0，使得 $f(x_0)=0$，即方程 $x^5-x+1=0$ 至少有一个小于1的正实根．

再证唯一性 假设方程 $x^5+x-1=0$ 有两个实根，即有不同于 x_0 的点 x_1，使得 $f(x_1)=0$．则 $f(x)=x^5+x-1$ 在以 x_0,x_1 为端点的区间上满足罗尔定理的条件，故在 x_0,x_1 之间存在一点 ξ，使得 $f'(\xi)=0$．而在 $(0,1)$ 内 $f'(x)=5x^4+1$ 恒大于零，假设错误．所以方程 $x^5+x-1=0$ 有且只有一个小于1的正实根．

例 3.1.3 已知 $f(x)$ 在 $[0,1]$ 上连续，在 $(0,1)$ 内可导，且 $f(0)=1$，$f(1)=0$．求证：在 $(0,1)$ 内至少存在一点 ξ，使得 $f'(\xi)=-\dfrac{f(\xi)}{\xi}$．

证明 作辅助函数 $F(x)=xf(x)$，则 $F(x)$ 在 $[0,1]$ 上连续，在 $(0,1)$ 内可导，又 $F(0)=F(1)=0$，由罗尔定理知，在 $(0,1)$ 内至少存在一点 ξ，使得 $F'(\xi)=0$，即
$$f(\xi)+\xi f'(\xi)=0，\quad f'(\xi)=-\dfrac{f(\xi)}{\xi}．$$

如果将辅助函数改为 $F(x)=x^2f(x)$，显然也满足题设条件，但是否也会有相同的结论呢？请读者自行验证．

3.1.2 拉格朗日（Lagrange）中值定理

罗尔定理中的 $f(a)=f(b)$ 是比较特殊的条件，如果把这个条件取消，就会得到应用更为广泛的拉格朗日定理．

拉格朗日（Lagrange）中值定理 若函数 $f(x)$ 满足

（1）在闭区间 $[a,b]$ 上连续；

（2）在开区间 (a,b) 内可导，

则在开区间 (a,b) 内至少存在一点 ξ，使得
$$f(b)-f(a)=f'(\xi)(b-a)．\tag{3.1.1}$$

证明 令 $F(x)=f(x)-\dfrac{f(b)-f(a)}{b-a}x$，则 $F(x)$ 在 $[a,b]$ 上连续，在 (a,b) 内可导，

90

容易验证 $F(a)-F(b)=0$，即 $F(a)=F(b)$．由罗尔定理知，在 (a,b) 内至少存在一点 ξ，使得 $F'(\xi)=0$，即

$$f'(\xi)-\frac{f(b)-f(a)}{b-a}=0，$$

故有

$$f(b)-f(a)=f'(\xi)(b-a)．$$

拉格朗日定理的几何意义：如图 3.2 所示，如果在一段连续曲线上，除端点外，处处都有不垂直于 x 轴的切线，那么在这条曲线上至少有一点处的切线与弦 AB 平行．

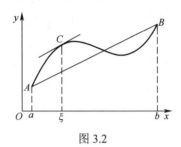

图 3.2

公式（3.1.1）叫做**拉格朗日中值公式**，显然 $b<a$ 时仍然成立．当 $f(a)=f(b)$ 时，拉格朗日定理即为罗尔定理．

设 x 为区间 $[a,b]$ 内一点，$x+\Delta x$ 为这区间内另一点，则由拉格朗日中值公式得 $f(x+\Delta x)-f(x)=f'(x+\theta\Delta x)\Delta x$ （$0<\theta<1$）．若记 $y=f(x)$，则有

$$\Delta y=f'(x+\theta\Delta x)\Delta x，$$

称为**有限增量公式**，拉格朗日中值定理也叫**有限增量定理**．

推论 如果函数 $f(x)$ 在区间 I 上的导数恒为零，那么 $f(x)$ 在区间 I 上是一个常数函数．

证明 设 x_0,x_1 （$x_1<x_2$）是区间 I 上的任意两点，应用（3.1.1）式得，

$$f(x_2)-f(x_1)=f'(\xi)(x_2-x_1) \quad （x_1<\xi<x_2），$$

由条件知 $f'(\xi)=0$，所以 $f(x_2)-f(x_1)=0$，即 $f(x_2)=f(x_1)$，根据 x_1,x_2 的任意性，可知 $f(x)$ 在区间 I 上是一个常数函数．

例 3.1.4 求函数 $f(x)=\ln(1+x)$ 在区间 $[0,1]$ 上满足拉格朗日中值定理的 ξ．

解 显然 $f(x)=\ln(1+x)$ 在区间 $[0,1]$ 上连续，又 $f'(x)=\dfrac{1}{1+x}$ 在 $(0,1)$ 内有意义，所以函数 $y=\ln(1+x)$ 在区间 $[0,1]$ 上满足拉格朗日中值定理的条件．于是有

$$f(1)-f(0)=f'(\xi)(1-0)，$$

即

$$\ln 2-\ln 1=\frac{1}{1+\xi}，$$

得

$$\xi=\frac{1}{\ln 2}-1\in(0,1)．$$

例 3.1.5 证明恒等式 $\arcsin x + \arccos x = \dfrac{\pi}{2}$ （ $-1 \leqslant x \leqslant 1$ ）.

证明 令 $f(x) = \arcsin x + \arccos x$ ，则 $-1 < x < 1$ 时

$$f'(x) = \frac{1}{\sqrt{1-x^2}} - \frac{1}{\sqrt{1-x^2}} = 0 ,$$

由推论知 $f(x)$ 在 $-1 < x < 1$ 时是常数，即 $f(x) = \arcsin x + \arccos x = C$.

又 $f(0) = \dfrac{\pi}{2}$ ， $f(-1) = f(1) = \dfrac{\pi}{2}$ ，所以 $\arcsin x + \arccos x = \dfrac{\pi}{2}$ （ $-1 \leqslant x \leqslant 1$ ）.

例 3.1.6 证明 $x > 0$ 时， $\dfrac{x}{1+x} < \ln(1+x) < x$.

证明 令 $f(t) = \ln(1+t)$ ，显然 $f(t)$ 在区间 $[0, x]$ 上满足拉格朗日中值定理条件，于是有

$$f(x) - f(0) = f'(\xi)(x-0) \quad （0 < \xi < x），$$

即 $\ln(1+x) = \dfrac{x}{1+\xi}$. 又 $0 < \xi < x$ ，所以

$$\frac{x}{1+x} < \frac{x}{1+\xi} < x ,$$

故 $x > 0$ 时， $\dfrac{x}{1+x} < \ln(1+x) < x$.

*3.1.3 柯西（Cauchy）中值定理

柯西（Cauchy）中值定理 若函数 $f(x)$ ， $g(x)$ 满足

（1）在闭区间 $[a, b]$ 上连续；

（2）在开区间 (a, b) 内可导；

（3） $g'(x)$ 在 (a, b) 内不为零，

则在开区间 (a, b) 内至少存在一点 ξ ，使得

$$\frac{f(b) - f(a)}{g(b) - g(a)} = \frac{f'(\xi)}{g'(\xi)} . \tag{3.1.2}$$

证明从略.

公式（3.1.2）也叫**柯西中值公式**. 显然当 $g(x) = x$ 时，柯西中值公式就变为拉格朗日中值公式（3.1.1）.

习题 3.1

1. 验证罗尔定理对函数 $y = \sin x$ 在区间 $[0, \pi]$ 上的正确性.

2. 验证拉格朗日中值定理对函数 $y = 2x^3 - 9x^2 + 12x$ 在区间 $[0, 3]$ 上的正确性.

*3. 验证柯西定理对函数 $f(x) = x^3$ 及 $f(x) = x^2 + 1$ 在区间 $[0, 1]$ 上的正确性.

4．试证明对函数 $y = px^2 + qx + r$ 应用拉格朗日中值定理时，所求得的点 ξ 总是位于区间的正中间．

5．不求函数 $f(x) = x(x-1)(x-2)(x-3)(x-4)$ 的导数，判断方程 $f'(x) = 0$ 有几个实根，并指出其所在区间．

6．证明恒等式 $\arctan x + \operatorname{arc\,cot} x = \dfrac{\pi}{2}$，$x \in (-\infty, +\infty)$．

7．若函数 $f(x)$ 在 $(-\infty, +\infty)$ 内满足关系式 $f'(x) = f(x)$，且 $f(0) = 1$，证明：$f(x) = e^x$．

8．如果方程 $a_0 x^n + a_1 x^{n-1} + \cdots + a_{n-1} x = 0$ 有一个正根 x_0，证明方程
$$na_0 x^{n-1} + (n-1)a_1 x^{n-2} + \cdots + a_{n-1} = 0$$
必有一个小于 x_0 的正根．

9．若函数 $y = f(x)$ 在 (a,b) 内有二阶导数，且 $f(x_1) = f(x_2) = f(x_3)$，其中 $a < x_1 < x_2 < x_3 < b$，证明：在 (a,b) 内至少有一点 ξ，使得 $f''(\xi) = 0$．

10．当 $a > b > 0$ 时，证明下列不等式：

（1）$nb^{n-1}(a-b) < a^n - b^n < na^{n-1}(a-b)$（$n > 1$）；

（2）$\dfrac{a-b}{a} < \ln\dfrac{a}{b} < \dfrac{a-b}{b}$．

3.2　洛必达（L'hospital）法则

洛必达法则是求未定式函数极限的一种简便且重要的方法．所谓未定式，是指在自变量的某一变化过程中，$f(x)$ 与 $F(x)$ 都趋于零或都趋于无穷大，那么 $\lim\dfrac{f(x)}{F(x)}$ 就称为**未定式**，并分别简记为 $\dfrac{0}{0}$ 和 $\dfrac{\infty}{\infty}$．

3.2.1　$\dfrac{0}{0}$ 型未定式

定理 3.2.1　设

（1）当 $x \to a$ 时，函数 $f(x)$ 与 $F(x)$ 都趋于零；

（2）在点 a 的某去心邻域内，$f'(x)$ 与 $F'(x)$ 都存在且 $F'(x) \neq 0$；

（3）$\lim\limits_{x \to a}\dfrac{f'(x)}{F'(x)}$ 存在（或为无穷大），

那么
$$\lim_{x \to a}\frac{f(x)}{F(x)} = \lim_{x \to a}\frac{f'(x)}{F'(x)}.$$

证明从略．

这种利用分子分母先求导数再求极限的方法叫做**洛必达（L'hospital）法则**．

如果 $\lim\limits_{x\to a}\dfrac{f'(x)}{F'(x)}$ 仍是未定式，而 $f'(x)$ 与 $F'(x)$ 能够满足定理中所需要的条件，

则可继续使用洛必达法则，即 $\lim\limits_{x\to a}\dfrac{f(x)}{F(x)}=\lim\limits_{x\to a}\dfrac{f'(x)}{F'(x)}=\lim\limits_{x\to a}\dfrac{f''(x)}{F''(x)}$ ，以此类推．

例 3.2.1 求 $\lim\limits_{x\to 0}\dfrac{1-\cos x}{\sin x}$ ．

解 $\lim\limits_{x\to 0}\dfrac{1-\cos x}{\sin x}=\lim\limits_{x\to 0}\dfrac{\sin x}{\cos x}=0$ ．

例 3.2.2 求 $\lim\limits_{x\to 1}\dfrac{x^3-3x+2}{x^3-x^2-x+1}$ ．

解 $\lim\limits_{x\to 1}\dfrac{x^3-3x+2}{x^3-x^2-x+1}=\lim\limits_{x\to 1}\dfrac{3x^2-3}{3x^2-2x-1}=\lim\limits_{x\to 1}\dfrac{6x}{6x-2}=\dfrac{3}{2}$ ．

上式中的 $\lim\limits_{x\to 1}\dfrac{6x}{6x-2}$ 已不再是 $\dfrac{0}{0}$ 未定式，不能继续应用洛必达法则，否则会导致错误结果．所以在每次应用洛必达法则时，除了定理的条件满足外，必须还要验证所求极限是否为未定式．

例 3.2.3 求 $\lim\limits_{x\to 0}\dfrac{x-\sin x}{\tan x^3}$ ．

解 $\lim\limits_{x\to 0}\dfrac{x-\sin x}{\tan x^3}=\lim\limits_{x\to 0}\dfrac{1-\cos x}{3x^2\sec^2 x^3}=\lim\limits_{x\to 0}\dfrac{1-\cos x}{3x^2}=\lim\limits_{x\to 0}\dfrac{\sin x}{6x}=\dfrac{1}{6}$ ．

注意：上式中 $\lim\limits_{x\to 0}\dfrac{1-\cos x}{3x^2\sec^2 x^3}$ 分母的因子 $\sec x^3$ 极限不为零，可先求出以简化计算．

利用洛必达法则求函数的极限时，如果结合等价无穷小的替换，可使得计算更为简便．如例 3.2.3 也可以这样解：

$$\lim\limits_{x\to 0}\dfrac{x-\sin x}{\tan x^3}=\lim\limits_{x\to 0}\dfrac{x-\sin x}{x^3}=\lim\limits_{x\to 0}\dfrac{1-\cos x}{3x^2}=\lim\limits_{x\to 0}\dfrac{\dfrac{1}{2}x^2}{3x^2}=\dfrac{1}{6}.$$

$x\to\infty$ 时的 $\dfrac{0}{0}$ 型未定式极限也有类似的洛必达法则．

定理 3.2.2 设

（1）当 $x\to\infty$ 时，函数 $f(x)$ 与 $F(x)$ 都趋于零；

（2）当 $|x|>X$ 时，$f'(x)$ 与 $F'(x)$ 都存在且 $F'(x)\neq 0$ ；

（3）$\lim\limits_{x\to\infty}\dfrac{f'(x)}{F'(x)}$ 存在（或为无穷大），

那么 $$\lim\limits_{x\to\infty}\dfrac{f(x)}{F(x)}=\lim\limits_{x\to\infty}\dfrac{f'(x)}{F'(x)}.$$

例 3.2.4 求 $\lim\limits_{x\to+\infty}\dfrac{\dfrac{\pi}{2}-\arctan x}{\dfrac{1}{x}}$.

解 $\lim\limits_{x\to+\infty}\dfrac{\dfrac{\pi}{2}-\arctan x}{\dfrac{1}{x}}=\lim\limits_{x\to+\infty}\dfrac{-\dfrac{1}{1+x^2}}{-\dfrac{1}{x^2}}=\lim\limits_{x\to+\infty}\dfrac{x^2}{1+x^2}=1$.

3.2.2 $\dfrac{\infty}{\infty}$ 型未定式

定理 3.2.3 设

（1）当 $x\to a$ 时，函数 $f(x)$ 与 $F(x)$ 都趋于无穷大；

（2）在点 a 的某去心邻域内，$f'(x)$ 与 $F'(x)$ 都存在且 $F'(x)\neq 0$；

（3）$\lim\limits_{x\to a}\dfrac{f'(x)}{F'(x)}$ 存在（或为无穷大），

那么
$$\lim\limits_{x\to a}\dfrac{f(x)}{F(x)}=\lim\limits_{x\to a}\dfrac{f'(x)}{F'(x)}.$$

对于 $x\to\infty$ 时的 $\dfrac{\infty}{\infty}$ 型未定式，定理 3.2.3 的结论仍然成立，读者可自行给出.

例 3.2.5 求 $\lim\limits_{x\to+\infty}\dfrac{\ln x}{x^n}$.

解 $\lim\limits_{x\to+\infty}\dfrac{\ln x}{x^n}=\lim\limits_{x\to+\infty}\dfrac{\dfrac{1}{x}}{nx^{n-1}}=\lim\limits_{x\to+\infty}\dfrac{1}{nx^n}=0$.

例 3.2.6 求 $\lim\limits_{x\to+\infty}\dfrac{x^\mu}{e^x}$（$\mu>0$）.

解 （1）μ 为正整数

$$\lim\limits_{x\to+\infty}\dfrac{x^\mu}{e^x}=\lim\limits_{x\to+\infty}\dfrac{\mu x^{\mu-1}}{e^x}=\lim\limits_{x\to+\infty}\dfrac{\mu(\mu-1)x^{\mu-2}}{e^x}=\cdots=\lim\limits_{x\to+\infty}\dfrac{\mu!}{e^x}=0.$$

（2）μ 不为正整数

存在正整数 k，当 $x>1$ 时，$x^k<x^\mu<x^{k+1}$，从而
$$\dfrac{x^k}{e^x}<\dfrac{x^\mu}{e^x}<\dfrac{x^{k+1}}{e^x},$$

由（1）知 $\lim\limits_{x\to+\infty}\dfrac{x^k}{e^x}=\lim\limits_{x\to+\infty}\dfrac{x^{k+1}}{e^x}=0$，应用夹逼准则得 $\lim\limits_{x\to+\infty}\dfrac{x^\mu}{e^x}=0$.

以上两例表明，$x\to+\infty$ 时，对数函数 $\ln x$、幂函数 x^μ（$\mu>0$）、指数函数 e^x 虽然都趋于无穷大，但增大的"速度"是大不一样的，幂函数增大的"速度"比对数函数大得多，而指数函数增大的"速度"又比幂函数大得多. 后者是前者的

高阶无穷小.

3.2.3 其他类型未定式

$\dfrac{0}{0}$ 型和 $\dfrac{\infty}{\infty}$ 型之外,还有 $0 \cdot \infty$、$\infty - \infty$、0^0、1^∞、∞^0 型等 5 种类型未定式,通

过函数变形可以转化为 $\dfrac{0}{0}$ 型或 $\dfrac{\infty}{\infty}$ 型,而后三种都是幂指函数的极限.

例 3.2.7 求 $\lim\limits_{x \to 0^+} x^n \ln x$.

解 这是 $0 \cdot \infty$ 型未定式

$$\lim_{x \to 0^+} x^n \ln x = \lim_{x \to 0^+} \frac{\ln x}{x^{-n}} = \lim_{x \to 0^+} \frac{\frac{1}{x}}{-nx^{-n-1}} = \lim_{x \to 0^+} \left(-\frac{x^n}{n} \right) = 0.$$

例 3.2.8 求 $\lim\limits_{x \to \frac{\pi}{2}} (\sec x - \tan x)$.

解 这是 $\infty - \infty$ 型未定式

$$\lim_{x \to \frac{\pi}{2}} (\sec x - \tan x) = \lim_{x \to \frac{\pi}{2}} \frac{1 - \sin x}{\cos x} = \lim_{x \to \frac{\pi}{2}} \frac{-\cos x}{-\sin x} = 0.$$

例 3.2.9 求 $\lim\limits_{x \to 0} \left[\dfrac{1}{\ln(1+x)} - \dfrac{1}{x} \right]$.

解 这是 $\infty - \infty$ 型未定式

$$\lim_{x \to 0} \left[\frac{1}{\ln(1+x)} - \frac{1}{x} \right] = \lim_{x \to 0} \frac{x - \ln(1+x)}{x \ln(1+x)} = \lim_{x \to 0} \frac{x - \ln(1+x)}{x^2} = \lim_{x \to 0} \frac{1 - \frac{1}{1+x}}{2x}$$

$$= \lim_{x \to 0} \frac{1}{2(1+x)} = \frac{1}{2}.$$

在化为 $\dfrac{0}{0}$ 型未定式后,先将分母中的 $\ln(1+x)$ 作等价无穷小替换,比直接应用

洛必达法则计算要简便得多.

例 3.2.10 求 $\lim\limits_{x \to 0} \left(\dfrac{\sin x}{x} \right)^{\frac{1}{x}}$.

解 这是 1^∞ 型未定式,属于幂指函数的极限,利用第 1 章第 8 节的结论,有

$$\lim_{x \to 0} \left(\frac{\sin x}{x} \right)^{\frac{1}{x}} = \lim_{x \to 0} \left[1 + \left(\frac{\sin x}{x} - 1 \right) \right]^{\frac{1}{x}} = e^{\lim\limits_{x \to 0} \frac{1}{x} \left(\frac{\sin x}{x} - 1 \right)},$$

而 $\lim\limits_{x \to 0} \dfrac{1}{x} \left(\dfrac{\sin x}{x} - 1 \right) = \lim\limits_{x \to 0} \dfrac{\sin x - x}{x^2} = \lim\limits_{x \to 0} \dfrac{\cos x - 1}{2x} = \lim\limits_{x \to 0} \dfrac{-\dfrac{1}{2}x^2}{2x} = 0$,

所以
$$\lim_{x \to 0} \left(\frac{\sin x}{x} \right)^{\frac{1}{x}} = \mathrm{e}^0 = 1.$$

请读者思考例 3.2.10 还有没有其他的解法.

注意：对于数列极限中的未定式，在应用洛必达法则时，由于不能对 n 直接求导，要先化为函数的未定式极限. 如

$$\lim_{n \to \infty} n(\sqrt[n]{a} - 1) = \lim_{n \to \infty} \frac{\sqrt[n]{a} - 1}{\frac{1}{n}} = \lim_{x \to +\infty} \frac{a^{\frac{1}{x}} - 1}{\frac{1}{x}}$$

$$= \lim_{x \to +\infty} \frac{a^{\frac{1}{x}} \ln a \cdot \left(-\frac{1}{x^2} \right)}{-\frac{1}{x^2}} = \lim_{x \to +\infty} a^{\frac{1}{x}} \ln a = \ln a \quad (a > 0).$$

最后，还要指出的是，洛必达法则是求未定式极限的一种方法，定理中的条件仅是充分的，当定理中的条件不满足时，所求极限未必不存在，比如 $\lim\limits_{x \to \infty} \dfrac{x + \sin x}{x}$.

习题 3.2

1. 求下列函数的极限：

（1）$\lim\limits_{x \to 0} \dfrac{\ln(1+x)}{x}$；

（2）$\lim\limits_{x \to 0} \dfrac{a^x - b^x}{x}$ $(a > 0, \ b > 0)$；

（3）$\lim\limits_{x \to 0} \dfrac{\mathrm{e}^x - \mathrm{e}^{-x}}{x}$；

（4）$\lim\limits_{x \to 0} \dfrac{\sin 2x}{\tan 3x}$；

（5）$\lim\limits_{x \to \pi} \dfrac{\sin 2x}{\tan 4x}$；

（6）$\lim\limits_{x \to 0} \dfrac{x - \sin x}{x^3}$；

（7）$\lim\limits_{x \to \frac{\pi}{2}} \dfrac{\ln \sin x}{(\pi - 2x)^2}$；

（8）$\lim\limits_{x \to a} \dfrac{x^m - a^m}{x^n - a^n}$ $(m, n$ 为正整数, $a \neq 0)$；

（9）$\lim\limits_{x \to 0^+} \dfrac{\ln \tan 2x}{\ln \tan 3x}$；

（10）$\lim\limits_{x \to +\infty} \dfrac{x^3}{\mathrm{e}^x}$；

（11）$\lim\limits_{x \to 0} x \cot 3x$；

（12）$\lim\limits_{x \to 0} x^2 \mathrm{e}^{\frac{1}{x^2}}$；

（13）$\lim\limits_{x \to 1} \left(\dfrac{x}{x-1} - \dfrac{1}{\ln x} \right)$；

（14）$\lim\limits_{x \to 1} \left(\dfrac{2}{x^2 - 1} - \dfrac{1}{x - 1} \right)$；

（15）$\lim\limits_{x \to \infty} \left(1 + \dfrac{a}{x} \right)^x$；

（16）$\lim\limits_{x \to 0^+} x^{\sin x}$；

（17）$\lim\limits_{x \to 0^+} \left(\dfrac{1}{x} \right)^{\tan x}$；

（18）$\lim\limits_{x \to \infty} x(\mathrm{e}^{\frac{1}{x}} - 1)$.

2. 验证函数 $\lim\limits_{x \to 0} \dfrac{x^2 \sin\dfrac{1}{x}}{\sin x}$ 极限存在，但不能用洛必达法则求出.

3.3 函数的单调性与极值

我们在第一章中介绍了函数单调性的概念，本节将利用导数来研究函数的单调性，同时讨论函数极值的求法.

3.3.1 函数的单调性

如果函数 $y = f(x)$ 在某区间上单调增加（单调减少），那么它的图形是一条沿着 x 轴正向上升（下降）的曲线. 如图 3.3 所示，曲线上各点处的切线斜率是非负（非正）的，即 $f'(x) \geq 0$（$f'(x) \leq 0$）.

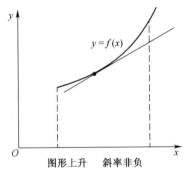 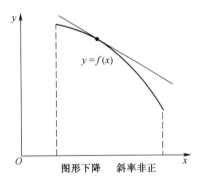

图 3.3

反之，也可以利用导数的符号来判断函数的单调性.

定理 3.3.1 设函数 $y = f(x)$ 在 $[a,b]$ 上连续，在 (a,b) 内可导.

（1）如果在 (a,b) 内 $f'(x) > 0$，那么函数 $y = f(x)$ 在 $[a,b]$ 上单调增加；

（2）如果在 (a,b) 内 $f'(x) < 0$，那么函数 $y = f(x)$ 在 $[a,b]$ 上单调减少.

证明 在 $[a,b]$ 上任取两点 x_1，x_2（$x_1 < x_2$），由拉格朗日中值定理，得
$$f(x_2) - f(x_1) = f'(\xi)(x_2 - x_1) \quad (x_1 < \xi < x_2).$$

（1）如果在 (a,b) 内 $f'(x) > 0$，那么 $f'(\xi)(x_2 - x_1) > 0$，即 $f(x_2) - f(x_1) > 0$，于是 $f(x_1) < f(x_2)$，因而函数 $y = f(x)$ 在 $[a,b]$ 上单调增加.

（2）如果在 (a,b) 内 $f'(x) < 0$，那么 $f'(\xi)(x_2 - x_1) < 0$，即 $f(x_2) - f(x_1) < 0$，于是 $f(x_1) > f(x_2)$，因而函数 $y = f(x)$ 在 $[a,b]$ 上单调减少.

如果把定理中的闭区间换成其他各种区间（包括无穷区间），结论仍然成立.

注意：如果 $f'(x)$ 在某区间内的有限个点处为零，在其余各点处均为正（或负）时，那么在该区间上仍旧是单调增加（或单调减少）的. 如 $f(x)=x^3$，在定义域 $(-\infty,+\infty)$ 内，除 $x=0$ 处 $f'(x)=0$ 外，其余各点均有 $f'(x)>0$，所以在整个定义域内 $f(x)=x^3$ 是单调增加的，其图形如图 3.4 所示.

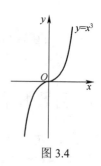

图 3.4

例 3.3.1 判断函数 $y=x+\sin x$ 在 $[0,\pi]$ 上的单调性.

解 函数 $y=x+\sin x$ 在 $[0,\pi]$ 上连续，在 $(0,\pi)$ 内，

$$y'=1+\cos x>0,$$

由定理 3.3.1 可知，函数 $y=x+\sin x$ 在 $[0,\pi]$ 上单调增加.

对于 $y=x+\sin x$ 来说，由于 $y'>0$ 在其定义域内 $(-\infty,+\infty)$ 恒成立，而 $y'=0$ 仅在 $x=k\pi$（ $k=\pm1,\pm3,\cdots$ ）时成立，所以函数在其整个定义域 $(-\infty,+\infty)$ 内单调增加.

例 3.3.2 讨论函数 $y=e^x-x-1$ 的单调性.

解 函数的定义域为 $(-\infty,+\infty)$，

$$y'=e^x-1,\quad y'(0)=0,$$

在 $(-\infty,0)$ 内，$y'<0$，所以函数 $y=e^x-x-1$ 在 $(-\infty,0]$ 上单调减少；在 $(0,+\infty)$ 内，$y'>0$，所以函数 $y=e^x-x-1$ 在 $[0,+\infty)$ 上单调增加.

例 3.3.3 讨论函数 $y=\sqrt[3]{x^2}$ 的单调性.

解 函数的定义域为 $(-\infty,+\infty)$，

当 $x\neq0$ 时，$y'=\dfrac{2}{3\sqrt[3]{x}}$，当 $x=0$ 时，函数的导数不存在.

在 $(-\infty,0)$ 内，$y'<0$，所以函数 $y=\sqrt[3]{x^2}$ 在 $(-\infty,0]$ 上单调减少；在 $(0,+\infty)$ 内，$y'>0$，所以 $y=\sqrt[3]{x^2}$ 在 $[0,+\infty)$ 上单调增加.

例 3.3.2 中，驻点是单调增加区间与单调减少区间的分界点；例 3.3.3 中，不可导点是单调增加区间与单调减少区间的分界点.

由此，可得求函数 $f(x)$ 单调区间的一般步骤：

（1）确定函数 $f(x)$ 的定义域，并求出函数的导数 $f'(x)$；

（2）求出函数的驻点和不可导点，并用这些点作为分界点将定义域划分为若干个部分区间；

（3）确定各个部分区间上 $f'(x)$ 的符号，从而判断函数在该区间上的单调性.

例 3.3.4 求函数 $f(x)=2x^3-9x^2+12x-3$ 的单调区间.

解 函数的定义域为 $(-\infty,+\infty)$，

$$f'(x)=6x^2-18x+12=6(x-1)(x-2).$$

令 $f'(x)=0$，得 $x=1$，$x=2$，没有不可导点. 驻点 $x=1$，$x=2$ 将定义域分成 3 个部分区间 $(-\infty,1]$，$[1,2]$，$[2,+\infty)$.

在 $(-\infty,1)$ 与 $(2,+\infty)$ 内，$y'>0$，所以函数 $f(x)=2x^3-9x^2+12x-3$ 在 $(-\infty,1]$ 与 $[2,+\infty)$ 上单调增加；在 $(1,2)$ 内，$y'<0$，所以函数 $f(x)=2x^3-9x^2+12x-3$ 在 $[1,2]$ 上单调减少.

函数 $f(x)=2x^3-9x^2+12x-3$ 的图形如图 3.5 所示.

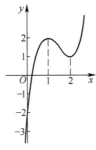

图 3.5

例 3.3.5 确定函数 $f(x)=(x-1)x^{\frac{2}{3}}$ 的单调区间.

解 函数的定义域为 $(-\infty,+\infty)$，

$$f'(x)=x^{\frac{2}{3}}+\frac{2}{3}(x-1)x^{-\frac{1}{3}}=\frac{5x-2}{3\sqrt[3]{x}}.$$

令 $f'(x)=0$，得 $x=\frac{2}{5}$，$x=0$ 是不可导点. $x=\frac{2}{5}$，$x=0$ 将定义域分成 3 个部分区间 $(-\infty,0]$，$\left[0,\frac{2}{5}\right]$，$\left[\frac{2}{5},+\infty\right)$.

为了更加直观的看到各个区间内的单调性，列表如下：

x	$(-\infty,0]$	0	$\left[0,\dfrac{2}{5}\right]$	$\dfrac{2}{5}$	$\left[\dfrac{2}{5},+\infty\right)$
$f'(x)$	$+$	不存在	$-$	0	$+$
$f(x)$	↗		↘		↗

"↗"表示单调增加，"↘"表示单调减少，所以函数 $f(x)=(x-1)x^{\frac{2}{3}}$ 在 $(-\infty,0]$ 与 $\left[\frac{2}{5},+\infty\right)$ 上单调增加；在 $\left[0,\frac{2}{5}\right]$ 上单调减少.

下面举一个利用单调性证明不等式的例子.

例 3.3.6 证明：$x>0$ 时，$x>\ln(1+x)$.

证明 令函数 $f(x)=x-\ln(1+x)$，则

$$f'(x)=1-\frac{1}{1+x}=\frac{x}{1+x}.$$

$f(x)$ 在 $[0,+\infty)$ 上连续，在 $(0,+\infty)$ 内 $f'(x) > 0$，$f'(0) = 0$，因此 $f(x)$ 在 $[0,+\infty)$ 上单调增加，从而当 $x > 0$ 时，$f(x) > f(0) = 0$，即 $x - \ln(1+x) > 0$，亦即

$$x > \ln(1+x) .$$

3.3.2 函数的极值

在图 3.5 中我们可以看到，在 $x=1$ 的某去心邻域内，总有 $f(x) < f(1)$，而在 $x=2$ 的某去心邻域内，总有 $f(x) > f(2)$，具有这种性质的点在应用上有着十分重要的作用.

定义 3.3.1　设函数 $f(x)$ 在 x_0 的某邻域 $U(x_0)$ 内有定义，如果对于 x_0 的去心邻域 $\overset{\circ}{U}(x_0)$ 内的任一点 x，有 $f(x) < f(x_0)$（或 $f(x) > f(x_0)$），那么就称 $f(x_0)$ 是函数 $f(x)$ 的一个**极大值**（或**极小值**）.

函数的极大值与极小值统称为函数的**极值**，使函数取得极值的点称为**极值点**. 如函数 $f(x) = 2x^3 - 9x^2 + 12x - 3$ 有极大值 $f(1) = 2$，极小值 $f(2) = 1$，$x=1$ 和 $x=2$ 是函数的极值点.

注意：函数的极值是局部概念，如果 $f(x_0)$ 是函数 $f(x)$ 的一个极大值，那么在 x_0 附近的一个局部范围内，$f(x_0)$ 是一个最大值，但对于整个定义域来说，$f(x_0)$ 未必是最大值. 极小值的情况类似.

如何判断函数在哪些点处取得极值呢？

如图 3.6 所示，函数在取得极值的点处，曲线的切线是水平的，但曲线上有水平切线的地方，函数不一定取得极值，一般地，有下面的结论：

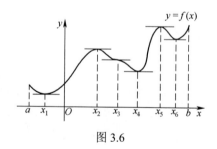

图 3.6

定理 3.3.2（极值的必要条件）如果函数 $f(x)$ 在 x_0 可导，且在 x_0 处取得极值，那么 $f'(x_0) = 0$.

证明　假设函数 $f(x)$ 在 x_0 取得极大值，则存在 x_0 的去心邻域 $\overset{\circ}{U}(x_0)$，对 $\forall x \in \overset{\circ}{U}(x_0)$，都有

$$f(x) < f(x_0) .$$

而函数 $f(x)$ 在 x_0 可导，因此

$$f'(x_0) = f'_-(x_0) = \lim_{x \to x_0^-} \frac{f(x) - f(x_0)}{x - x_0} \geq 0 ,$$

当 $x > x_0$ 时，
$$\frac{f(x) - f(x_0)}{x - x_0} < 0 ,$$

$$f'(x_0) = f'_+(x_0) = \lim_{x \to x_0^+} \frac{f(x) - f(x_0)}{x - x_0} \leq 0 ,$$

从而
$$f'(x_0) = 0 .$$

极小值的情况可类似证明.

定理 3.3.2 说明：可导函数的极值点一定是它的驻点. 但驻点却不一定是函数的极值点，如函数 $f(x) = x^3$，驻点 $x = 0$ 不是其极值点，又如函数 $f(x) = |x|$ 在 $x = 0$ 取得极小值，但在该点处函数不可导. 由此可知，函数的极值点可能是驻点，也可能是不可导点，即驻点和不可导点是函数的极值嫌疑点. 如何判断函数在这些嫌疑点处是否取得极值？如果是的话，是极大值还是极小值？根据定理 3.3.1 容易得出下面的结论.

定理3.3.3 （极值的第一充分条件）如果函数 $f(x)$ 在 x_0 处连续，且在 x_0 的某去心邻域 $\overset{\circ}{U}(x_0, \delta)$ 内可导，则

（1）如果当 $x \in (x_0 - \delta, x_0)$ 时，$f'(x) > 0$，而 $x \in (x_0, x_0 + \delta)$ 时，$f'(x) < 0$，则在 x_0 处取得极大值；

（2）如果当 $x \in (x_0 - \delta, x_0)$ 时，$f'(x) < 0$，而 $x \in (x_0, x_0 + \delta)$ 时，$f'(x) > 0$，则在 x_0 处取得极小值.

由定理 3.3.2 和定理 3.3.3，可得求函数极值的一般步骤：

（1）确定函数 $f(x)$ 的定义域，并求出函数的导数 $f'(x)$；

（2）求出函数的极值嫌疑点（包括驻点和不可导点）；

（3）考察（2）中各点左右两侧附近 $f'(x)$ 的符号，从而判断函数在该点处是否取得极值. 如果是的话，进一步判断是极大值还是极小值.

例 3.3.7 求函数 $f(x) = (2x - 5)\sqrt[3]{x^2}$ 的极值.

解 函数的定义域为 $(-\infty, +\infty)$，
$$f'(x) = \frac{10(x - 1)}{3\sqrt[3]{x}} .$$

令 $f'(x) = 0$，得驻点 $x = 1$，$x = 0$ 时导数不存在.

为了更加直观的看到各点处的情况，列表如下：

x	$(-\infty, 0)$	0	$(0, 1)$	1	$(1, +\infty)$
$f'(x)$	+	不存在	−	0	+
$f(x)$	↗	极大值	↘	极小值	↗

所以，极大值为 $f(0)=0$，极小值为 $f(1)=-3$．

对于二阶导数不为零的的驻点的判定，有下面的定理：

定理 3.3.4（极值的第二充分条件）如果函数 $f(x)$ 在 x_0 处有二阶导数，且 $f'(x_0)=0$，$f''(x_0)\neq 0$，则

（1）如果 $f''(x_0)<0$，则 $f(x)$ 在 x_0 处取得极大值；

（2）如果 $f''(x_0)>0$，则 $f(x)$ 在 x_0 处取得极小值．

证明 （1）由二阶导数定义及 $f'(x_0)=0$ 知

$$f''(x_0)=\lim_{x\to x_0}\frac{f'(x)-f'(x_0)}{x-x_0}=\lim_{x\to x_0}\frac{f'(x)}{x-x_0}<0．$$

利用函数极限的局部保号性，存在 x_0 的去心邻域 $\overset{\circ}{U}(x_0)$，对 $\forall x\in \overset{\circ}{U}(x_0)$，都有

$$\frac{f'(x)}{x-x_0}<0，$$

在该去心邻域内，$x<x_0$ 时，$f'(x)>0$，而 $x>x_0$ 时，$f'(x)<0$，由定理 3.3.3 知函数在 x_0 处取得极大值．

类似可证（2）．

注意：如果 $f'(x_0)=0$，$f''(x_0)=0$，那么函数在 x_0 处可能取得极值，也可能不取得极值，取得极值时，可能是极大值也可能是极小值．这时不能使用定理 3.3.4，而是要用定理 3.3.2 来判断．

例 3.3.8 求函数 $f(x)=(x^2-1)^3$ 的极值．

解 $f'(x)=6x(x^2-1)^2$，$f''(x)=6(5x^2-1)(x^2-1)$．

令 $f'(x)=0$，得驻点 $x=-1$，$x=0$，$x=1$．

又 $f''(0)=6>0$，故函数在 $x=0$ 处取得极小值 $f(0)=-1$；而 $f''(-1)=f''(1)=0$，用定理 3.3.4 无法判断．考察 $x=-1$，$x=1$ 左右两侧导数的符号：$x=-1$ 邻近两侧，导数 $f'(x)<0$；$x=1$ 邻近两侧，导数 $f'(x)>0$，两个点左右两侧导数符号没有发生改变，亦即单调性没有发生改变，所以没有极值．

第一充分条件适用于所有极值嫌疑点，即对驻点和不可导点均可适用；而第二充分条件仅适用于二阶导数不等于零的驻点．

习题 3.3

1．求下列函数的单调区间与极值：

（1）$y=x^2-2x+5$；

（2）$y=2x^3-3x^2$；

（3）$y=x-\ln(1+x)$；

（4）$y=2x^3-6x^2-18x$；

（5）$y=\dfrac{1+3x}{\sqrt{4+5x^2}}$；

（6）$y=3-2(x+1)^{\frac{1}{3}}$；

（7）$y = \mathrm{e}^x \sin x$，$x \in \left[-\dfrac{\pi}{2}, \dfrac{\pi}{2}\right]$；　　（8）$y = x^{\frac{1}{x}}$（$x > 0$）；

（9）$y = x + \tan x$；　　　　　　　（10）$y = \mathrm{e}^x + \mathrm{e}^{-x}$．

2．当 a 为何值时，函数 $f(x) = a\sin x + \dfrac{1}{3}\sin 3x$ 在 $x = \dfrac{\pi}{3}$ 处取得极值？是极大值还是极小值，并求出此极值．

3．试证明：如果 $b^2 - 3ac < 0$，那么函数 $f(x) = ax^3 + bx^2 + cx + d$ 没有极值．

3.4　曲线的凹凸性与拐点　函数图形的描绘

3.4.1　曲线的凹凸性与拐点

通过函数的单调性，可以知道函数图形的上升或下降趋势，但这还不能较全面的反映其变化情况．图 3.7 中有两段弧，虽然它们都是上升的，但图形的弯曲方向明显不同．$\overset{\frown}{ADB}$ 向上凸的，而 $\overset{\frown}{ACB}$ 是向上凹的．下面讨论曲线的凹凸性及其判定方法．

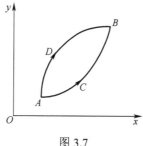

图 3.7

定义 3.4.1　设函数 $f(x)$ 在 I 上连续，对 I 上任意两点 x_1，x_2，如果恒有
$$f\left(\frac{x_2 + x_1}{2}\right) < \frac{f(x_2) + f(x_1)}{2} \text{（图 3.8（a）），}$$
那么称函数 $f(x)$ 的图形在 I 上是（向上）**凹**的（或凹弧）；如果恒有
$$f\left(\frac{x_2 + x_1}{2}\right) > \frac{f(x_2) + f(x_1)}{2} \text{（图 3.8（b）），}$$
那么称函数 $f(x)$ 的图形在 I 上是　（向上）**凸**的（或凸弧）．

定义 3.4.2　设函数 $y = f(x)$ 在 I 上连续，x_0 是 I 的内点（除端点外的 I 内的点）．如果曲线 $y = f(x)$ 在经过点 $(x_0, f(x_0))$ 时，凹凸性发生了改变，那么就称点 $(x_0, f(x_0))$ 是这条曲线的**拐点**．如图 3.9 中的点 C．

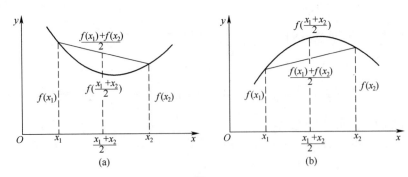

图 3.8

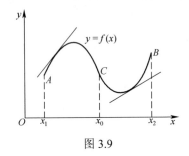

图 3.9

在图 3.9 中还可以看出，在 $\overset{\frown}{AC}$ 上，切线斜率随 x 的增大而变小，所以 $f'(x)$ 在 $[x_1, x_0]$ 上是单调递减的，反之亦然．从而说明当 $f''(x) < 0$ 时，曲线是凸的；当 $f''(x) > 0$ 时，曲线是凹的．

定理 3.4.1　设函数 $y = f(x)$ 在 $[a, b]$ 上连续，在 (a, b) 内有二阶导数，

（1）如果在 (a, b) 内 $f''(x) > 0$，那么函数 $y = f(x)$ 在 $[a, b]$ 上图形是凹的；

（2）如果在 (a, b) 内 $f''(x) < 0$，那么函数 $y = f(x)$ 在 $[a, b]$ 上图形是凸的．

证明略．

由于拐点是凹凸曲线弧的分界点，所以如果点 $(x_0, f(x_0))$ 是曲线的拐点，且 $f''(x_0)$ 存在，必有 $f''(x_0) = 0$．

定理 3.4.2（拐点的必要条件）如果函数 $f(x)$ 在 x_0 二阶可导，且点 $(x_0, f(x_0))$ 是曲线 $y = f(x)$ 的拐点，那么 $f''(x_0) = 0$．

定理 3.4.2 是在 $f''(x_0)$ 存在的前提下，点 $(x_0, f(x_0))$ 是拐点的必要条件．但二阶导数为零的点不一定就是拐点，如函数 $y = x^4$，$f''(0) = 0$，但 $f''(x) = 12x^2$ 在定义域 $(-\infty, +\infty)$ 内恒大于等于零，曲线始终是凹的，所以 $(0, 0)$ 不是曲线的拐点．又如函数 $y = \sqrt[3]{x}$ 在定义域 $(-\infty, +\infty)$ 内连续，$y'' = -\dfrac{2}{9x\sqrt[3]{x^2}}$，$f''(x)$ 不存在零点，但有一个二阶导数不存在的点 $x = 0$．在 $(-\infty, 0)$ 内，$f''(x) > 0$，曲线 $y = f(x)$ 在 $(-\infty, 0)$

内是凹的；在 $(0,+\infty)$ 内，$f''(x)<0$，曲线 $y=f(x)$ 在 $(0,+\infty)$ 内是凸的，所以 $(0,0)$ 是曲线的拐点. 因此，$f(x)$ 的二阶导数不存在的点也有可能是曲线 $y=f(x)$ 的拐点. 也就是说，二阶导数为零的点和二阶导数不存在的点是曲线的拐点嫌疑点.

综合以上分析，可以按以下步骤求连续曲线 $y=f(x)$ 上的凹凸区间及其拐点：

（1）确定函数 $f(x)$ 的定义域，并求出函数的二阶导数 $f''(x)$；

（2）求出拐点嫌疑点（包括 $f''(x)=0$ 的点和 $f''(x)$ 不存在的点），用这些点将定义域划分为若干部分区间；

（3）考察（2）中各个部分区间内 $f''(x)$ 的符号，从而判定曲线 $y=f(x)$ 的凹凸性，进一步求出凹凸区间和拐点.

例 3.4.1 求曲线 $y=3x^4-4x^3+1$ 的凹凸区间及拐点.

解 函数 $y=3x^4-4x^3+1$ 的定义域为 $(-\infty,+\infty)$，

$$y'=12x^3-12x^2，\quad y''=36x^2-24x=12x(3x-2).$$

令 $y''=0$，得 $x_1=0$，$x_2=\dfrac{2}{3}$. $x_1=0$ 时，$y=1$；$x_2=\dfrac{2}{3}$ 时，$y=\dfrac{11}{27}$.

具体情况列表如下：

x	$(-\infty,0)$	0	$\left(0,\dfrac{2}{3}\right)$	$\dfrac{2}{3}$	$\left(\dfrac{2}{3},+\infty\right)$
y''	$+$	0	$-$	0	$+$
$y=3x^4-4x^3+1$	凹	拐点	凸	拐点	凹

所以，曲线 $y=3x^4-4x^3+1$ 在 $[-\infty,0]$ 及 $\left[\dfrac{2}{3},+\infty\right]$ 上是凹的，在 $\left[0,\dfrac{2}{3}\right]$ 上是凸的；$(0,1)$ 及 $\left(\dfrac{2}{3},\dfrac{11}{27}\right)$ 是曲线的拐点.

例 3.4.2 求曲线 $y=\ln(1+x^2)$ 的凹凸区间及拐点.

解 函数 $y=\ln(1+x^2)$ 的定义域为 $(-\infty,+\infty)$，

$$y'=\frac{2x}{1+x^2}，\quad y''=\frac{2\left(1-x^2\right)}{\left(1+x^2\right)^2}.$$

令 $y''=0$，得 $x_1=-1$，$x_2=1$. $x_1=1$ 时，$y=\ln 2$；$x_2=-1$ 时，$y=\ln 2$.

具体情况列表如下：

x	$(-\infty,-1)$	-1	$(-1,1)$	1	$(1,+\infty)$
y''	$-$	0	$+$	0	$-$
$y=\ln(1+x^2)$	凸	拐点	凹	拐点	凸

所以，曲线 $y = \ln(1+x^2)$ 在 $(-\infty,-1]$ 及 $[1,+\infty)$ 上是凸的，在 $[-1,1]$ 上是凹的；$(1,\ln2)$ 及 $(-1,\ln2)$ 是曲线的拐点.

3.4.2 函数图形的描绘

借助于函数的一阶导数的符号，可以确定函数的图形在哪个区间内上升，在哪个区间内下降，在什么位置有极值；借助于函数二阶导数的符号，可以确定函数图形在哪个区间内是凹的，在哪个区间内是凸的，在什么位置有拐点. 有了这些性质，就可以比较准确的画出函数的图形. 对于存在渐近线的函数图形，在作图时也必须作出渐近线，在第 1 章中已经给出了水平渐近线和铅直渐近线的定义，下面仅给出斜渐近线的定义：

若 $\lim\limits_{x\to\infty}\dfrac{f(x)}{x} = k \neq 0$，$\lim\limits_{x\to\infty}[f(x)-kx] = b$，则直线 $y = kx + b$ 是曲线 $y = f(x)$ 的斜渐近线.

例 3.4.3 求曲线 $y = \dfrac{x^3}{x^2+2x-3}$ 的渐近线.

解 因为 $\lim\limits_{x\to\infty} y = \infty$，所以曲线无水平渐近线；

由于 $\dfrac{x^3}{x^2+2x-3} = \dfrac{x^3}{(x-1)(x+3)}$，$\lim\limits_{x\to-3} y = \infty$，$\lim\limits_{x\to1} y = \infty$，所以 $y = -3$ 及 $x = 1$ 是曲线的铅直渐近线；

$\lim\limits_{x\to\infty}\dfrac{f(x)}{x} = \lim\limits_{x\to\infty}\dfrac{x^2}{x^2+2x-3} = 1$，$\lim\limits_{x\to\infty}(\dfrac{x^3}{x^2+2x-3}-x) = \lim\limits_{x\to\infty}\dfrac{-2x^2+3x}{x^2+2x-3} = -2$，所以，$y = x - 2$ 是曲线的斜渐近线.

描绘函数图形的一般步骤如下：

第一步　确定函数 $f(x)$ 的定义域及特性（奇偶性、周期性）；

第二步　求出函数的一阶导数 $f'(x)$ 和二阶导数 $f''(x)$，并求出定义域内 $f'(x) = 0$ 和 $f''(x) = 0$ 点及 $f'(x)$ 和 $f''(x)$ 不存在的点，求出各点的函数值，并用这些点把函数的定义域划分为若干个部分区间；

第三步　列表判断这些部分区间内 $f'(x)$ 和 $f''(x)$ 的符号，由此确定函数图形的升降和凹凸，极值点和拐点；

第四步　求出曲线的渐近线；

第五步　适当补充一些点，结合第三、四步的结果，作出函数 $y = f(x)$ 的图形.

例 3.4.4 作出函数 $y = \dfrac{x^2}{x+1}$ 的图形.

解 （1）函数 $y = \dfrac{x^2}{x+1}$ 的定义域为 $(-\infty,-1) \bigcup (-1,+\infty)$，无奇偶性与周期性.

（2）$y' = \dfrac{x^2 + 2x}{(x+1)^2}$，$y'' = \dfrac{2}{(x+1)^3}$．令 $y' = 0$ 得驻点 $x = 0$，$x = -2$．没有二阶导数为零的点，$x = -1$ 是函数的间断点．

（3）具体情况列表如下：

x	$(-\infty, -2)$	-2	$(-2, -1)$	-1	$(-1, 0)$	0	$(0, +\infty)$
y'	$+$	0	$-$		$-$	0	$+$
y''	$-$	$-$	$-$		$+$	$+$	$+$
y	↗	极大值	↘	间断	↘	极小值	↗

这里 ↗ 表示上升而且凸的；↘ 表示下降而且凸的；↗ 表示上升而且凹的；↘ 表示下降而且凹的．

（4）由于 $\lim\limits_{x \to -1} \dfrac{x^2}{x+1} = \infty$，所以 $x = -1$ 是图形的铅直渐近线；由于

$$\lim_{x \to \infty} \frac{f(x)}{x} = \lim_{x \to \infty} \frac{x}{x+1} = 1，\quad \lim_{x \to \infty} \left(\frac{x^2}{x+1} - x \right) = \lim_{x \to \infty} \frac{-x}{x+1} = -1，$$

所以 $y = x - 1$ 是图形的斜渐近线．

（5）$x = 0$，$x = -2$ 分别对应的函数值为 0，-4．于是得到函数图形上的两个点 $(0, 0)$，$(-2, -4)$，结合上述结果，就可以画出函数 $y = \dfrac{x^2}{x+1}$ 的图形（如图 3.10 所示）．

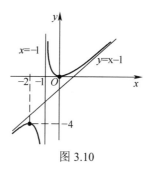

图 3.10

习题 3.4

1. 判定下列曲线的凹凸性：

（1）$y = 4x - x^2$；

（2）$y = x + \dfrac{1}{x}$（$x > 0$）．

2. 求下列曲线的凹凸区间和拐点：

（1）$y = x^3 - 5x^2 + 3x + 5$；　　　　　　（2）$y = xe^{-x}$；

（3）$y = (x+1)^4 + e^x$；　　　　　　　　（4）$y = \dfrac{1}{x^2+1}$.

3. 当 a，b 为何值时，点 $(1,3)$ 为曲线 $y = ax^3 + bx^2$ 的拐点？

4. 作出下列函数的图形：

（1）$y = \dfrac{1}{5}(x^4 - 6x^2 + 8x + 7)$；　　　　（2）$y = \dfrac{x}{1+x^2}$.

3.5　函数的最大值与最小值及其应用

在工农业生产、科学技术及科学实验中，常常会遇到这样一类问题：在一定条件下，怎样使"产品最多"、"用料最省"、"成本最低"、"效率最高"等，这类问题在数学上可归结为求某一函数（通常称为目标函数）的最大值或最小值问题.

在第一章中我们已经知道，如果函数 $f(x)$ 在闭区间 $[a,b]$ 上连续，那么在 $[a,b]$ 上一定存在最大值和最小值，如何才能求出最大值和最小值呢？

函数 $f(x)$ 在闭区间上取得最大值和最小值有两种可能：第一，在区间的端点取得，即 $f(a)$ 或 $f(b)$；第二，在 (a,b) 内取得，显然这时最大值（最小值）一定也是函数 $f(x)$ 的一个极大值（极小值）. 因此，结合极值的求法，可按如下方法与步骤求出函数 $f(x)$ 在 $[a,b]$ 上的最大值和最小值：

（1）求出在 (a,b) 内 $f(x)$ 的驻点和不可导点；

（2）计算（1）中各点及区间端点的函数值，并加以比较，其中最大的就是 $f(x)$ 在 $[a,b]$ 上的最大值，最小的就是 $f(x)$ 在 $[a,b]$ 上的最小值.

例 3.5.1　求函数 $f(x) = 3x^4 - 4x^3 - 12x^2 + 1$ 在 $[-3,1]$ 上的最大值和最小值.

解　显然函数 $f(x) = 3x^4 - 4x^3 - 12x^2 + 1$ 在 $[-3,1]$ 上连续，所以在 $[-3,1]$ 上一定存在最大值和最小值. 由

$$f'(x) = 12x^3 - 12x^2 - 24x = 12x(x+1)(x-2)$$

得，在 $(-3,1)$ 内，$f(x)$ 的驻点为 $x_1 = 0$，$x_2 = -1$，没有不可导点. 而

$$f(-3) = 244,\ f(-1) = -4,\ f(0) = 1,\ f(1) = -12，$$

通过比较可知，$f(x)$ 在 $x = -3$ 处取得最大值 244，在 $x = 1$ 处取得最小值 -12.

例 3.5.2　求函数 $f(x) = \left| x^2 - 3x + 2 \right|$ 在 $[-3,4]$ 上的最大值和最小值.

解　函数 $f(x) = \left| x^2 - 3x + 2 \right|$ 在 $[-3,4]$ 上连续，所以在 $[-3,4]$ 上一定存在最大值和最小值. 由

$$f(x) = \begin{cases} x^2 - 3x + 2, & x \in [-3,1] \cup [2,4], \\ -x^2 + 3x - 2, & x \in (1,2). \end{cases}$$

得
$$f'(x) = \begin{cases} 2x-3, & x \in (-3,1) \cup (2,4), \\ -2x+3, & x \in (1,2). \end{cases}$$

在 $(-3,4)$ 内，$f(x)$ 的驻点为 $x = \dfrac{3}{2}$；不可导点为 $x = 1, 2$．而

$$f(-3) = 20,\ f(1) = 0,\ f\left(\frac{3}{2}\right) = \frac{1}{4},\ f(2) = 0,\ f(4) = 6,$$

比较可知，$f(x)$ 在 $x = -3$ 处取得最大值 20，在 $x = 1$ 和 $x = 2$ 处取得最小值 0．

例 3.5.3 铁路线上 AB 段的距离为 100km．工厂 C 距 A 处为 20km，AC 垂直于 AB，如图 3.11 所示．为了运输需要，要在 AB 线上选定一点 D 向工厂修筑一条公路．已知铁路每公里货运与公路每公里货运的运费之比为 $3:5$．为了使货物从供应站 B 运到工厂 C 的运费最省，问 D 点应选在何处？

图 3.11

解 设 $AD = x$ km，那么 $DB = 100-x$，$CD = \sqrt{400+x^2}$．

又不妨设铁路每公里运费为 $3k$，公路每公里运费为 $5k$（k 为正常数）．设从 B 点经由 D 点运到 C 点的运费为 y，则 $y = 5k \cdot CD + 3k \cdot DB$，即

$$y = 5k\sqrt{400+x^2} + 3k(100-x) \quad (0 \leqslant x \leqslant 100).$$

问题就转化为：在区间 $[0,100]$ 上求目标函数 y 的最小值．

求导得

$$y' = k\left(\frac{5x}{\sqrt{400+x^2}} - 3\right).$$

令 $y' = 0$，得 $x = 15$．而 $y|_{x=0} = 400k$，$y|_{x=15} = 380k$，$y|_{x=100} = 500k\sqrt{1+\dfrac{1}{5^2}}$，其中 $y|_{x=15} = 380k$ 为最小，因此当 $AD = 15$，可使总运费最省．

注意：在求函数 $f(x)$ 的最大值（或最小值）时，在一个区间内可导且只有一个驻点 x_0，并且这个驻点 x_0 是函数 $f(x)$ 的极值点．那么，如果 $f(x_0)$ 是极大值，$f(x_0)$ 就是 $f(x)$ 在该区间上的最大值；如果 $f(x_0)$ 是极小值，$f(x_0)$ 就是 $f(x)$ 在该区间上的最小值．在实际应用问题中，如果根据问题背景可以确定目标函数 $f(x)$ 在某一区间内必有最大值或最小值，那么这个唯一的驻点 x_0 处的 $f(x_0)$ 就是所要求的最大值或最小值．

例 3.5.4 将边长为 a 的一块正方形铁皮四角各截去一个大小相同的小正方形，然后将四边折起做一个无盖的水箱，问截去的小正方形边长多大时，水箱的体积最大？

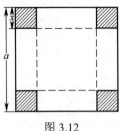

图 3.12

解 设小正方形的边长为 x，则正方形箱底的边长为 $a-2x$，如图 3.12 所示，于是箱体的体积 $V=(a-2x)^2 \cdot x$（$0<x<\dfrac{a}{2}$）．问题就转化为：在区间 $\left(0, \dfrac{a}{2}\right)$ 内求目标函数 V 的最大值．求导得

$$V' = (a-2x)^2 - 4x(a-2x) = (a-2x)(a-6x).$$

令 $V'=0$，在 $\left(0, \dfrac{a}{2}\right)$ 内得 $x=\dfrac{a}{6}$．于是在 $\left(0, \dfrac{a}{2}\right)$ 内函数有唯一驻点 $x=\dfrac{a}{6}$．根据实际意义，V 必有最大值，所以当 $x=\dfrac{a}{6}$ 时，体积 $V=\dfrac{2}{27}a^3$ 最大．

例 3.5.5 要制作一个体积为 $500\ \text{cm}^3$ 的圆柱形的容器，底半径和高应该怎样取值才能使所用材料最省？

图 3.13

解 设圆柱底面半径为 r，则高为 $h=\dfrac{500}{\pi r^2}$，如图 3.13 所示，于是容器的表面积

$$A = 2\pi rh + 2\pi r^2 = \frac{1000}{r} + 2\pi r^2 \quad （0<r<+\infty）.$$

问题就转化为：在区间 $(0,+\infty)$ 内求目标函数 A 的最小值．求导得

$$A' = -\frac{1000}{r^2} + 4\pi r.$$

令 $A'=0$，得唯一驻点 $r=\sqrt[3]{\dfrac{250}{\pi}}$．根据实际意义，$A$ 必有最小值，所以当

$$r=\sqrt[3]{\frac{250}{\pi}} \approx 4.3013\ \text{cm},\quad h=\frac{500}{\pi r^2}=2\sqrt[3]{\frac{250}{\pi}} \approx 8.6026\ \text{cm 时，用料最省}.$$

习题 3.5

1. 求下列函数的最大值、最小值：

（1）$y = 2x^3 - 3x^2$，$-1 \leq x \leq 4$；　　（2）$y = x^4 - 8x^2 + 2$，$-1 \leq x \leq 3$；

（3）$y = x + \sqrt{1-x}$，$-5 \leq x \leq 1$；　　（4）$y = \dfrac{x-1}{x+1}$，$0 \leq x \leq 4$.

2. 以直的河岸为一边，用篱笆围出一矩形场地．现有篱笆长 36m，问能围出的最大场地的面积是多少？

3. 要做一个长方体箱子，体积为 72cm³，底面长和宽的之比为 2:1，问长方体各边长分别为多少时，才能使表面积最小？

4. 一体积为 V 的圆柱形容器，已知两底面的材料价格为每单位面积 a 元，侧面材料价格为每单位面积 b 元，问底半径和高各为多少造价最小？

3.6　曲率

3.6.1　曲线的曲率

现在我们已经知道，利用二阶导数的符号可以判断曲线的弯曲方向．但是，除了弯曲方向，还有弯曲程度的问题．如在同一个圆上，各部分的弯曲程度是一样的，而不同的圆，半径越小，显然圆弧弯曲得越厉害．在工程技术中，有时需要研究曲线的弯曲程度．例如，船体结构中的钢梁，机床的转轴等，他们在荷载作用下会产生弯曲变形，在设计时对它们的弯曲必须有一定的限制，这就要定量地研究它们的弯曲程度．首先考察曲线的弯曲程度和哪些因素有关．

在图 3.14 中给出的一段曲线中，$\overset{\frown}{M_1 M_2}$ 与 $\overset{\frown}{M_2 M_3}$ 长度一样，显然弧段 $\overset{\frown}{M_1 M_2}$ 比较平直，而弧段 $\overset{\frown}{M_2 M_3}$ 弯曲的更厉害些．当动点沿曲线从 M_1 移动到 M_2 时，切线转过的角度为 α；而动点沿曲线从 M_2 移动到 M_3 时，切线转过的角度为 β．显然，$\beta > \alpha$．说明长度一定时，切线转过的角度越大，曲线弯曲得越厉害．

但曲线的弯曲程度不只是和切线转过的角度有关．在图 3.15 中，两段曲线弧 $\overset{\frown}{M_1 M_2}$ 与 $\overset{\frown}{M_1' M_2'}$ 切线的转过的角度虽然相同，弯曲程度并不相同，较短的弧段弯曲的更厉害些．由此可见，曲线的弯曲程度还与弧段的长度有关．

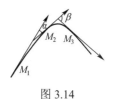

图 3.14

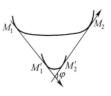

图 3.15

根据上面的分析，引入描述曲线弯曲程度的概念——曲率.

设曲线 C 是光滑（曲线上每一点处都有切线，且切线随切点的移动而连续转动）的. 在曲线上选定一点 M_0 作为度量弧的基点，并规定依 x 增大的方向作为曲线的正向. 曲线上点 M 对应有向弧段 s（s 的绝对值等于 $\overset{\frown}{M_0M}$ 的长度，方向与曲线的正向一致，显然 s 是 x 的函数，且单调增加），在点 M 处切线的倾角为 α，曲线上另一点 M' 对应于弧 $s+\Delta s$，在点 M' 处切线的倾角为 $\alpha+\Delta\alpha$，如图 3.16 所示，那么弧段的长度为 $|\Delta s|$，当动点从 M 移动到 M' 时切线的转过的角度为 $|\Delta\alpha|$.

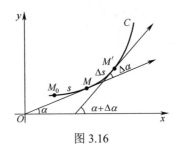

图 3.16

我们把比值 $\dfrac{|\Delta\alpha|}{|\Delta s|}$ 叫做弧段 $\overset{\frown}{MM'}$ 的**平均曲率**，记作 $\overline{K}$，即 $\overline{K}=\left|\dfrac{\Delta\alpha}{\Delta s}\right|$. 平均曲率表达了弧段的平均弯曲程度. 类似于由平均速度得到瞬时速度的方法，当 $\Delta s \to 0$（即 $M' \to M$）时，上述平均曲率的极限叫做曲线 C 在 M 处的**曲率**，记作 K，即

$$K = \lim_{\Delta s \to 0}\left|\dfrac{\Delta\alpha}{\Delta s}\right| = \left|\dfrac{\mathrm{d}\alpha}{\mathrm{d}s}\right|.$$

下面推导曲率的计算公式.

（1）先求 $\mathrm{d}\alpha$

设曲线方程为 $y=f(x)$，且 $f(x)$ 有二阶导数（这时函数连续，从而曲线光滑）. 因为 $\tan\alpha = y'$，所以

$$\sec^2\alpha \cdot \dfrac{\mathrm{d}\alpha}{\mathrm{d}x} = y'',$$

$$\dfrac{\mathrm{d}\alpha}{\mathrm{d}x} = \dfrac{y''}{\sec^2\alpha} = \dfrac{y''}{1+\tan^2\alpha} = \dfrac{y''}{1+y'^2},$$

即 $\mathrm{d}\alpha = \dfrac{y''}{1+y'^2}\mathrm{d}x$.

（2）再求 $\mathrm{d}s$

因为 $\dfrac{\Delta s}{\Delta x} = \dfrac{\overset{\frown}{MM'}}{\Delta x} = \dfrac{\overset{\frown}{MM'}}{|MM'|} \cdot \dfrac{|MM'|}{\Delta x} = \dfrac{\overset{\frown}{MM'}}{|MM'|} \cdot \dfrac{\sqrt{(\Delta x)^2+(\Delta y)^2}}{\Delta x} = \left|\dfrac{\overset{\frown}{MM'}}{|MM'|}\right| \cdot \sqrt{1+\left(\dfrac{\Delta y}{\Delta x}\right)^2}$,

当 $M \to M'$，即 $\Delta x \to 0$ 时取极限就得到

$$\frac{ds}{dx} = \sqrt{1+y'^2} \ ,$$

即

$$ds = \sqrt{1+y'^2}\,dx \ .$$

于是得到曲率 K 的计算公式为

$$K = \frac{|y''|}{(1+y'^2)^{\frac{3}{2}}} \ .$$

例 3.6.1 求直线上任意点处的曲率.

解 设直线方程为 $y = ax+b$，则其上任一点处都有 $y' = a$，$y'' = 0$，由曲率的计算公式得

$$K = 0 \ .$$

即直线的弯曲程度为 0，与直线不弯曲相吻合.

例 3.6.2 求半径为 R 的圆上任意点处的曲率.

解 设圆的方程为 $x^2+y^2 = R^2$，方程两边分别对 x 求导：$2x+2yy' = 0$.

于是 $y' = -\dfrac{x}{y}$，$y'' = -\dfrac{1+y'^2}{y}$.

所以

$$K = \frac{\left|\dfrac{1+y'^2}{y}\right|}{(1+y'^2)^{3/2}} = \left|\frac{1}{y\sqrt{1+y'^2}}\right| = \left|\frac{1}{y\sqrt{1+\left(\dfrac{x}{y}\right)^2}}\right| = \left|\frac{1}{\sqrt{x^2+y^2}}\right| = \frac{1}{R} \ .$$

结果说明，圆上各点处曲率相等，其值等于圆的半径的倒数，半径越小，曲率越大，半径越大，曲率越小.

例 3.6.3 抛物线 $y = ax^2+bx+c$ 上哪一点处的曲率最大？

解 由于 $y' = 2ax+b$，$y'' = 2a$，于是

$$K = \frac{|y''|}{(1+y'^2)^{3/2}} = \frac{|2a|}{\left[1+(2ax+b)^2\right]^{3/2}} \ .$$

显然，当 $2ax+b = 0$，即 $x = -\dfrac{b}{2a}$ 时，分母最小，此时曲率 K 的值最大. 即抛物线在顶点处的曲率最大.

例 3.6.4 求椭圆 $x = a\cos t$，$y = b\sin t$（$a>0, b>0$）在 $t = \dfrac{\pi}{2}$ 处的曲率.

解 因为 $\dfrac{dy}{dx} = \dfrac{b\cos t}{-a\sin t} = -\dfrac{b}{a}\cot t$，$\dfrac{d^2y}{dx^2} = \dfrac{b}{a}\csc^2 t \cdot \dfrac{1}{-a\sin t} = -\dfrac{b}{a^2}\csc^3 t$，

所以 $y'\Big|_{t=\frac{\pi}{2}}=0$，$y''\Big|_{t=\frac{\pi}{2}}=-\dfrac{b}{a^2}$，于是

$$K\Big|_{t=\frac{\pi}{2}}=\frac{|y''|}{(1+y'^2)^{3/2}}\Big|_{t=\frac{\pi}{2}}=\frac{b}{a^2}.$$

3.6.2 曲率圆与曲率半径

设曲线 $y=f(x)$ 在点 M 处的曲率为 K （$K\neq0$）。在点 M 处法线的凹向一侧取一点 D，使 $|DM|=\dfrac{1}{K}=\rho$。以 D 为圆心，ρ 为半径作圆（图 3.17），这个圆叫做曲线在点 M 处的**曲率圆**，曲率圆的圆心 D 叫做曲线在点 M 处的**曲率中心**，曲率圆的半径 ρ 叫做曲线在点 M 处的**曲率半径**.

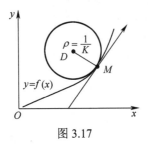

图 3.17

按上述规定，曲率圆与曲线在 M 点处有相同的切线和曲率，且在点 M 邻近有相同的凹向. 因此，在实际问题中，常常用曲率圆在点 M 邻近的一段圆弧近似代替曲线弧，以使问题简化.

例 3.6.5 一个工件内表面为抛物线 $y=0.4x^2$（图 3.18），现在要用砂轮磨削其内表面，问用直径多大的砂轮比较合适？

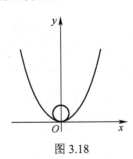

图 3.18

解 按题目要求，当所选砂轮的半径最大不超过曲率半径的最小值时，工件内表面与砂轮接触处的附近部分才不会被磨削去太多. 由例 3.6.3 知，抛物线定点处的曲率最大，即抛物线在其顶点处曲率半径最小. 所以只要求出顶点处的曲率半径即可.

由 $y' = 0.8x$ ， $y'' = 0.8$ ，于是顶点处

$$y'|_{x=0} = 0 ， \quad y''|_{x=0} = 0.8 .$$

代入曲率计算公式，得 $K = 0.8$.

因而求得抛物线顶点处的曲率半径 $\rho = \dfrac{1}{K} = 1.25$. 所以所选砂轮半径最大为 1.25 个单位长，即直径最大值不得超过 2.50 个单位长.

这个结论也适用于一般工件的内表面磨削时对砂轮的直径要求，即选用砂轮的半径不应超过该工件内表面的截线上各点处曲率半径的最小值.

习题 3.6

1．求椭圆 $4x^2 + y^2 = 4$ 在点 $(0, 2)$ 处的曲率.

2．求抛物线 $y = x^2$ 在点 $(\sqrt{2}, 2)$ 处的曲率.

3．求曲线 $y = \ln\sec x$ 在点 (x, y) 处的曲率及曲率半径.

4．求曲线 $x = a\cos^3 t$ ， $y = a\sin^3 t$ 在 $t = t_0$ 相应点处的曲率.

5．汽车连同载重共 $5t$ ，在抛物线拱桥上行驶，速度为 $21.6\mathrm{km/h}$ ，桥的跨度为 $10\mathrm{m}$ ，拱的失高为 $0.25\mathrm{m}$ （如图 3.19 所示）．求汽车越过桥顶时对桥的压力.

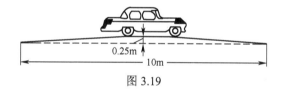

0.25m

10m

图 3.19

复习题 3

1．单项选择题：

（1）下列命题中正确的是 （ ）．

　　A．在 (a, b) 内， $f'(x) > 0$ 是 $f(x)$ 在 (a, b) 内单调递增的充分条件；

　　B．可导函数 $f(x)$ 的驻点一定是此函数的极值点；

　　C．函数 $f(x)$ 的极值点一定是此函数的驻点；

　　D．连续函数在 $[a, b]$ 上的极大值必大于极小值.

（2）设 $f(x)$ 在 $[0, 1]$ 上可导， $f'(x) > 0$ ，且 $f(0) < 0$ ， $f(1) > 0$ 则 $f(x)$ 在 $[0, 1]$ 内（ ）．

　　A．至少有两个零点；

　　B．有且只有一个零点；

　　C．没有零点；

　　D．零点个数不能确定.

（3）如果 $f(x)$ 在 x_0 的某邻域内具有三阶连续导数，且 $f''(x_0)=0, f'''(x_0)>0$，则（　　）.

A. $f'(x_0)$ 是 $f'(x)$ 的极大值；

B. $f(x_0)$ 是 $f(x)$ 的极大值；

C. $f(x_0)$ 是 $f(x)$ 的极小值；

D. $(x_0, f(x_0))$ 是曲线 $y=f(x)$ 的拐点.

（4）若 $f(x)=-f(-x)$，在 $(0,+\infty)$ 内 $f'(x)>0, f''(x)>0$，则 $f(x)$ 在 $(-\infty,0)$ 内（　　）.

A. $f'(x)<0, f''(x)<0$；

B. $f'(x)<0, f''(x)>0$；

C. $f'(x)>0, f''(x)<0$；

D. $f'(x)>0, f''(x)>0$.

2．求下列函数的极限：

（1）$\lim\limits_{x\to 0}\dfrac{\sin x - x\cos x}{\sin^3 x}$；

（2）$\lim\limits_{x\to 0}\dfrac{e^x + e^{-x} - 2}{x^2}$；

（3）$\lim\limits_{x\to +\infty}\left(\dfrac{2}{\pi}\arctan x\right)^{2x}$；

（4）$\lim\limits_{x\to 0}\dfrac{x+\sin x}{\ln(1+x)}$；

（5）$\lim\limits_{x\to 0}\left(\dfrac{1}{x}-\dfrac{1}{e^x-1}\right)$；

（6）$\lim\limits_{x\to \infty}\left[\dfrac{2^{\frac{1}{x}}+3^{\frac{1}{x}}+\cdots+100^{\frac{1}{x}}+1}{100}\right]^{100x}$.

3．证明下列不等式：

（1）当 $0<x<\dfrac{\pi}{2}$ 时，证明 $\dfrac{2}{\pi}x<\sin x<x$；

（2）当 $x>0$ 时，$\ln(1+x)>\dfrac{\arctan x}{1+x}$.

4．求函数 $f(x)=x^{\frac{1}{3}}(1-x)^{\frac{2}{3}}$ 的极值.

5．设 $a>1$，$f(x)=a^x-ax$ 在 $(-\infty,+\infty)$ 内的驻点为 $x(a)$，求 $x(a)$ 的最小值.

6．设 $a_0+\dfrac{a_1}{2}+\cdots+\dfrac{a_n}{n+1}=0$，证明多项式 $f(x)=a_0+a_1x+\cdots+a_nx^n$ 在 $(0,1)$ 在内至少有一个零点.

7．设函数 $f(x)$ 在 $[0,1]$ 上连续，在 $(0,1)$ 内可导，且 $f(1)=0$. 证明至少存在一点 $\xi\in(0,1)$，使 $3f(\xi)+\xi f'(\xi)=0$.

8．若火车每小时所耗燃料费用与火车速度的立方成正比. 已知火车速度为 $20\ \mathrm{km/h}$ 时，每小时燃料费用为 40 元，其他费用每小时 200 元，求最经济的行驶速度.

数学家简介——布鲁克·泰勒

布鲁克·泰勒（Brook Taylor），英国数学家，1685年8月18日生于英格兰德尔塞克斯郡的埃德蒙顿市，1731年12月29日卒于伦敦。

泰勒出生于英格兰一个富有的且有点贵族血统的家庭，父亲约翰来自肯特郡的比夫隆家庭。泰勒是长子，进大学之前，一直在家里读书。泰勒全家尤其是他的父亲，都喜欢音乐和艺术，经常在家里招待艺术家，这对泰勒一生的工作造成的极大的影响，这从他的两个主要科学研究课题：弦振动问题及透视画法，就可以看出来。

1701年，泰勒进剑桥大学的圣约翰学院学习，1709年，获得法学学士学位，1714年获法学博士学位，1712年，他被选为英国皇家学会会员，同年进入仲裁牛顿和莱布尼兹发明微积分优先权争论的委员会，从1714年起担任皇家学会第一秘书，1718年以健康为由辞去这一职务。

泰勒后期的家庭生活是不幸的，1721年他结婚，但是他父亲不赞成这个婚姻，两人因此不和，直到1723年他妻子生产时死去他才又和父亲和解，此后两年中他住在家里。1725年，在征得父亲同意后，他第二次结婚，并于1729年继承了父亲在肯特郡的财产。1730年，第二个妻子也在生产中死去，不过这一次留下了一个女儿，妻子的死深深地刺激了他，身体状况越来越坏，第二年他也去了。

由于工作及健康上的原因，泰勒曾几次访问法国并和法国数学家蒙莫尔多次通信讨论级数问题和概率论的问题。1708年，23岁的泰勒得到了"振动中心问题"的解，引起了人们的注意。他的两本著作：《正和反的增量法》及《直线透视》出版于1715年，它们的第二版分别出于1717和1719年，从1712到1724年，他在《哲学会报》上共发表了13篇文章，其中有些是通信和评论，文章中还包含毛细管现象、磁学及温度计的实验记录。

在生命的后期，泰勒转向宗教和哲学的写作，他的第三本著作《哲学的沉思》在他死后由外孙W·杨于1793年出版。

泰勒以微积分学中将函数展开成无穷级数的定理著称于世，这条定理大致可以叙述为：函数在一个点的邻域内的值可以用函数在该点的值及各阶导数值组成的无穷级数表示出来，然而，在半个世纪里，数学家们并没有认识到泰勒定理的重大价值，这一重大价值是后来由拉格朗日发现的，他把这一定理刻画为微积分的基本定理，泰勒定理的严格证明是在定理诞生一个世纪之后，由柯西给出的。

第4章 不定积分

前面两章讨论了一元函数微分学，从本章开始我们将讨论高等数学中的第二个核心内容：一元函数积分学．本部分内容主要包括两个重要组成部分：不定积分和定积分，不定积分为定积分的计算提供了寻求原函数的途径．本章主要介绍不定积分的概念与性质以及基本的积分方法．

4.1 不定积分的概念与性质

4.1.1 原函数与不定积分概念

在微分学中，我们讨论了求一个已知函数的导数（或微分）的问题，例如，变速直线运动中已知位移函数为

$$s = s(t) ,$$

则质点在时刻 t 的瞬时速度表示为

$$v = s'(t) .$$

实际上，在运动学中常常遇到相反的问题，即已知变速直线运动的质点在时刻 t 的瞬时速度

$$v = v(t) ,$$

求出质点的位移函数

$$s = s(t) .$$

即已知函数的导数，求原来的函数．这种问题在自然科学和工程技术问题中普遍存在．为了便于研究，我们引入以下概念．

1. 原函数

定义 4.1.1 如果在区间 I 上，可导函数 $F(x)$ 的导函数为 $f(x)$，即对任一 $x \in I$，都有

$$F'(x) = f(x) \text{ 或 } \mathrm{d}F(x) = f(x)\mathrm{d}x ,$$

那么函数 $F(x)$ 就称为 $f(x)$ 在区间 I 上的**原函数**．

例如，在变速直线运动中，$s'(t) = v(t)$，所以位移函数 $s(t)$ 是速度函数 $v(t)$ 的原函数．

再如，$(\sin x)' = \cos x$，所以 $\sin x$ 是 $\cos x$ 在 $(-\infty, +\infty)$ 上的原函数．$(\ln x)' = \dfrac{1}{x}$（$x > 0$），所以 $\ln x$ 是 $\dfrac{1}{x}$ 在 $(0, +\infty)$ 的一个原函数．

一个函数具备什么样的条件，就一定存在原函数呢？这里我们给出一个充分条件.

定理 4.1.1 如果函数 $f(x)$ 在区间 I 上连续，那么在区间 I 上一定存在可导函数 $F(x)$，使对任一 $x \in I$ 都有

$$F'(x) = f(x) .$$

简言之，连续函数一定有原函数. 由于初等函数在其定义区间上都是连续函数，所以初等函数在其定义区间上都有原函数.

定理 4.1.1 的证明，将在第 5 章给出.

关于原函数，不难得到下面的结论：

若 $F'(x) = f(x)$，则对于任意常数 C，$F(x) + C$ 都是 $f(x)$ 的原函数. 也就是说，一个函数如果存在原函数，则有无穷多个.

假设 $F(x)$ 和 $\Phi(x)$ 都是 $f(x)$ 的原函数，则 $[F(x) - \Phi(x)]' \equiv 0$，则有 $F(x) - \Phi(x) = C$，即一个函数的任意两个原函数之间相差一个常数.

因此我们有如下的定理：

定理 4.1.2 若 $F(x)$ 和 $\Phi(x)$ 都是 $f(x)$ 的原函数，则 $F(x) - \Phi(x) = C$（C 为任意常数）.

若 $F'(x) = f(x)$，则 $F(x) + C$（C 为任意常数）表示 $f(x)$ 的所有原函数. 我们称集合 $\{F(x) + C \mid -\infty < C < +\infty\}$ 为 $f(x)$ 的**原函数族**. 由此，我们引入下面的定义.

2. 不定积分

定义 4.1.2 在区间 I 上，函数 $f(x)$ 的所有原函数的全体，称为 $f(x)$ 在 I 上的**不定积分**，记作

$$\int f(x) \mathrm{d}x .$$

其中 $\int$ 称为积分号，$f(x)$ 称为被积函数，$f(x)\mathrm{d}x$ 称为被积表达式，x 称为积分变量.

由此定义，若 $F(x)$ 是 $f(x)$ 的在区间 I 上的一个原函数，则 $f(x)$ 的不定积分可表示为

$$\int f(x) \mathrm{d}x = F(x) + C .$$

注意：（1）不定积分和原函数是两个不同的概念，前者是个集合，后者是该集合中的一个元素.

（2）求不定积分，只需求出它的某一个原函数作为其无限个原函数的代表，再加上一个任意常数 C.

例 4.1.1 求 $\int 3x^2 \mathrm{d}x$.

解 因为 $(x^3)' = 3x^2$，所以 $\int 3x^2 \mathrm{d}x = x^3 + C$.

例 4.1.2 求 $\int \sin x \cos x \mathrm{d}x$.

解 （1）因为 $(\sin^2 x)' = 2\sin x \cos x$ ，所以 $\int \sin x \cos x \mathrm{d}x = \dfrac{1}{2}\sin^2 x + C$.

（2）因为 $(\cos^2 x)' = -2\cos x \sin x$ ，所以 $\int \sin x \cos x \mathrm{d}x = -\dfrac{1}{2}\cos^2 x + C$.

（3）因为 $(\cos 2x)' = -2\sin 2x = -4\sin x \cos x$ ，所以

$$\int \sin x \cos x \mathrm{d}x = -\frac{1}{4}\cos 2x + C .$$

例4.1.3 求 $\int \dfrac{1}{x}\mathrm{d}x$.

解 由于 $x > 0$ 时，$(\ln x)' = \dfrac{1}{x}$ ，所以 $\ln x$ 是 $\dfrac{1}{x}$ 在 $(0,+\infty)$ 上的一个原函数，

因此在 $(0,+\infty)$ 内，$\int \dfrac{1}{x}\mathrm{d}x = \ln x + C$.

又当 $x < 0$ 时，$\left[\ln(-x)\right]' = \dfrac{1}{x}$ ，所以 $\ln(-x)$ 是 $\dfrac{1}{x}$ 在 $(-\infty,0)$ 上的一个原函数，

因此在 $(-\infty,0)$ 内，$\int \dfrac{1}{x}\mathrm{d}x = \ln(-x) + C$.

综上，$\int \dfrac{1}{x}\mathrm{d}x = \ln|x| + C$.

例 4.1.4 在自由落体运动中，已知物体下落的时间为 t ，求 t 时刻的下落速度和下落距离.

解 设 t 时刻的下落速度为 $v = v(t)$ ，则加速度 $a(t) = \dfrac{\mathrm{d}v}{\mathrm{d}t} = g$ （其中 g 为重力加速度）. 因此

$$v(t) = \int a(t)\mathrm{d}t = \int g\mathrm{d}t = gt + C_1 ,$$

又当 $t = 0$ 时，$v(0) = 0$ ，所以 $C_1 = 0$. 于是下落速度 $v(t) = gt$.

又设下落距离为 $s = s(t)$ ，则 $\dfrac{\mathrm{d}s}{\mathrm{d}t} = v(t)$. 所以

$$s(t) = \int v(t)\mathrm{d}t = \int gt\mathrm{d}t = \frac{1}{2}gt^2 + C_2 ,$$

又当 $t = 0$ 时，$s(0) = 0$ ，所以 $C_2 = 0$. 于是下落距离 $s(t) = \dfrac{1}{2}gt^2$.

4.1.2 不定积分的几何意义

设函数 $f(x)$ 是连续的，若 $F'(x) = f(x)$ ，则称曲线 $y = F(x)$ 是函数 $f(x)$ 的一条积分曲线. 因此不定积分 $\int f(x)\mathrm{d}x = F(x) + C$ 在几何上表示被积函数的一族积分

曲线.

积分曲线族具有如下特点（如图 4.1）：

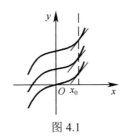

图 4.1

（1）积分曲线族中任意一条曲线都可由其中某一条平移得到；

（2）积分曲线上在横坐标相同的点处的切线的斜率是相同的，即在这些点处对应的切线都是平行的.

例 4.1.5 设曲线通过点 $(1,2)$，且其上任一点处的切线斜率等于这点横坐标的两倍，求此曲线方程.

解 设曲线方程 $y = f(x)$，曲线上任一点 (x, y) 处切线的斜率 $\dfrac{\mathrm{d}y}{\mathrm{d}x} = 2x$，即 $f(x)$ 是 $2x$ 的一个原函数. 因为 $\displaystyle\int 2x \mathrm{d}x = x^2 + C$，又曲线过 $(1,2)$，所以

$$2 = 1 + C，\quad C = 1.$$

于是曲线方程为

$$y = x^2 + 1.$$

4.1.3 不定积分的性质

根据不定积分的定义，可以推得它有如下性质.

性质 4.1.1 积分运算与微分运算互为逆运算，即

（1）$\left[\displaystyle\int f(x)\mathrm{d}x\right]' = f(x)$ 或 $\mathrm{d}\left[\displaystyle\int f(x)\mathrm{d}x\right] = f(x)\mathrm{d}x$；

（2）$\displaystyle\int F'(x)\mathrm{d}x = F(x) + C$ 或 $\displaystyle\int \mathrm{d}F(x) = F(x) + C$.

性质 4.1.2 设函数 $f(x)$ 和 $g(x)$ 的原函数存在，则

$$\int [f(x) + g(x)]\mathrm{d}x = \int f(x)\mathrm{d}x + \int g(x)\mathrm{d}x.$$

易得性质 4.1.2 对于有限个函数都成立.

性质 4.1.3 设函数 $f(x)$ 的原函数存在，k 为非零的常数，则

$$\int kf(x)\mathrm{d}x = k\int f(x)\mathrm{d}x.$$

由以上后两条性质，得出不定积分的线性运算性质如下：

$$\int [kf(x) + lg(x)]\mathrm{d}x = k\int f(x)\mathrm{d}x + l\int g(x)\mathrm{d}x \quad (k，l \text{ 为非零常数}).$$

4.1.4 基本积分公式

由上述性质可知，求原函数或不定积分与求导数或求微分互为逆运算.

我们把求不定积分的运算称为积分运算. 既然积分运算与微分运算是互逆的，那么很自然地从导数公式可以得到相应的积分公式.

例如，因 $\left(\dfrac{x^{\mu+1}}{\mu+1}\right)' = x^{\mu}$，所以 $\displaystyle\int x^{\mu}\mathrm{d}x = \dfrac{x^{\mu+1}}{\mu+1} + C$（$\mu \neq -1$）.

类似可以得到其他积分公式，下面一些积分公式称为基本积分公式.

（1）$\displaystyle\int k\mathrm{d}x = kx + C$（$k$ 是常数）；

（2）$\displaystyle\int x^{\mu}\mathrm{d}x = \dfrac{x^{\mu+1}}{\mu+1} + C$（$\mu \neq -1$）；

（3）$\displaystyle\int \dfrac{1}{x}\mathrm{d}x = \ln|x| + C$；

（4）$\displaystyle\int \sin x\mathrm{d}x = -\cos x + C$；

（5）$\displaystyle\int \cos x\mathrm{d}x = \sin x + C$；

（6）$\displaystyle\int \dfrac{1}{\cos^2 x}\mathrm{d}x = \int \sec^2 x\mathrm{d}x = \tan x + C$；

（7）$\displaystyle\int \dfrac{1}{\sin^2 x}\mathrm{d}x = \int \csc^2 x\mathrm{d}x = -\cot x + C$；

（8）$\displaystyle\int \sec x \tan x\mathrm{d}x = \sec x + C$；

（9）$\displaystyle\int \csc x \cot x\mathrm{d}x = -\csc x + C$；

（10）$\displaystyle\int \dfrac{1}{1+x^2}\mathrm{d}x = \arctan x + C$，$\displaystyle\int -\dfrac{1}{1+x^2}\mathrm{d}x = \operatorname{arc cot} x + C$；

（11）$\displaystyle\int \dfrac{1}{\sqrt{1-x^2}}\mathrm{d}x = \arcsin x + C$，$\displaystyle\int -\dfrac{1}{\sqrt{1-x^2}}\mathrm{d}x = \arccos x + C$；

（12）$\displaystyle\int \mathrm{e}^x\mathrm{d}x = \mathrm{e}^x + C$；

（13）$\displaystyle\int a^x\mathrm{d}x = \dfrac{a^x}{\ln a} + C$.

以上 13 个基本积分公式是求不定积分的基础，必须牢记. 下面举例说明积分公式（2）的应用.

例 4.1.6 求不定积分 $\displaystyle\int x^2\sqrt{x}\mathrm{d}x$.

解 $\displaystyle\int x^2\sqrt{x}\mathrm{d}x = \int x^{\frac{5}{2}}\mathrm{d}x = \dfrac{x^{\frac{5}{2}+1}}{\frac{5}{2}+1} + C = \dfrac{2}{7}x^{\frac{7}{2}} + C$.

以上例子中的被积函数化成了幂函数 x^μ 的形式，然后直接应用幂函数的积分公式（2）求出不定积分. 但对于某些形式复杂的被积函数，如果不能直接利用基本积分公式求解，则可以结合不定积分的性质和基本积分公式求出一些较为复杂的不定积分.

例 4.1.7 求 $\int\left(\dfrac{3}{1+x^2}-\dfrac{2}{\sqrt{1-x^2}}\right)\mathrm{d}x$.

解 $\int\left(\dfrac{3}{1+x^2}-\dfrac{2}{\sqrt{1-x^2}}\right)\mathrm{d}x = 3\int\dfrac{1}{1+x^2}\mathrm{d}x - 2\int\dfrac{1}{\sqrt{1-x^2}}\mathrm{d}x$

$$= 3\arctan x - 2\arcsin x + C .$$

例 4.1.8 求 $\int\dfrac{1+x+x^2}{x(1+x^2)}\mathrm{d}x$.

解 原式 $= \int\dfrac{(1+x^2)+x}{x(1+x^2)}\mathrm{d}x = \int\left(\dfrac{1}{x}+\dfrac{1}{1+x^2}\right)\mathrm{d}x = \ln|x| + \arctan x + C$.

例 4.1.9 求 $\int 2^x \mathrm{e}^x \mathrm{d}x$.

解 原式 $= \int(2\mathrm{e})^x \mathrm{d}x = \dfrac{1}{\ln 2\mathrm{e}}(2\mathrm{e})^x + C = \dfrac{2^x \mathrm{e}^x}{1+\ln 2} + C$.

例 4.1.10 求 $\int\dfrac{1}{1+\sin x}\mathrm{d}x$.

解 $\int\dfrac{1}{1+\sin x}\mathrm{d}x = \int\dfrac{1-\sin x}{(1+\sin x)(1-\sin x)}\mathrm{d}x = \int\dfrac{1-\sin x}{\cos^2 x}\mathrm{d}x$

$$= \int(\sec^2 x - \sec x \tan x)\mathrm{d}x = \tan x - \sec x + C .$$

例 4.1.11 求 $\int\tan^2 x\mathrm{d}x$.

解 $\int\tan^2 x\mathrm{d}x = \int(\sec^2 x - 1)\mathrm{d}x = \tan x - x + C$.

注意：本节例题中的被积函数在积分过程中，要么直接利用积分性质和基本积分公式，要么将函数恒等变形再利用积分性质和基本积分公式，这种方法称为基本积分法. 此外，积分运算的结果是否正确，可以通过它的逆运算（求导）来检验，如果它的导函数等于被积函数，那么积分结果是正确的，否则是错误的.

下面再看一个抽象函数的例子：

例 4.1.12 设 $f'(\sin^2 x) = \cos^2 x$ ，求 $f(x)$.

解 由 $f'(\sin^2 x) = \cos^2 x = 1 - \sin^2 x$ ，可得 $f'(x) = 1 - x$ ，从而

$$f(x) = x - \frac{1}{2}x^2 + C .$$

习题 **4.1**

1．求下列不定积分：

（1）$\displaystyle\int \frac{1}{x^4}\mathrm{d}x$；

（2）$\displaystyle\int x\sqrt[3]{x}\mathrm{d}x$；

（3）$\displaystyle\int \frac{\mathrm{d}h}{\sqrt{2gh}}$；

（4）$\displaystyle\int (ax^2-b)\mathrm{d}x$；

（5）$\displaystyle\int \frac{x^2}{1+x^2}\mathrm{d}x$；

（6）$\displaystyle\int \frac{x^4+x^2+3}{x^2+1}\mathrm{d}x$；

（7）$\displaystyle\int \frac{x^2+x\sqrt{x}+3}{\sqrt[3]{x}}\mathrm{d}x$；

（8）$\displaystyle\int \left(\frac{2}{1+x^2}+\frac{3}{\sqrt{1-x^2}}\right)\mathrm{d}x$；

（9）$\displaystyle\int \left(2\mathrm{e}^x-\frac{3}{x}\right)\mathrm{d}x$；

（10）$\displaystyle\int \frac{\mathrm{d}x}{x^2(x^2+1)}$；

（11）$\displaystyle\int \frac{\sqrt{1+x^2}}{\sqrt{1-x^4}}\mathrm{d}x$；

（12）$\displaystyle\int \frac{1}{\cos^2 x}\mathrm{d}x$；

（13）$\displaystyle\int \sin^2 \frac{x}{2}\mathrm{d}x$；

（14）$\displaystyle\int \frac{\cos 2x\mathrm{d}x}{\cos x-\sin x}$；

（15）$\displaystyle\int \frac{1+\cos^2 x}{1+\cos 2x}\mathrm{d}x$；

（16）$\displaystyle\int \sec x(\sec x+\tan x)\mathrm{d}x$；

（17）$\displaystyle\int \frac{2\cdot 3^x-5\cdot 2^x}{3^x}\mathrm{d}x$；

（18）$\displaystyle\int \frac{\sqrt{x}-x^3\mathrm{e}^x+x^2}{x^3}\mathrm{d}x$．

2．已知某产品产量的变化率是时间 t 的函数：$f(t)=at+b$（a，b 为常数）．设此产品的产量函数为 $p(t)$，且 $p(0)=0$，求 $p(t)$．

3．验证 $\displaystyle\int \frac{\mathrm{d}x}{\sqrt{x-x^2}}=\arcsin(2x-1)+C_1=\arccos(1-2x)+C_2=2\arcsin\sqrt{x}+C_3$．

4．设 $\displaystyle\int f'(x^3)\mathrm{d}x=x^3+C$，求 $f(x)$．

4.2 换元积分法

上一节介绍了利用基本积分公式与积分性质的直接积分法，这种方法所能计算的不定积分是非常有限的．因此，有必要进一步研究不定积分的求法．这一节，我们将介绍不定积分的最基本也是最重要的方法——换元积分法，简称换元法．其基本思想是：利用变量替换，使得被积表达式变形为基本积分公式中的形式，从而计算不定积分．

换元法通常分为两类，下面首先讨论第一类换元积分法．

4.2.1 第一类换元积分法

定理 4.2.1 设 $f(u)$ 具有原函数，$u = \varphi(x)$ 可导，则有换元公式

$$\int f[\varphi(x)]\varphi'(x)\mathrm{d}x = \left[\int f(u)\mathrm{d}u\right]_{u=\varphi(x)}. \tag{4.2.1}$$

证明 不妨令 $F(u)$ 为 $f(u)$ 的一个原函数，则 $\left[\int f(u)\mathrm{d}u\right]_{u=\varphi(x)} = F[\varphi(x)] + C$. 由不定积分的定义只需证明 $\left(F[\varphi(x)]\right)' = f[\varphi(x)]\varphi'(x)$，利用复合函数的求导法则显然成立.

注意：由此定理可见，虽然不定积分 $\int f[\varphi(x)]\varphi'(x)\mathrm{d}x$ 是一个整体的记号，但从形式上看，被积表达式中的 $\mathrm{d}x$ 也可以当做自变量 x 的微分来对待. 从而微分等式 $\varphi'(x)\mathrm{d}x = \mathrm{d}u$ 可以方便地应用到被积表达式中.

例 4.2.1 求 $\int 3\mathrm{e}^{3x}\mathrm{d}x$.

解 $\int 3\mathrm{e}^{3x}\mathrm{d}x = \int \mathrm{e}^{3x} \cdot (3x)'\mathrm{d}x = \int \mathrm{e}^{3x}\mathrm{d}(3x) = \int \mathrm{e}^{u}\mathrm{d}u = \mathrm{e}^{u} + C$，最后，将变量 $u = 3x$ 代入，即得

$$\int 3\mathrm{e}^{3x}\mathrm{d}x = \mathrm{e}^{3x} + C.$$

根据例 4.2.1 第一类换元公式求不定积分可分以下步骤：

（1）将被积函数中的简单因子凑成复合函数中间变量的微分；

（2）引入中间变量作换元；

（3）利用基本积分公式计算不定积分；

（4）变量还原.

显然最重要的是第一步——凑微分，所以第一类换元积分法通常也称为**凑微分法**.

例 4.2.2 求 $\int (4x+5)^{99}\mathrm{d}x$.

解 被积函数 $(4x+5)^{99}$ 是复合函数，中间变量 $u = 4x+5$，$(4x+5)' = 4$，这里缺少了中间变量 u 的导数 4，可以通过改变系数凑出这个因子：

$$\int (4x+5)^{99}\mathrm{d}x = \int \frac{1}{4} \cdot (4x+5)^{99} \cdot (4x+5)'\mathrm{d}x = \frac{1}{4}\int (4x+5)^{99}\mathrm{d}(4x+5)$$

$$= \frac{1}{4}\int u^{99}\mathrm{d}u = \frac{1}{4} \cdot \frac{u^{100}}{100} + C = \frac{(4x+5)^{100}}{400} + C.$$

例 4.2.3 求 $\int \dfrac{x}{x^2+a^2}\mathrm{d}x$.

解 $\dfrac{1}{x^2+a^2}$ 为复合函数，$u = x^2+a^2$ 是中间变量，且 $(x^2+a^2)' = 2x$，

$$\int \frac{x}{x^2+a^2}\mathrm{d}x = \frac{1}{2}\int \frac{1}{x^2+a^2} \cdot (x^2+a^2)'\mathrm{d}x = \frac{1}{2}\int \frac{1}{x^2+a^2}\mathrm{d}(x^2+a^2)$$

$$= \frac{1}{2}\int \frac{1}{u}du = \frac{1}{2}\ln|u| + C = \frac{1}{2}\ln(x^2 + a^2) + C .$$

对第一类换元法熟悉后，可以将整个过程简化为两步完成．

例 4.2.4 求 $\int x\sqrt{1-x^2}dx$ ．

解 $\int x\sqrt{1-x^2}dx = -\frac{1}{2}\int \sqrt{1-x^2}d(1-x^2) = -\frac{1}{3}(1-x^2)^{\frac{3}{2}} + C$ ．

注意：如果被积表达式中出现 $f(ax+b)dx$ ， $f(x^n)\cdot x^{n-1}dx$ ，通常作如下相应的凑微分：

$$f(ax+b)dx = \frac{1}{a}f(ax+b)d(ax+b) ,$$

$$f(ax^n+b)x^{n-1}dx = \frac{1}{a}\cdot\frac{1}{n}f(ax^n+b)d(ax^n+b) .$$

例 4.2.5 求 $\int \frac{1}{x(1+2\ln x)}dx$ ．

解 因为 $\frac{1}{x}dx = d\ln x$ ，亦即 $\frac{1}{x}dx = \frac{1}{2}d(1+2\ln x)$ ，所以

$$\int \frac{1}{x(1+2\ln x)}dx = \int \frac{1}{1+2\ln x}d\ln x = \frac{1}{2}\int \frac{1}{1+2\ln x}d(1+2\ln x)$$

$$= \frac{1}{2}\ln|1+2\ln x| + C .$$

例 4.2.6 求 $\int \frac{2^{\arctan x}}{1+x^2}dx$ ．

解 因为 $\frac{1}{1+x^2}dx = d\arctan x$ ，所以

$$\int \frac{2^{\arctan x}}{1+x^2}dx = \int 2^{\arctan x}d\arctan x = \frac{2^{\arctan x}}{\ln 2} + C .$$

例 4.2.7 求 $\int \frac{\sin\sqrt{x}}{2\sqrt{x}}dx$ ．

解 因为 $\frac{1}{2\sqrt{x}}dx = d\sqrt{x}$ ，所以

$$\int \frac{\sin\sqrt{x}}{2\sqrt{x}}dx = \int \sin\sqrt{x}d\sqrt{x} = -\cos\sqrt{x} + C .$$

在例 4.2.4 至例 4.2.7 中，没有引入中间变量，而是直接凑微分．下面是根据基本微分公式推导出的常用的凑微分公式．

（1） $\frac{1}{\sqrt{x}}dx = 2d\sqrt{x}$ ； （2） $\frac{1}{x^2}dx = -d\frac{1}{x}$ ；

（3） $\dfrac{1}{x}\mathrm{d}x = \mathrm{d}\ln|x|$ ；

（4） $\mathrm{e}^x\mathrm{d}x = \mathrm{d}\mathrm{e}^x$ ；

（5） $\cos x\mathrm{d}x = \mathrm{d}\sin x$ ；

（6） $\sin x\mathrm{d}x = -\mathrm{d}\cos x$ ；

（7） $\dfrac{1}{\cos^2 x}\mathrm{d}x = \sec^2 x\mathrm{d}x = \mathrm{d}\tan x$ ；

（8） $\dfrac{1}{\sin^2 x}\mathrm{d}x = \csc^2 x\mathrm{d}x = -\mathrm{d}\cot x$ ；

（9） $\dfrac{1}{\sqrt{1-x^2}}\mathrm{d}x = \mathrm{d}(\arcsin x) = -\mathrm{d}(\arccos x)$ ；

（10） $\dfrac{1}{1+x^2}\mathrm{d}x = \mathrm{d}(\arctan x) = -\mathrm{d}(\operatorname{arc} \cot x)$ ．

在积分的运算中，被积函数有时还需要作适当的代数式或三角函数式的恒等变形后，再用凑微分法求不定积分．

例 4.2.8 求 $\displaystyle\int \dfrac{1}{a^2+x^2}\mathrm{d}x$ ．

解 将函数变形为 $\dfrac{1}{a^2+x^2} = \dfrac{1}{a^2}\cdot\dfrac{1}{1+\left(\dfrac{x}{a}\right)^2}$ ，由 $\mathrm{d}x = a\mathrm{d}\dfrac{x}{a}$ ，所以得到

$$\int \dfrac{1}{a^2+x^2}\mathrm{d}x = \dfrac{1}{a}\int \dfrac{1}{1+\left(\dfrac{x}{a}\right)^2}\mathrm{d}\dfrac{x}{a} = \dfrac{1}{a}\arctan\dfrac{x}{a}+C .$$

例 4.2.9 求 $\displaystyle\int \dfrac{1}{\sqrt{a^2-x^2}}\mathrm{d}x$ （ $a>0$ ）．

解 $\displaystyle\int \dfrac{1}{\sqrt{a^2-x^2}}\mathrm{d}x = \dfrac{1}{a}\int \dfrac{1}{\sqrt{1-\left(\dfrac{x}{a}\right)^2}}\mathrm{d}x = \int \dfrac{1}{\sqrt{1-\left(\dfrac{x}{a}\right)^2}}\mathrm{d}\left(\dfrac{x}{a}\right)$

$$= \arcsin\dfrac{x}{a}+C .$$

例 4.2.10 求 $\displaystyle\int \dfrac{1}{x^2-a^2}\mathrm{d}x$ ．

解 因为 $\dfrac{1}{x^2-a^2} = \dfrac{1}{(x-a)(x+a)} = \dfrac{1}{2a}\left(\dfrac{1}{x-a}-\dfrac{1}{x+a}\right)$ ，所以

$$\int \dfrac{1}{x^2-a^2}\mathrm{d}x = \dfrac{1}{2a}\int\left(\dfrac{1}{x-a}-\dfrac{1}{x+a}\right)\mathrm{d}x = \dfrac{1}{2a}\left(\int\dfrac{1}{x-a}\mathrm{d}x - \int\dfrac{1}{x+a}\mathrm{d}x\right)$$

$$= \dfrac{1}{2a}\left(\int\dfrac{1}{x-a}\mathrm{d}(x-a) - \int\dfrac{1}{x+a}\mathrm{d}(x+a)\right)$$

$$= \dfrac{1}{2a}\left(\ln|x-a|-\ln|x+a|\right)+C = \dfrac{1}{2a}\ln\left|\dfrac{x-a}{x+a}\right|+C .$$

例 4.2.11　求 $\int \tan x \mathrm{d}x$.

解　$\int \tan x \mathrm{d}x = \int \dfrac{\sin x \mathrm{d}x}{\cos x} = \int \dfrac{-\mathrm{d}\cos x}{\cos x} = -\ln|\cos x| + C$.

同理，我们可以推得 $\int \cot x \mathrm{d}x = \ln|\sin x| + C$.

例 4.2.12　求 $\int \sin^3 x \mathrm{d}x$.

解　$\int \sin^3 x \mathrm{d}x = \int \sin^2 x \sin x \mathrm{d}x = -\int \sin^2 x \mathrm{d}\cos x = -\int (1 - \cos^2 x) \mathrm{d}\cos x$

$$= -\cos x + \frac{1}{3}\cos^3 x + C .$$

例 4.2.13　求 $\int \sin^2 x \cos^3 x \mathrm{d}x$.

解　$\int \sin^2 x \cos^3 x \mathrm{d}x = \int \sin^2 x \cos^2 x \cos x \mathrm{d}x = \int \sin^2 x \cos^2 x \mathrm{d}\sin x$

$$= \int \sin^2 x (1 - \sin^2 x) \mathrm{d}\sin x = \int (\sin^2 x - \sin^4 x) \mathrm{d}\sin x$$

$$= \frac{1}{3}\sin^3 x - \frac{1}{5}\sin^5 x + C .$$

例 4.2.14　求 $\int \sin^2 x \mathrm{d}x$.

解　$\int \sin^2 x \mathrm{d}x = \int \dfrac{1 - \cos 2x}{2} \mathrm{d}x = \dfrac{1}{2}x - \dfrac{1}{4}\sin 2x + C$.

例 4.2.15　求 $\int \sec x \mathrm{d}x$.

解　$\int \sec x \mathrm{d}x = \int \dfrac{1}{\cos x} \mathrm{d}x = \int \cos^{-1} x \mathrm{d}x = \int \cos^{-2} x \mathrm{d}\sin x = \int \dfrac{1}{1 - \sin^2 x} \mathrm{d}\sin x$

$$= \frac{1}{2}\ln\left|\frac{\sin x + 1}{\sin x - 1}\right| + C = \ln|\sec x + \tan x| + C .$$

同理，我们可以推得 $\int \csc x \mathrm{d}x = \ln|\csc x - \cot x| + C$.

注意：对形如 $\int \sin^m x \cos^n x \mathrm{d}x$ 的积分，如果 m，n 中有奇数，取奇次幂的底数（如 n 是奇数，则取 $\cos x$）与 $\mathrm{d}x$ 凑微分，那么被积函数一定能够变形为关于另一个底数的多项式函数，从而可以顺利的计算出不定积分；如果 m，n 均为偶数，则利用倍角（半角）公式降幂，直至将三角函数降为一次幂，再逐项积分.

例 4.2.16　求 $\int \sin 2x \cos 3x \mathrm{d}x$.

解　$\int \sin 2x \cos 3x \mathrm{d}x = \int \dfrac{1}{2}(\sin 5x - \sin x \mathrm{d}x) = \dfrac{1}{2}\int \sin 5x \mathrm{d}x - \dfrac{1}{2}\int \sin x \mathrm{d}x$

$$= -\frac{1}{10}\cos 5x + \frac{1}{2}\cos x + C = \frac{1}{2}\cos x - \frac{1}{10}\cos 5x + C .$$

一般地，对于下列形式

$$\int \sin mx \cos nx \mathrm{d}x \, ,$$

$$\int \sin mx \sin nx \mathrm{d}x \, ,$$

$$\int \cos mx \cos nx \mathrm{d}x$$

的积分（$m \neq n$），先将被积函数用三角函数积化和差公式（参考附录 1）进行恒等变形后，再逐项积分.

前面例 4.2.10 中，将被积函数分解成更简单的部分分式后，再逐项积分. 事实上，对于有理分式函数作为被积函数的积分，上述方法是常用的变形方法. 下面再举几个被积函数为有理分式函数的例子.

例 4.2.17 求 $\int \dfrac{x+3}{x^2-5x+6} \mathrm{d}x$.

解 先将有理真分式的分母 x^2-5x+6 因式分解，得 $x^2-5x+6=(x-2)(x-3)$. 然后利用待定系数法将被积函数进行分拆.

设 $\dfrac{x+3}{x^2-5x+6} = \dfrac{A}{x-2} + \dfrac{B}{x-3} = \dfrac{A(x-3)+B(x-2)}{(x-2)(x-3)}$，从而

$$x+3 = A(x-3)+B(x-2) \, ,$$

分别将 $x=3, x=2$ 代入 $x+3=A(x-3)+B(x-2)$ 中，易得 $\begin{cases} A=-5, \\ B=6. \end{cases}$

故原式 $= \int \left(\dfrac{-5}{x-2} + \dfrac{6}{x-3} \right) \mathrm{d}x = -5\ln|x-2| + 6\ln|x-3| + C$.

例 4.2.18 求 $\int \dfrac{3}{x^3+1} \mathrm{d}x$.

解 由 $x^3+1 = (x+1)(x^2-x+1)$,

令

$$\frac{3}{x^3+1} = \frac{A}{x+1} + \frac{Bx+C}{x^2-x+1} \, ,$$

两边同乘以 x^3+1，得

$$3 = A(x^2-x+1) + (Bx+C)(x+1) \, .$$

令 $x=-1$，得 $A=1$；令 $x=0$，得 $C=2$；令 $x=1$，得 $B=-1$.

所以

$$\frac{3}{x^3+1} = \frac{1}{x+1} + \frac{-x+2}{x^2-x+1} \, .$$

故

$$\int \frac{3}{x^3+1} \mathrm{d}x = \int \left(\frac{1}{x+1} + \frac{-x+2}{x^2-x+1} \right) \mathrm{d}x = \ln|x+1| - \frac{1}{2}\int \frac{2x-1-3}{x^2-x+1} \mathrm{d}x$$

$$= \ln|x+1| - \frac{1}{2}\int \frac{\mathrm{d}(x^2-x+1)}{x^2-x+1} + \frac{3}{2}\int \frac{\mathrm{d}\left(x-\frac{1}{2}\right)}{\left(x-\frac{1}{2}\right)^2 + \frac{3}{4}}$$

$$= \ln|x+1| - \frac{1}{2}\ln(x^2-x+1) + \sqrt{3}\arctan\frac{2x-1}{\sqrt{3}} + C .$$

4.2.2 第二类换元积分法

定理 4.2.2 设 $x=\psi(t)$ 是单调，可导的函数，并且 $\psi'(t)\neq 0$，又设 $f[\psi(t)]\psi'(t)$ 具有原函数，则有换元公式，

$$\int f(x)\mathrm{d}x = \left[\int f[\psi(t)]\psi'(t)\mathrm{d}t\right]_{t=\psi^{-1}(x)} ,$$

其中 $\psi^{-1}(x)$ 是 $x=\psi(t)$ 的反函数.

证明 设 $f[\psi(t)]\psi'(t)$ 的原函数为 $\Phi(t)$. 记 $\Phi[\psi^{-1}(x)]=F(x)$，利用复合函数及反函数求导法则得

$$F'(x) = \frac{\mathrm{d}\Phi}{\mathrm{d}t} \cdot \frac{\mathrm{d}t}{\mathrm{d}x} = f[\psi(t)]\psi'(t) \cdot \frac{1}{\psi'(t)} = f[\psi(t)] = f(x) ,$$

则 $F(x)$ 是 $f(x)$ 的原函数. 所以

$$\int f(x)\mathrm{d}x = F(x)+C = \Phi[\psi^{-1}(x)]+C = \left[\int f[\psi(t)]\psi'(x)\mathrm{d}t\right]_{t=\psi^{-1}(x)} .$$

利用第二类换元法进行积分，重要的是找到恰当的函数 $x=\psi(t)$ 代入到被积函数中，将被积函数化简成较容易的积分，并且在求出原函数后将 $t=\psi^{-1}(x)$ 还原. 常用的换元法主要有三角函数代换法、简单无理函数代换法和倒代换法、指数代换.

1. 三角函数代换法

例 4.2.18 求 $\int \sqrt{a^2-x^2}\,\mathrm{d}x$ （$a>0$）.

解 设 $x=a\sin t$，$t\in\left(-\frac{\pi}{2},\frac{\pi}{2}\right)$，$\sqrt{a^2-x^2}=a\cos t$，$\mathrm{d}x=a\cos t\mathrm{d}t$，于是

$$\int \sqrt{a^2-x^2}\,\mathrm{d}x = \int a\cos t \cdot a\cos t\mathrm{d}t = a^2\int \cos^2 t\mathrm{d}t = \frac{a^2}{2}t + \frac{a^2}{2}\sin t\cos t + C .$$

因为 $x=a\sin t$，$t\in\left(-\frac{\pi}{2},\frac{\pi}{2}\right)$，所以 $t=\arcsin\frac{x}{a}$.

为求出 $\cos t$，利用 $\sin t=\frac{x}{a}$ 作辅助三角形（如图 4.2 所示），求得 $\cos t=\frac{\sqrt{a^2-x^2}}{a}$，所以

$$\int \sqrt{a^2-x^2}\,\mathrm{d}x = \int \sqrt{a^2-x^2}\,\mathrm{d}x = \frac{a^2}{2}\arcsin\frac{x}{a} + \frac{1}{2}x\sqrt{a^2-x^2} + C .$$

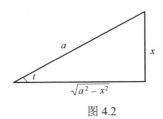

图 4.2

例 4.2.19 求 $\displaystyle\int \frac{\mathrm{d}x}{\sqrt{x^2+a^2}}$ （ $a>0$ ）.

解 令 $x=a\tan t$ ， $t\in\left(-\dfrac{\pi}{2},\dfrac{\pi}{2}\right)$ ， $\mathrm{d}x=a\sec^2 t\mathrm{d}t$ ，

$$\int \frac{\mathrm{d}x}{\sqrt{x^2+a^2}}=\int \frac{1}{a}\cos t\cdot a\sec^2 t\mathrm{d}t=\int \sec t\mathrm{d}t=\ln\left|\sec t+\tan t\right|+C_1 .$$

利用 $\tan t=\dfrac{x}{a}$ 作辅助三角形（如图 4.3 所示），求得 $\sec t=\dfrac{\sqrt{x^2+a^2}}{a}$ ， $t\in\left(-\dfrac{\pi}{2},\dfrac{\pi}{2}\right)$.

所以 $\displaystyle\int \frac{\mathrm{d}x}{\sqrt{x^2+a^2}}=\ln\left(\frac{x}{a}+\frac{\sqrt{x^2+a^2}}{a}\right)+C_1=\ln\left(x+\sqrt{x^2+a^2}\right)+C$ （ $C=C_1-\ln a$ ）.

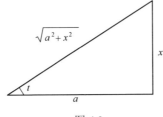

图 4.3

例 4.2.20 求 $\displaystyle\int \frac{\mathrm{d}x}{\sqrt{x^2-a^2}}$ （ $a>0$ ）.

解 当 $x>a$ 时，令 $x=a\sec t$ ， $t\in\left(0,\dfrac{\pi}{2}\right)$ ， $\mathrm{d}x=a\sec t\cdot\tan t\mathrm{d}t$ ，

$$\int \frac{\mathrm{d}x}{\sqrt{x^2-a^2}}=\int \frac{1}{a}\cdot\cot t\cdot a\sec t\cdot\tan t\mathrm{d}t=\int \sec t\mathrm{d}t=\ln\left|\sec t+\tan t\right|+C_1 .$$

利用 $\cos t=\dfrac{a}{x}$ 作辅助三角形（如图 4.4 所示），求得 $\tan t=\dfrac{\sqrt{x^2-a^2}}{a}$ ，所以

$$\int \frac{\mathrm{d}x}{\sqrt{x^2-a^2}}=\ln\left|\frac{x}{a}+\frac{\sqrt{x^2-a^2}}{a}\right|+C_1=\ln\left(x+\sqrt{x^2-a^2}\right)+C ，（ C=C_1-\ln a ）.$$

当 $x<-a$ 时，令 $x=-u$ ，则 $u>a$ ，由上面的结果，得

第 4 章 不定积分

$$\int \frac{\mathrm{d}x}{\sqrt{x^2-a^2}} = -\int \frac{\mathrm{d}u}{\sqrt{u^2-a^2}} = \ln\left(u+\sqrt{u^2-a^2}\right)+C_1 = -\ln\left(-x+\sqrt{x^2-a^2}\right)+C_1$$

$$= \ln\left(-x-\sqrt{x^2-a^2}\right)+C \ , \ \left(C=C_1-2\ln a\right).$$

综上，

$$\int \frac{\mathrm{d}x}{\sqrt{x^2-a^2}} = \ln\left|x+\sqrt{x^2-a^2}\right|+C \ .$$

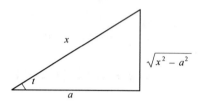

图 4.4

注意：当被积函数含有形如 $\sqrt{a^2-x^2}$，$\sqrt{a^2+x^2}$，$\sqrt{x^2-a^2}$ 的二次根式时，可以作相应的换元：$x=a\sin t$，$x=a\tan t$，$x=\pm a\sec t$ 将根号化去. 但是具体解题时，要根据被积函数的具体情况，选取尽可能简捷的代换，不能只局限于以上三种代换（如例 4.2.4）.

2. 简单无理函数代换法

例 4.2.21 求 $\displaystyle\int \frac{\mathrm{d}x}{1+\sqrt{2x}}$.

解 令 $u=\sqrt{2x}$，$x=\dfrac{u^2}{2}$，$\mathrm{d}x=u\mathrm{d}u$，则

$$\int \frac{\mathrm{d}x}{1+\sqrt{2x}} = \int \frac{u\mathrm{d}u}{1+u} = \int\left(1-\frac{1}{1+u}\right)\mathrm{d}u = u-\ln|1+u|+C = \sqrt{2x}-\ln\left(1+\sqrt{2x}\right)+C \ .$$

例 4.2.22 求 $\displaystyle\int \frac{\mathrm{d}x}{(1+\sqrt[3]{x})\sqrt{x}}$.

解 被积函数中出现了两个不同的根式，为了同时消去这两个根式，可以作如下代换：

令 $t=\sqrt[6]{x}$，则 $x=t^6$，$\mathrm{d}x=6t^5\mathrm{d}t$，从而

$$\int \frac{\mathrm{d}x}{(1+\sqrt[3]{x})\sqrt{x}} = \int \frac{6t^5}{(1+t^2)t^3}\mathrm{d}t = 6\int \frac{t^2}{1+t^2}\mathrm{d}t = 6\int\left(1-\frac{1}{1+t^2}\right)\mathrm{d}t$$

$$= 6(t-\arctan t)+C = 6(\sqrt[6]{x}-\arctan\sqrt[6]{x})+C \ .$$

例 4.2.23 求 $\displaystyle\int \frac{1}{x^2}\sqrt{\frac{1+x}{x}}\mathrm{d}x$.

解 为了去掉根式，作如下代换：$t=\sqrt{\dfrac{1+x}{x}}$，则 $x=\dfrac{1}{t^2-1}$，$\mathrm{d}x=-\dfrac{2t}{(t^2-1)^2}\mathrm{d}t$，

从而

$$\int \frac{1}{x^2}\sqrt{\frac{1+x}{x}}\mathrm{d}x=\int(t^2-1)^2 t\cdot\frac{-2t}{(t^2-1)^2}\mathrm{d}t=-2\int t^2\mathrm{d}t$$

$$=-\frac{2}{3}t^3+C=-\frac{2}{3}\left(\frac{1+x}{x}\right)^{\frac{3}{2}}+C.$$

一般地，如果积分具有如下形式

（1）$\displaystyle\int R(x,\sqrt[n]{ax+b})\mathrm{d}x$，则作变换 $t=\sqrt[n]{ax+b}$；

（2）$\displaystyle\int R(x,\sqrt[m]{ax+b},\sqrt[n]{ax+b})\mathrm{d}x$，则作变换 $t=\sqrt[p]{ax+b}$，其中 p 是 m,n 的最小公倍数；

（3）$\displaystyle\int R\left(x,\sqrt[n]{\dfrac{ax+b}{cx+d}}\right)\mathrm{d}x$，则作变换 $t=\sqrt[n]{\dfrac{ax+b}{cx+d}}$.

运用这些变换就可以将被积函数中的根号去掉，被积函数就化为有理函数.

3. 倒代换法

在被积函数中如果出现分式函数，而且分母的次数大于分子的次数，可以尝试利用倒代换，即令 $x=\dfrac{1}{t}$，利用此代换，常可以消去被积函数中分母中的变量因子 x.

例 4.2.24 求 $\displaystyle\int\frac{\mathrm{d}x}{x(x^6+1)}$.

解 令 $x=\dfrac{1}{t}$，$\mathrm{d}x=-\dfrac{1}{t^2}\mathrm{d}t$，则

$$\int\frac{\mathrm{d}x}{x(x^6+1)}=\int\frac{-\dfrac{1}{t^2}\mathrm{d}t}{\dfrac{1}{t}\cdot\left(\dfrac{1}{t^6}+1\right)}=-\int\frac{t^5}{1+t^6}\mathrm{d}t=-\frac{1}{6}\int\frac{\mathrm{d}(t^6+1)}{1+t^6}=-\frac{1}{6}\ln\left|1+t^6\right|+C$$

$$=-\frac{1}{6}\ln\left(1+\frac{1}{x^6}\right)+C.$$

例 4.2.25 求 $\displaystyle\int\frac{\sqrt{a^2-x^2}}{x^4}\mathrm{d}x$.

解 设 $x=\dfrac{1}{t}$，则 $\mathrm{d}x=-\dfrac{1}{t^2}\mathrm{d}t$，于是

$$\int\frac{\sqrt{a^2-x^2}}{x^4}\mathrm{d}x=\int\frac{\sqrt{a^2-\dfrac{1}{t^2}}}{\dfrac{1}{t^4}}\left(-\frac{1}{t^2}\right)\mathrm{d}t=-\int(a^2t^2-1)^{\frac{1}{2}}\left|t\right|\mathrm{d}t,$$

当 $x > 0$ 时，有

$$\int \frac{\sqrt{a^2 - x^2}}{x^4} dx = -\frac{1}{2a^2} \int (a^2 t^2 - 1)^{\frac{1}{2}} d(a^2 t^2 - 1) = -\frac{(a^2 - x^2)^{\frac{3}{2}}}{3a^2 x^3} + C.$$

$x < 0$ 时，结果相同.

本例也可用三角代换法，请读者自行求解.

4. 指数代换

例 4.2.26 求 $\int \dfrac{dx}{e^x (e^{2x} + 1)}$.

解 设 $e^x = t$，则 $dx = \dfrac{1}{t} dt$，于是

$$\int \frac{dx}{e^x (e^{2x} + 1)} = \int \frac{1}{t^2 (1 + t^2)} dt$$

$$= \int \left(\frac{1}{t^2} - \frac{1}{1 + t^2} \right) dt = -\frac{1}{t} - \arctan t + C = -e^{-x} - \arctan e^{-x} + C.$$

注意：本节例题中，有些积分会经常遇到，通常也被当作公式使用. 承接上一节的基本积分公式，将常用的积分公式再添加几个（$a > 0$）：

（1）$\displaystyle \int \tan x dx = -\ln |\cos x| + C$ ；

（2）$\displaystyle \int \cot x dx = \ln |\sin x| + C$ ；

（3）$\displaystyle \int \csc dx = \ln |\csc x - \cot x| + C$ ；

（4）$\displaystyle \int \sec x dx = \ln |\sec x + \tan x| + C$ ；

（5）$\displaystyle \int \frac{1}{a^2 + x^2} dx = \frac{1}{a} \arctan \frac{x}{a} + C$ ；

（6）$\displaystyle \int \frac{1}{x^2 - a^2} dx = \frac{1}{2a} \ln \left| \frac{x - a}{x + a} \right| + C$ ；

（7）$\displaystyle \int \frac{1}{\sqrt{a^2 - x^2}} dx = \arcsin \frac{x}{a} + C$ ；

（8）$\displaystyle \int \frac{dx}{\sqrt{x^2 + a^2}} = \ln \left(x + \sqrt{x^2 + a^2} \right) + C$ ；

（9）$\displaystyle \int \frac{dx}{\sqrt{x^2 - a^2}} = \ln \left| x + \sqrt{x^2 - a^2} \right| + C$.

例 4.2.27 求 $\int \dfrac{dx}{\sqrt{5 + 4x - x^2}}$.

解 $\displaystyle \int \frac{dx}{\sqrt{5 + 4x - x^2}} = \int \frac{d(x - 2)}{\sqrt{3^2 - (x - 2)^2}} = \arcsin \frac{x - 2}{3} + C$.

例 4.2.28 求 $\int \dfrac{\mathrm{d}x}{\sqrt{4x^2+9}}$.

解 $\int \dfrac{\mathrm{d}x}{\sqrt{4x^2+9}} = \dfrac{1}{2}\int \dfrac{\mathrm{d}(2x)}{\sqrt{(2x)^2+3^2}} = \dfrac{1}{2}\ln(2x+\sqrt{4x^2+9})+C$.

例 4.2.29 求 $\int \dfrac{\mathrm{d}x}{\sqrt{x^2-2x-3}}$.

解 $\int \dfrac{\mathrm{d}x}{\sqrt{x^2-2x-3}} = \int \dfrac{\mathrm{d}(x-1)}{\sqrt{(x-1)^2-2^2}} = \ln\left|x-1+\sqrt{x^2-2x-3}\right|+C$.

例 4.2.30 求 $\int \dfrac{x^3}{(x^2-2x+2)^2}\mathrm{d}x$.

解 被积函数为有理函数，且分母为二次质因式的平方，把二次质因式进行配方：$(x-1)^2+1$ ，令 $x-1=\tan t$ ，$t \in \left(-\dfrac{\pi}{2},\dfrac{\pi}{2}\right)$ ，则

$$x^2-2x+2 = \sec^2 t ,\quad \mathrm{d}x = \sec^2 t\,\mathrm{d}t .$$

所以

$$\int \dfrac{x^3}{(x^2-2x+2)^2}\mathrm{d}x = \int \dfrac{(1+\tan t)^3}{\sec^4 t}\cdot \sec^2 t\,\mathrm{d}t$$

$$= \int \cos^2 t(1+\tan t)^3\,\mathrm{d}t \quad = \int \dfrac{(\sin t+\cos t)^3}{\cos t}\,\mathrm{d}t$$

$$= \int (\sin^3 t\cos^{-1} t + 3\sin^2 t + 3\sin t\cos t + \cos^2 t)\,\mathrm{d}t$$

$$= -\ln\cos t - \cos^2 t + 2t - \sin t\cos t + C .$$

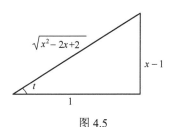

图 4.5

按照变换 $x-1=\tan t$ ，$t \in \left(-\dfrac{\pi}{2},\dfrac{\pi}{2}\right)$ 作辅助三角形（如图 4.5 所示），则有

$$\cos t = \dfrac{1}{\sqrt{x^2-2x+2}} ,\quad \sin t = \dfrac{x-1}{\sqrt{x^2-2x+2}} .$$

于是

$$\int \dfrac{x^3}{(x^2-2x+2)^2}\mathrm{d}x = \dfrac{1}{2}\ln(x^2-2x+2) + 2\arctan(x-1) - \dfrac{x}{x^2-2x+2}+C .$$

习题 4.2

求下列不定积分：

（1）$\int (2x-3)^{2014}\mathrm{d}x$；

（2）$\int \dfrac{3\mathrm{d}x}{(1-2x)^2}$；

（3）$\int (a+bx)^k \mathrm{d}x \quad (b \neq 0)$；

（4）$\int \sin 3x \mathrm{d}x$；

（5）$\int \cos(\alpha - \beta x)\mathrm{d}x$；

（6）$\int \tan 5x \mathrm{d}x$；

（7）$\int \mathrm{e}^{-3x}\mathrm{d}x$；

（8）$\int 10^{2x}\mathrm{d}x$；

（9）$\int \dfrac{1}{x^2}\mathrm{e}^{\frac{1}{x}}\mathrm{d}x$；

（10）$\int \dfrac{\mathrm{d}x}{1+9x^2}$；

（11）$\int \dfrac{\mathrm{d}x}{\sin^2\left(2x+\dfrac{\pi}{4}\right)}$；

（12）$\int x\sqrt{1-x^2}\mathrm{d}x$；

（13）$\int \dfrac{(2x-3)\mathrm{d}x}{x^2-3x+8}$；

（14）$\int \dfrac{x\mathrm{d}x}{\sqrt{4-x^4}}$；

（15）$\int \mathrm{e}^x \sin \mathrm{e}^x \mathrm{d}x$；

（16）$\int x\mathrm{e}^{x^2}\mathrm{d}x$；

（17）$\int \dfrac{\sqrt{\ln x}}{x}\mathrm{d}x$；

（18）$\int \dfrac{\cot\theta}{\sqrt{\sin\theta}}\mathrm{d}\theta$；

（19）$\int \dfrac{\mathrm{d}x}{(\arcsin x)^2\sqrt{1-x^2}}$；

（20）$\int \dfrac{(\arctan x)^2}{1+x^2}\mathrm{d}x$；

（21）$\int \dfrac{x^2}{3+x}\mathrm{d}x$；

（22）$\int \dfrac{x-1}{x^2+4x+13}\mathrm{d}x$；

（23）$\int \cos^2 x\mathrm{d}x$；

（24）$\int \sin^4 x\mathrm{d}x$；

（25）$\int \dfrac{1+\tan x}{\sin 2x}\mathrm{d}x$；

（26）$\int \cos^2 x \sin^2 x\mathrm{d}x$；

（27）$\int \cos^3 x\mathrm{d}x$；

（28）$\int \sin^3 x \cos^5 x\mathrm{d}x$；

（29）$\int \sec^4 x\mathrm{d}x$；

（30）$\int \tan^4 x\mathrm{d}x$；

（31）$\int \dfrac{\mathrm{d}x}{\sin^2 x \cos^2 x}$；

（32）$\int \dfrac{x^4\mathrm{d}x}{\sqrt{(1-x^2)^3}}$；

（33）$\int \dfrac{\mathrm{d}x}{x^2\sqrt{x^2-9}}$；

（34）$\int \dfrac{\mathrm{d}x}{(1-x^2)^{\frac{3}{2}}}$；

$(35)\displaystyle\int \frac{x^3\mathrm{d}x}{(1+x^2)^{\frac{3}{2}}}$;

$(36)\displaystyle\int \frac{x^2}{\sqrt{a^2-x^2}}\mathrm{d}x$;

$(37)\displaystyle\int \frac{\mathrm{d}x}{(x^2+a^2)^{\frac{3}{2}}}$;

$(38)\displaystyle\int \frac{\sqrt{x^2-a^2}}{x}\mathrm{d}x$;

$(39)\displaystyle\int \frac{\mathrm{d}x}{x^2\sqrt{1+x^2}}$;

$(40)\displaystyle\int \frac{\mathrm{d}x}{\sqrt{1-25x^2}}$;

$(41)\displaystyle\int \frac{\mathrm{d}x}{\sqrt{1+16x^2}}$;

$(42)\displaystyle\int \frac{\mathrm{d}x}{\sqrt{4x^2-9}}$;

$(43)\displaystyle\int \frac{x+1}{\sqrt[3]{3x+1}}\mathrm{d}x$;

$(44)\displaystyle\int \frac{1}{\sqrt{1+\mathrm{e}^x}}\mathrm{d}x$;

$(45)\displaystyle\int \frac{\mathrm{d}x}{x^4-x^2}$;

$(46)\displaystyle\int \frac{\mathrm{d}x}{x(x^2+1)}$.

4.3 分部积分法

前面我们在"复合函数及反函数求导法则"的基础上,得到了换元积分法. 现在我们利用"两个函数乘积的求导法则"来推导求积分的另一种基本方法——分部积分法.

定理 4.3.1 若函数 $u=u(x)$, $v=v(x)$ 具有连续的导数,则

$$\int u\mathrm{d}v = uv - \int v\mathrm{d}u . \tag{4.3.1}$$

证明 微分公式 $\mathrm{d}(uv)=u\mathrm{d}v+v\mathrm{d}u$ 两边积分得

$$uv = \int u\mathrm{d}v + \int v\mathrm{d}u ,$$

移项后得

$$\int u\mathrm{d}v = uv - \int v\mathrm{d}u .$$

我们把公式(4.3.1)称为**分部积分公式**. 它可以将不易求解的不定积分 $\displaystyle\int u\mathrm{d}v$ 转化成另一个易于求解的不定积分 $\displaystyle\int v\mathrm{d}u$.

例 4.3.1 求 $\displaystyle\int x\cos x\mathrm{d}x$.

解 根据分部积分公式,首先要选择 u 和 $\mathrm{d}v$,显然有两种方式,我们不妨先设 $u=x$, $\cos x\mathrm{d}x=\mathrm{d}v$,即 $v=\sin x$,则

$$\int x\cos x\mathrm{d}x = \int x\mathrm{d}\sin x = x\sin x - \int \sin x\mathrm{d}x = x\sin x + \cos x + C .$$

采用这种选择方式,积分很顺利的被积出,但是如果作如下的选择:

设 $u = \cos x$，$x dx = dv$，即 $v = \dfrac{1}{2} x^2$，则

$$\int x \cos x dx = \frac{1}{2} \int \cos x dx^2 = \frac{1}{2} x^2 \cos x - \frac{1}{2} \int x^2 \sin x dx,$$

比较原积分 $\int x \cos x dx$ 与新得到的积分 $\dfrac{1}{2} \int x^2 \sin x dx$，显然后面的积分变得更加复杂难以解出.

由此可见利用分部积分公式的关键是恰当的选择 u 和 dv. 如果选择不当，就会使原来的积分变得更加复杂.

在选取 u 和 dv 时一般考虑下面两点：

（1）v 要容易求得；

（2）$\int v du$ 要比 $\int u dv$ 容易求出.

例 4.3.2 求 $\int x e^x dx$.

解 令 $u = x$，$e^x dx = dv$，$v = e^x$，则

$$\int x e^x dx = \int x de^x = x e^x - \int e^x dx = x e^x - e^x + C.$$

例 4.3.3 求 $\int x^2 e^x dx$.

解 令 $u = x^2$，$e^x dx = dv$，$v = e^x$，则利用分部积分公式得

$$\int x^2 e^x dx = \int x^2 de^x = x^2 e^x - \int e^x dx^2 = x^2 e^x - 2 \int x e^x dx,$$

这里运用了一次分部积分公式后，虽然没有直接将积分积出，但是 x 的幂次比原来降了一次，$\int x e^x dx$ 显然比 $\int x^2 e^x dx$ 容易积出，根据例 4.3.2，我们可以继续运用分部积分公式，从而得到

$$\int x^2 e^x dx = x^2 e^x - 2 \int x e^x dx = x^2 e^x - 2 \int x de^x$$
$$= x^2 e^x - 2(x e^x - e^x) + C$$
$$= e^x (x^2 - 2x + 2) + C.$$

注意：当被积函数是幂函数与正（余）弦或指数函数的乘积时，幂函数在 d 的前面，正（余）弦或指数函数用来凑微分.

例 4.3.4 求 $\int x \ln x dx$.

解 令 $u = \ln x$，$x dx = \dfrac{1}{2} dx^2$，$v = \dfrac{1}{2} x^2$，则

$$\int x \ln x dx = \int \frac{1}{2} \ln x dx^2 = \frac{1}{2} \left(x^2 \ln x - \int x^2 \cdot \frac{1}{x} dx \right) = \frac{1}{2} \left(x^2 \ln x - \frac{1}{2} x^2 \right) + C$$
$$= \frac{x^2 \ln x}{2} - \frac{1}{4} x^2 + C.$$

在分部积分公式运用比较熟练后，就不必具体写出 u 和 $\mathrm{d}v$，只要把被积表达式写成 $\int u\mathrm{d}v$ 的形式，直接套用分部积分公式即可.

例 4.3.5 求 $\int x\arctan x\mathrm{d}x$.

解 $\int x\arctan x\mathrm{d}x = \dfrac{1}{2}\int\arctan x\mathrm{d}x^2 = \dfrac{1}{2}\left(x^2\arctan x - \int\dfrac{x^2}{1+x^2}\mathrm{d}x\right)$

$$= \frac{1}{2}(x^2\arctan x - x + \arctan x) + C.$$

注意：当被积函数是幂函数与对数函数或反三角函数的乘积时，对数函数或反三角函数在 d 的前面，幂函数用来凑微分.

下面再来举几个比较典型的分部积分的例子.

例 4.3.6 求 $\int \mathrm{e}^x\sin x\mathrm{d}x$.

解 （法一） $\int \mathrm{e}^x\sin x\mathrm{d}x = \int\sin x\mathrm{d}\mathrm{e}^x = \mathrm{e}^x\sin x - \int\mathrm{e}^x\cos x\mathrm{d}x$

$$= \mathrm{e}^x\sin x - \int\cos x\mathrm{d}\mathrm{e}^x$$

$$= \mathrm{e}^x\sin x - \mathrm{e}^x\cos x - \int\mathrm{e}^x\sin x\mathrm{d}x,$$

因此 $$\int\mathrm{e}^x\sin x\mathrm{d}x = \frac{1}{2}\mathrm{e}^x(\sin x - \cos x) + C.$$

（法二） $\int \mathrm{e}^x\sin x\mathrm{d}x = \int\mathrm{e}^x\mathrm{d}(-\cos x) = \mathrm{e}^x(-\cos x) + \int\cos x\mathrm{d}(\mathrm{e}^x)$

$$= -\mathrm{e}^x\cos x + \int\cos x\mathrm{e}^x\mathrm{d}x = -\mathrm{e}^x\cos x + \int\mathrm{e}^x\mathrm{d}\sin x$$

$$= -\mathrm{e}^x\cos x + \mathrm{e}^x\sin x - \int\sin x\mathrm{d}\mathrm{e}^x$$

$$= -\mathrm{e}^x\cos x + \mathrm{e}^x\sin x - \int\mathrm{e}^x\sin x\mathrm{d}x,$$

因此 $$\int\mathrm{e}^x\sin x\mathrm{d}x = \frac{1}{2}\mathrm{e}^x(\sin x - \cos x) + C.$$

当被积函数是指数函数与正（余）弦函数的乘积时，任选一种函数凑微分，经过两次分部积分后，会还原到原来的积分形式，只是系数发生了变化，我们往往称它为"**循环法**"，但要注意两次凑微分函数的选择要一致.

例 4.3.7 求 $\int\sec^3 x\mathrm{d}x$.

解 $\int\sec^3 x\mathrm{d}x = \int\sec x\mathrm{d}\tan x = \sec x\cdot\tan x - \int\sec x\cdot\tan^2 x\mathrm{d}x$

$$= \sec x\cdot\tan x + \int\sec x\mathrm{d}x - \int\sec^3 x\mathrm{d}x,$$

利用 $\int\sec x\mathrm{d}x = \ln|\sec x + \tan x| + C_1$，并解方程得

$$\int\sec^3 x\mathrm{d}x = \frac{1}{2}(\sec x\cdot\tan x + \ln|\sec x + \tan x|) + C.$$

在求不定积分的过程中，有时需要同时使用换元法和分部积分法.

例 4.3.8　求 $\int e^{\sqrt{x}} dx$.

解　令 $t = \sqrt{x}$ ， $x = t^2$ ， $dx = 2t dt$ ，则

$$\int e^{\sqrt{x}} dx = \int e^t 2t dt = \int 2t d(e^t) = 2te^t - 2\int e^t dt = 2te^t - 2e^t + C = 2\sqrt{x}e^{\sqrt{x}} - 2e^{\sqrt{x}} + C .$$

例 4.3.9　求 $\int \cos(\ln x) dx$.

解　令 $t = \ln x$ ， $x = e^t$ ， $dx = e^t dt$ ，

$$\int \cos(\ln x) dx = \int \cos t \cdot e^t dt = \frac{1}{2} e^t (\sin t + \cos t) + C = \frac{x}{2} (\sin \ln x + \cos \ln x) + C .$$

下面再看一个抽象函数的例子.

例 4.3.10　已知 $f(x)$ 的一个原函数是 $\dfrac{\sin x}{x}$ ，求 $\int x f'(x) dx$.

解　因为 $f(x)$ 的一个原函数是 $\dfrac{\sin x}{x}$ ，所以 $\int f(x) dx = \dfrac{\sin x}{x} + C$ ，且

$$f(x) = \left(\frac{\sin x}{x} \right)' = \frac{x \cos x - \sin x}{x^2} . \text{ 从而}$$

$$\text{原式} = \int x f'(x) dx = \int x df(x) = xf(x) - \int f(x) dx = \frac{x \cos x - 2\sin x}{x} + C .$$

习题 4.3

1. 求下列不定积分：

（1）$\int x \sin 2x dx$ ；

（2）$\int \dfrac{x}{2} (e^x - e^{-x}) dx$ ；

（3）$\int x^2 \cos \omega x dx$ ；

（4）$\int x^2 a^x dx$ ；

（5）$\int \ln x dx$ ；

（6）$\int x^n \ln x dx$ （$n \neq 1$）；

（7）$\int \arctan x dx$ ；

（8）$\int \arccos x dx$ ；

（9）$\int e^{ax} \cos nx dx$ ；

（10）$\int x^2 \ln(1+x) dx$ ；

（11）$\int \dfrac{\ln^3 x}{x^2} dx$ ；

（12）$\int (\arcsin x)^2 dx$ ；

（13）$\int x \cos^2 x dx$ ；

（14）$\int x \tan^2 x dx$ ；

（15）$\int x^2 \cos^2 x dx$ ；

（16）$\int \dfrac{\ln \cos x}{\cos^2 x} dx$ ；

（17）$\int \dfrac{\ln x}{x^3} dx$ ；

（18）$\int e^{\sqrt[3]{x}} dx$.

2．已知 $f(x)$ 的一个原函数是 e^{-x^2} ，求 $\int xf'(x)\mathrm{d}x$ ．

复习题 4

1．填空题

（1）若 $f(x)$ 的一个原函数为 $\cos x$ ，则 $\int f(x)\mathrm{d}x =$ _____．

（2）设 $\int f(x)\mathrm{d}x = \sin x + C$ ，则 $\int xf(1-x^2)\mathrm{d}x =$ _____．

（3） $\int x^2 \cos x\mathrm{d}x =$ _____．

（4） $\int \dfrac{1}{1+\cos 2x}\mathrm{d}x =$ _____．

（5） $\int \dfrac{(\arctan x)^2}{1+x^2}\mathrm{d}x =$ _____．

2．选择题

（1）曲线 $y = f(x)$ 在点 $(x, f(x))$ 处的切线斜率为 $\dfrac{1}{x}$ ，且过点 $(\mathrm{e}^2, 3)$ ，则该曲线方程为_____．

    A． $y = \ln x$ B． $y = \ln x + 1$

    C． $y = -\dfrac{1}{x^2} + 1$ D． $y = \ln x + 3$

（2）设 $F(x)$ 是 $f(x)$ 的一个原函数，则_____．

    A． $\left(\int f(x)\mathrm{d}x\right)' = F(x)$ B． $\left(\int f(x)\mathrm{d}x\right)' = f(x)$

    C． $\int \mathrm{d}F(x) = F(x)$ D． $\left(\int F(x)\mathrm{d}x\right)' = f(x)$

（3）设 $f(x)$ 的原函数为 $\dfrac{1}{x}$ ，则 $f'(x)$ 等于_____．

    A． $\ln|x|$ B． $\dfrac{1}{x}$

    C． $-\dfrac{1}{x^2}$ D． $\dfrac{2}{x^3}$

（4） $\int x2^x\mathrm{d}x =$ _____．

    A． $2^x x - 2^x + C$ B． $\dfrac{2^x x}{\ln 2} - \dfrac{2^x}{(\ln 2)^2} + C$

    C． $2^x x\ln x - (\ln 2)^2 2^x + C$ D． $\dfrac{2^x x^2}{2} + C$

3．计算下列各题：

（1）$\int \dfrac{\arcsin \sqrt{x}}{\sqrt{x}}\mathrm{d}x$ ；

（2）$\int \dfrac{1}{\mathrm{e}^x - \mathrm{e}^{-x}}\mathrm{d}x$ ；

（3）$\int \ln(1+x^2)\mathrm{d}x$ ；

（4）$\int \dfrac{\mathrm{d}x}{x^2 + 2x + 3}$ ；

（5）$\int \mathrm{e}^{\sin x}\cos x\mathrm{d}x$ ；

（6）$\int \dfrac{x^7\mathrm{d}x}{(1+x^4)^2}$ ；

（7）$\int \mathrm{e}^{1-2x}\mathrm{d}x$ ；

（8）$\int \dfrac{\mathrm{d}x}{\sqrt{5-2x+x^2}}$ ；

（9）$\int \dfrac{1}{\mathrm{e}^x - 1}\mathrm{d}x$ ；

（10）$\int \dfrac{x}{(1-x)^3}\mathrm{d}x$ ；

（11）$\int \dfrac{x\mathrm{e}^x}{\sqrt{\mathrm{e}^x + 1}}\mathrm{d}x$ ；

（12）$\int \sqrt{\dfrac{a+x}{a-x}}\mathrm{d}x$ ；

（13）$\int \dfrac{\mathrm{d}x}{x^4 - 1}$ ；

（14）$\int \dfrac{\mathrm{d}x}{\sqrt{x - x^2}}$ ；

（15）$\int x^3\ln^2 x\mathrm{d}x$ ；

（16）$\int \dfrac{\mathrm{d}x}{\sqrt{x} + \sqrt[3]{x}}$ ；

（17）$\int x\sqrt{2x+3}\mathrm{d}x$ ；

（18）$\int \dfrac{\mathrm{d}x}{\sqrt{9-16x^2}}$ ；

（19）$\int \dfrac{\mathrm{d}x}{x\sqrt{1+x^2}}$ ；

（20）$\int \sin^4 \dfrac{x}{2}\mathrm{d}x$ ；

（21）$\int (\tan^2 x + \tan^4 x)\mathrm{d}x$ ；

（22）$\int \left(\dfrac{\sec x}{1+\tan x}\right)^2 \mathrm{d}x$ ；

（23）$\int \sin(\ln x)\mathrm{d}x$ ；

（24）$\int \dfrac{x^5\mathrm{d}x}{\sqrt{1-x^2}}$ ；

（25）$\int \dfrac{\sqrt{(9-x^2)^3}}{x^6}\mathrm{d}x$ ；

（26）$\int \tan^5 t \sec^4 t\mathrm{d}t$ ；

（27）$\int \sin^3 \pi x\sqrt{\cos \pi x}\mathrm{d}x$ ；

（28）$\int \dfrac{\tan x\cos^6 x}{\sin^4 x}\mathrm{d}x$ ；

（29）$\int \dfrac{\mathrm{d}x}{\sin^4 x\cos^4 x}$ ；

（30）$\int \dfrac{1+\sin x}{1-\sin x}\mathrm{d}x$ ；

（31）$\int \dfrac{2^x}{\sqrt{1-4^x}}\mathrm{d}x$ ；

（32）$\int \arctan \sqrt{x}\mathrm{d}x$ ；

（33）$\int x\mathrm{e}^x(x+1)\mathrm{d}x$ ；

（34）$\int \dfrac{\arcsin \sqrt{x}}{\sqrt{1-x}}\mathrm{d}x$ ；

（35）$\int x\ln(1+x^2)\mathrm{d}x$；

（36）$\int \dfrac{\ln(x+1)}{\sqrt{x+1}}\mathrm{d}x$．

数学家简介——柯西

柯西（Augustin Louis Cauchy）（1789～1857），法国数学家．1789 年 8 月 21 日生于巴黎；1857 年 5 月 23 日卒于巴黎附近的索镇．

柯西的父亲是一位精通古典文学的律师，曾任法国参议院秘书长，和拉格朗日、拉普拉斯等人交往甚密，因此柯西从小就认识了一些著名的科学家．柯西自幼聪敏好学，在中学时就是学校里的明星，曾获得希腊文、拉丁文作文和拉丁文诗奖．在中学毕业时赢得全国大奖赛和一项古典文学特别奖．拉格郎日曾预言他日后必成大器．1805 年他年仅 16 岁就以第二名的成绩考入巴黎综合工科学校，1807 年又以第一名的成绩考入道路桥梁工程学校．1810 年 3 月柯西完成了学业离开了巴黎．但后来由于身体欠佳，又颇具数学天赋，便听从拉格朗日与拉普拉斯的劝告转攻数学．从 1810 年 12 月，柯西就把数学的各个分支从头到尾再温习一遍，从算术开始到天文学为止，把模糊的地方弄清楚，应用他自己的方法去简化证明和发现新定理，柯西于 1813 年回到巴黎综合工科学校任教，1816 年晋升为该校教授．以后又担任了巴黎理学院及法兰西学院教授．

柯西创造力惊人，数学论文像连绵不断的泉水在柯西的一生中喷涌，他发表了 789 篇论文，出版专著 7 本，全集共有十四开本 24 卷，从他 23 岁写出第一篇论文到 68 岁逝世的 45 年中，平均每月发表一至两篇论文．1849 年，仅在法国科学院 8 月至 12 月的 9 次会上，他就提交了 24 篇短文和 15 篇研究报告．他的文章朴实无华、充满新意．柯西 27 岁即当选为法国科学院院士，还是英国皇家学会会员和许多国家的科学院院士．

柯西对数学的最大贡献是在微积分中引进了清晰和严格的表述与证明方法．正如著名数学家冯•诺伊曼所说："严密性的统治地位基本上由柯西重新建立起来的．"在这方面他写下了三部专著：《分析教程》（1821 年）、《无穷小计算教程》（1823 年）、《微分计算教程》（1826～1828 年）．他的这些著作，摆脱了微积分单纯的对几何、运动的直观理解和物理解释，引入了严格的分析上的叙述和论证，从而形成了微积分的现代体系．在数学分析中，可以说柯西比任何人的贡献都大，微积分的现代概念就是柯西建立起来的．有鉴于此，人们通常将柯西看作是近代微积分学的奠基者．柯西将微积分严格化的方法虽然也利用无穷小的概念，但他改变了以前数学家所说的无穷小是固定数．而把无穷小或无穷小量简单地定义为一个以零为极限的变量．他定义了上下极限．最早证明了 $\lim\limits_{n\to\infty}\left(1+\dfrac{1}{n}\right)^n$ 的收敛，并在这里第一次使用了极限符号．他指出了对一切函数都任意地使用那些只有代数函数才有的性质，无条件地使用级数，都是不合法的．判定收敛性是必要的，并且给出了检验收敛性的重要判据——柯西准则．这个判据至今仍在使用．他还清楚的论述了半收敛级数的意义和用途．他定义了二重级数的收敛性，对幂级数的收敛半径有清晰的估计．柯西清楚的知道无穷级数是表达函数的一种有效方法，并是最早对泰勒定理给出完善证明和确定其余项形式的数学家．他以正确的方法建立了极限和连续性的理论．重新给出函数的积分是和式的极限，他还定义了广义积分．他抛弃了欧拉坚持的函数的显示式表示以及拉格朗日的形式幂级数，而引进了不一定具有解析表达式的函数新概念，并且以精确的极限概念定义了函数的连续性、无穷级数的收敛性、函数的导数、微分和积分以及有关理论．柯西对微积分的论述，使数学界大为震惊．例如，在一次科学会议上，柯西提出了级数收敛性的理论．著名数学家拉普拉斯听过后非常紧张，便急忙赶回家，闭门不出，直到对他的《天体力学》中所用到的每一级数都核实过是收敛的以后，才松了口气．柯西上述三部教程的广泛流传和他一系列的学术演讲，他对微积分的见解被普遍接受，一直沿用至今.

柯西的另一个重要贡献，是发展了复变函数的理论，取得了一系列重大成果．特别是他在 1814 年关于复数极限的定积分的论文，开始了他作为单复变量函数理论的创立者和发展者的伟大业绩．他还给出了复变函数的几何概念，证明了在复数范围内幂级数具有收敛圆，还给出了含有复积分限的积分概念以及残数理论等.

柯西还是探讨微分方程解的存在性问题的第一个数学家，他证明了微分方程在不包含奇点的区域内存在着满足给定条件的解，从而使微分方程的理论深化了．在研究微分方程的解法时，他成功地提出了特征带方法并发展了强函数方法.

柯西在代数学、几何学、数论等各个数学领域也都有创建．例如，他是置换群理论的一位杰出先驱者，他对置换理论作了系统的研究，并由此产生了有限群的表示理论．他还深入研究了行列式的理论，并得到了有名的宾内特（Binet）–柯西公式．他总结了多面体的理论，证明了费马关于多角数的定理等等.

柯西对物理学、力学和天文学都作过深入的研究．特别在固体力学方面，奠定了弹性理论的基础，在这门学科中以他的姓氏命名的定理和定律就有 16 个之多，仅凭这项成就，就足以使他跻身于杰出的科学家之列.

作为一位学者，柯西的思路敏捷，功绩卓著．由柯西卷帙浩大的论著和成果，人们不难想象他一生是怎样孜孜不倦地勤奋工作．但柯西却是个具有复杂性格的人．他是忠诚的保王党人，热心的天主教徒，落落寡合的学者．尤其作为久负盛名的科学泰斗，他常常忽视青年学者的创造．例如，由于柯西"失落"了才华出众的年轻数学家阿贝尔与伽罗华的开创性的论文手稿，造成群论晚问世半个世纪.

1857 年 5 月 23 日，柯西在巴黎病逝，他临终的一句名言"人总是要死的，但是，他们的业绩永存"长久地叩击着一代又一代学子的心扉.

第 5 章　定积分及其应用

本章将讨论积分学的第二个基本问题——定积分，它是从实际应用问题中抽象出来的. 定积分在自然科学和工程技术问题中有着广泛的应用，特别是在几何学、物理学等自然学科中，它是解决实际问题的有效工具.

本章首先从实际问题引出定积分的概念，然后着重讨论定积分的性质和计算方法，最后讨论定积分的实际应用.

5.1　定积分的概念与性质

5.1.1　引例

1. 几何学问题——曲边梯形的面积

所谓**曲边梯形**，是指形如图 5.1（a）所示的平面四边形，它有三条直边，其中两条平行直边垂直于第三条直边，第四条边是曲线弧. 图 5.1（b）和（c）是曲边梯形的特殊情形，即两条平行的直边中有一条或者两条缩成一点的情形.

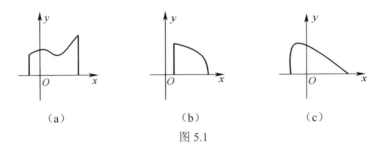

　　　　　（a）　　　　　　　　　（b）　　　　　　　　　（c）

图 5.1

显然，曲边梯形的面积不能用初等方法计算，如何准确计算此类不规则图形的面积？

在 xOy 坐标系中，设曲边是连续曲线 $y = f(x)$（$f(x) \geq 0$），则曲边梯形是由曲线 $y = f(x)$，$x = a$，$x = b$（$a < b$）和 x 轴围成的（如图 5.2 所示），计算其面积 A.

众所周知，矩形面积公式为

矩形面积=底×高，

其中高是不变的，由于曲边梯形的高 $f(x)$ 在区间 $[a,b]$ 上是变化的，所以不能按照上面的公式计算其面积. 但是 $f(x)$ 在区间 $[a,b]$ 上是连续函数，在很小的一段区间上，对应的函数值变化非常微小. 因此产生了如下的基本思想方法：把区间划分成很多个小区间，相应的曲边梯形被划分成很多细长的小曲边梯形，此时，小曲边梯形的曲边对应的函数值变化不大，因此可以将其近似的看作是小矩形，这样把每一个小矩形的面积计算出来累加在一起，就可以得到曲边梯形面积的近似值．当把区间$[a,b]$无限细分时，每个小区间的长度趋于零，小矩形面积之和的极限就可以定义为曲边梯形的面积．具体的计算步骤可以分为以下四步：

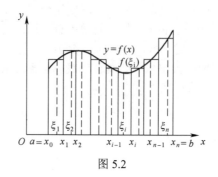

图 5.2

（1）分割：在区间$[a,b]$内任意插入$n-1$个分点

$$a = x_0 < x_1 < \cdots < x_{n-1} < x_n = b ,$$

将区间分成n个小区间$[x_0,x_1]$，$[x_1,x_2]$，$\cdots$，$[x_{n-1},x_n]$，它们的长度分别记为

$$\Delta x_1 = x_1 - x_0 , \quad \Delta x_2 = x_2 - x_1 , \quad \cdots , \quad \Delta x_n = x_n - x_{n-1} ,$$

过区间端点做垂直于x轴的直线，这样就可以将曲边梯形分割为n个细长的小曲边梯形（如图 5.2 所示）．

（2）近似：在区间$[x_{i-1},x_i]$（$i=1,2,\cdots,n$）上任取一点ξ_i，以$f(\xi_i)$为高，以Δx_i为底作一个小矩形，以小矩形的面积$f(\xi_i)\Delta x_i$作为相应小曲边梯形面积的近似值，即

$$\Delta A_i \approx f(\xi_i)\Delta x_i , \quad i = 1,2,\cdots,n .$$

（3）求和（累积）：将这样得到的n个小矩形的面积之和作为曲边梯形面积A的近似值，即

$$A \approx f(\xi_1)\Delta x_1 + f(\xi_2)\Delta x_2 + \cdots + f(\xi_n)\Delta x_n = \sum_{i=1}^{n} f(\xi_i)\Delta x_i .$$

（4）取极限（精确）：为使所有的小区间长度趋于零，只需要让所有小区间中长度的最大值趋于零即可，令

$$\lambda = \max\{\Delta x_1, \Delta x_2, \cdots, \Delta x_n\} ,$$

当$\lambda \to 0$时（此时对应小区间的个数n在无限增多，即$n \to \infty$），上述和式的极限即为曲边梯形的面积，即

$$A = \lim_{\lambda \to 0} \sum_{i=1}^{n} f(\xi_i)\Delta x_i .$$

2. 物理学问题——变速直线运动的路程

已知某物体做直线运动，其速度$v=v(t)$是时间间隔$[T_1,T_2]$上的连续函数，且

$v(t) \geq 0$，计算在此时间段上物体走过的路程 s．

显然，此物理过程是变速直线运动，不能直接应用匀速直线运动的公式计算．我们看到，在这个问题中，速度函数 $v(t)$ 是连续函数，因此在一小段时间内速度变化不大，可以近似的看做是匀速直线运动．因此，类似于求曲边梯形的面积，我们可按以下步骤来求路程 s：

（1）分割：在区间 $[T_1, T_2]$ 内任意插入 $n-1$ 个分点

$$T_1 = t_0 < t_1 < \cdots < t_{n-1} < t_n = T_2，$$

将区间分成 n 个小区间 $[t_0, t_1]$，$[t_1, t_2]$，$\cdots$，$[t_{n-1}, t_n]$，它们的长度分别记为

$$\Delta t_i = t_i - t_{i-1}，\quad i = 1, 2, \cdots, n．$$

（2）近似：在 $[t_{i-1}, t_i]$（$i = 1, 2, \cdots, n$）上任取一点 ξ_i，用 $v(\xi_i)$ 近似代替变化的速度，则在小区间上的路程

$$\Delta s_i \approx v(\xi_i) \Delta t_i，\quad i = 1, 2, \cdots, n．$$

（3）求和（累积）：将 n 个时间段上路程的近似值累加在一起即为时间段 $[T_1, T_2]$ 上路程的近似值，即

$$s \approx \sum_{i=1}^{n} v(\xi_i) \Delta t_i，\quad i = 1, 2, \cdots, n．$$

（4）取极限（精确）：令 $\lambda = \max\{\Delta t_1, \Delta t_2, \cdots, \Delta t_n\}$，则当 $\lambda \to 0$ 时，所有的小区间长度都在趋近于零，上一步和式就越来越接近于路程 s，因此

$$s = \lim_{\lambda \to 0} \sum_{i=1}^{n} v(\xi_i) \Delta t_i，\ i = 1, 2, \cdots, n．$$

结合这两个不同学科的问题，我们可以总结出它们的共性：解决问题的思路和方法是完全相同的；最终所求量的表达式的结构式完全一样，都是和式的极限．事实上，还有其它的一些实际问题也可以采用同样的方式来表达．例如，物理学上的质量分布不均匀质线的质量，变力沿直线做功等问题，这些问题的所求量最终仍是用相同结构的和式的极限来表达，撇开这些问题的实际意义，根据它们的共性，抽象出定积分的定义．

5.1.2　定积分的定义

定义 5.1.1　设函数 $f(x)$ 在区间 $[a, b]$ 上有界，在 $[a, b]$ 中任意插入 $n-1$ 个分点，$a = x_0 < x_1 < \cdots < x_{n-1} < x_n = b$，将区间 $[a, b]$ 分成 n 个小区间 $[x_{i-1}, x_i]$，令 $\Delta x_i = x_i - x_{i-1}$，$i = 1, 2, \cdots, n$，$\lambda = \max\limits_{i}\{\Delta x_i\}$，任取 $\xi_i \in [x_{i-1}, x_i]$（$i = 1, 2, \cdots, n$），作乘积 $f(\xi_i) \Delta x_i$ 并求和 $\sum\limits_{i=1}^{n} f(\xi_i) \Delta x_i$．如果不论区间 $[a, b]$ 怎么分割、ξ_i 在每个区间上怎么取，只要当 $\lambda \to 0$ 时，极限 $I = \lim\limits_{\lambda \to 0} \sum\limits_{i=1}^{n} f(\xi_i) \Delta x_i$ 总存在，则称 I 为函数 $f(x)$ 在

区间 $[a,b]$ 上的**定积分**，记作 $\int_a^b f(x)\mathrm{d}x$，即

$$\int_a^b f(x)\mathrm{d}x = \lim_{\lambda \to 0} \sum_{i=1}^n f(\xi_i)\Delta x_i \qquad (5.1.1)$$

此时称 $f(x)$ 在区间 $[a,b]$ 上**可积**. 其中 $\sum_{i=1}^n f(\xi_i)\Delta x_i$ 称为**积分和**，a 称为**积分下限**，b 称为**积分上限**，$f(x)$ 称为**被积函数**，x 称为**积分变量**，$[a,b]$ 称为**积分区间**.

注意：（1）当极限 I 不存在时，则称函数 $f(x)$ 在区间 $[a,b]$ 上不可积；

（2）根据定义，如果对函数保持不变，积分区间不变，只改变积分变量 x 为其它写法，如 t 或者 u 等，不会改变极限的值，所以定积分的值与积分变量的记号无关.

函数 $f(x)$ 满足什么条件时，在区间 $[a,b]$ 上是可积的呢？对此问题我们不作深入研究，只给出可积的两个充分条件.

定理 5.1.1 设 $f(x)$ 在区间 $[a,b]$ 上连续，则 $f(x)$ 在 $[a,b]$ 上可积.

定理 5.1.2 设 $f(x)$ 在区间 $[a,b]$ 上有界，且只有有限个间断点，则 $f(x)$ 在 $[a,b]$ 上可积.

根据定积分的定义和记法，本节的两个引例就可以表示为：

（1）由连续曲线 $y = f(x)$（$f(x) \geqslant 0$），直线 $x = a$，$x = b$（$a < b$）和 x 轴围成的曲边梯形的面积 A 为 $f(x)$ 在区间 $[a,b]$ 上的定积分，即

$$A = \int_a^b f(x)\mathrm{d}x .$$

（2）已知某物体做直线运动，其速度 $v = v(t)$（$v(t) \geqslant 0$），在时间段 $[T_1, T_2]$ 上的位移 s 为 $v(t)$ 在区间 $[T_1, T_2]$ 上的定积分，即

$$s = \int_{T_1}^{T_2} v(t)\mathrm{d}t .$$

下面举一个按定义计算定积分的例子.

例 5.1.1 利用定义计算定积分 $\int_0^1 x^2 \mathrm{d}x$.

解 由可积的充分条件可知，连续函数 $f(x) = x^2$ 在区间 $[0,1]$ 上是可积的，所以定积分的值与区间 $[0,1]$ 的分法以及点 ξ_i 的取法无关.

为了便于计算，将区间 $[0,1]$ 分成 n 等份，则分点可表示为 $x_i = \dfrac{i}{n}$，$i = 0, 1, \cdots, n$.

则区间长度

$$\Delta x_i = \frac{1}{n}, \quad i = 1, 2, \cdots, n ,$$

在每个小区间上取

$$\xi_i = x_i, \quad i = 1, 2, \cdots, n ,$$

因此，积分和

$$\sum_{i=1}^{n} f(\xi_i)\Delta x_i = \sum_{i=1}^{n} \xi_i^2 \Delta x_i = \sum_{i=1}^{n} x_i^2 \Delta x_i$$

$$= \sum_{i=1}^{n}\left(\frac{i}{n}\right)^2 \cdot \frac{1}{n} = \frac{1}{n^3}\sum_{i=1}^{n} i^2$$

$$= \frac{1}{n^3} \cdot \frac{1}{6} n(n+1)(2n+1)$$

$$= \frac{1}{6}\left(1+\frac{1}{n}\right)\left(2+\frac{1}{n}\right),$$

由定积分的定义，得

$$\int_0^1 x^2 \mathrm{d}x = \lim_{\lambda \to 0}\sum_{i=1}^{n} \xi_i^2 \Delta x_i = \lim_{n \to \infty}\frac{1}{6}\left(1+\frac{1}{n}\right)\left(2+\frac{1}{n}\right) = \frac{1}{3}.$$

5.1.3　定积分的几何意义

下面我们讨论定积分的几何意义.

由本节的第一个引例——曲边梯形的面积问题，我们不难看出，在区间 $[a,b]$ 上

（1）$f(x) \geqslant 0$ 时，定积分 $\int_a^b f(x)\mathrm{d}x$ 在几何上表示由连续曲线 $y=f(x)$，直线 $x=a$，$x=b$（$a<b$）和 x 轴围成的曲边梯形的面积；

（2）$f(x)<0$ 时，曲线 $y=f(x)$，直线 $x=a$，$x=b$（$a<b$）和 x 轴所围成的曲边梯形位于 x 轴的下方，此时定积分 $\int_a^b f(x)\mathrm{d}x$ 在几何上表示上述曲边梯形面积的负值；

（3）$f(x)$ 即有正值又有负值时，曲线 $y=f(x)$，直线 $x=a$，$x=b$（$a<b$）和 x 轴所围成的图形某些部分在 x 轴的上方，某些部分在 x 轴的下方（如图 5.3 所示），此时定积分 $\int_a^b f(x)\mathrm{d}x$ 在几何上表示 x 轴上方图形面积与下方图形面积之差.

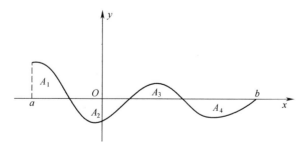

图 5.3

利用定积分的几何意义可以方便地计算一些定积分.

例 5.1.2　计算 $\int_0^2 \sqrt{2x-x^2}\,\mathrm{d}x$.

解 显然定积分的被积函数 $f(x) = \sqrt{2x - x^2} \geqslant 0$，$x \in [0, 2]$. 因此定积分的值等于由曲线 $y = \sqrt{2x - x^2}$，直线 $x = 0$，$x = 2$ 和 x 轴围成的半圆的面积. 所以

$$\int_0^2 \sqrt{2x - x^2}\, \mathrm{d}x = \frac{1}{2} \times \pi \times 1^2 = \frac{\pi}{2}.$$

例 5.1.3 计算 $\int_{-\pi}^{\pi} \sin x\, \mathrm{d}x$.

解 利用正弦函数图形，结合定积分的几何意义，有 $\int_{-\pi}^{\pi} \sin x\, \mathrm{d}x = 0$.

5.1.4 定积分的性质

在下面的讨论中假设被积函数是可积的，同时我们对定积分作两点补充规定：

（1）当 $a = b$ 时，$\int_a^b f(x)\mathrm{d}x = 0$；

（2）当 $a > b$ 时，$\int_b^a f(x)\mathrm{d}x = -\int_a^b f(x)\mathrm{d}x$.

在如下的讨论中，如无特别指明，对积分的上下限的大小不加限制.

性质 5.1.1 $\int_a^b [f(x) \pm g(x)]\mathrm{d}x = \int_a^b f(x)\mathrm{d}x \pm \int_a^b g(x)\mathrm{d}x$

此性质可推广到被积函数为有限个函数的代数和的情形.

性质 5.1.2 $\int_a^b kf(x)\mathrm{d}x = k\int_a^b f(x)\mathrm{d}x$ （k 为常数）.

注意：性质 5.1.1 和 5.1.2 表明定积分具有线性运算性质，因此在定积分的运算方法中，被积函数和差化的方法仍然适用.

性质 5.1.3（可加性） 设 $a < c < b$，则 $\int_a^b f(x)\mathrm{d}x = \int_a^c f(x)\mathrm{d}x + \int_c^b f(x)\mathrm{d}x$.

注意：不论 a，b，c 的相对位置如何，上述等式总是成立的.

例如，若 $a < b < c$，$\int_a^c f(x)\mathrm{d}x = \int_a^b f(x)\mathrm{d}x + \int_b^c f(x)\mathrm{d}x$，则

$$\int_a^b f(x)\mathrm{d}x = \int_a^c f(x)\mathrm{d}x - \int_b^c f(x)\mathrm{d}x = \int_a^c f(x)\mathrm{d}x + \int_c^b f(x)\mathrm{d}x.$$

其它情况同理可以证明，因此我们有如下的推论.

推论 5.1.1 $\int_a^b f(x)\mathrm{d}x = \left(\int_a^c + \int_c^d + \cdots + \int_n^m + \int_m^b \right) f(x)\mathrm{d}x$ （首尾相接）.

性质 5.1.4 $\int_a^b 1 \cdot \mathrm{d}x = \int_a^b \mathrm{d}x = b - a$.

性质 5.1.5 如果在区间 $[a, b]$ 上 $f(x) \geqslant 0$，则 $\int_a^b f(x)\mathrm{d}x \geqslant 0$（其中等号仅在 $f(x) \equiv 0$ 时成立）.

推论 5.1.2 如果在区间 $[a, b]$ 上 $f(x) \geqslant 0$，则 $\int_a^b f(x)\mathrm{d}x \geqslant 0$.

推论 5.1.3 $\left|\int_a^b f(x)\mathrm{d}x\right| \leqslant \int_a^b |f(x)|\mathrm{d}x$（$a < b$）.

证明 因为 $-|f(x)| \leqslant f(x) \leqslant |f(x)|$，所以由性质 5.1.5 得

$$-\int_a^b |f(x)|\mathrm{d}x \leqslant \int_a^b f(x)\mathrm{d}x \leqslant \int_a^b |f(x)|\mathrm{d}x$$

即 $\left|\int_a^b f(x)\mathrm{d}x\right| \leqslant \int_a^b |f(x)|\mathrm{d}x$（$a < b$）.

例 5.1.4 比较积分 $\int_1^2 \ln x\mathrm{d}x$ 与 $\int_1^2 x\mathrm{d}x$ 的大小.

解 设 $f(x) = x - \ln x$，在区间 $[1,2]$ 上，$f(x) > 0$，所以 $\int_1^2 (x - \ln x)\mathrm{d}x > 0$，即

$\int_1^2 \ln x\mathrm{d}x < \int_1^2 x\mathrm{d}x$.

性质 5.1.6（估值定理） 设函数 $f(x)$ 在 $[a,b]$ 上的最大值和最小值分别是 M 及 m，则 $m(b-a) \leqslant \int_a^b f(x)\mathrm{d}x \leqslant M(b-a)$.

利用性质 5.1.4 和性质 5.1.5，易证得性质 5.1.6，读者可自行验证.

例 5.1.5 估计积分 $\int_0^\pi \dfrac{1}{3+\sin^3 x}\mathrm{d}x$ 的值.

解 令 $f(x) = \dfrac{1}{3+\sin^3 x}$，$\forall x \in [0, \pi]$，

因为 $0 \leqslant \sin^3 x \leqslant 1$，所以 $\dfrac{1}{4} \leqslant \dfrac{1}{3+\sin^3 x} \leqslant \dfrac{1}{3}$，从而由性质 5.1.6 知，

$$\int_0^\pi \frac{1}{4}\mathrm{d}x \leqslant \int_0^\pi \frac{1}{3+\sin^3 x}\mathrm{d}x \leqslant \int_0^\pi \frac{1}{3}\mathrm{d}x ,$$

即

$$\frac{\pi}{4} \leqslant \int_0^\pi \frac{1}{3+\sin^3 x}\mathrm{d}x \leqslant \frac{\pi}{3}.$$

性质 5.1.7（积分中值定理） 如果 $f(x)$ 在区间 $[a,b]$ 上连续，则至少存在一点 $\xi \in [a,b]$，使 $\int_a^b f(x)\mathrm{d}x = f(\xi)(b-a)$.

证明 设 $f(x)$ 在 $[a,b]$ 上的最大值，最小值分别是 M, m，则由性质 5.1.6 可得，

$$m \leqslant \frac{1}{b-a}\int_a^b f(x)\mathrm{d}x \leqslant M$$

根据闭区间上连续函数介值定理，在 $[a,b]$ 上至少存在一点 ξ，使得

$$f(\xi) = \frac{1}{b-a}\int_a^b f(x)\mathrm{d}x ,$$

即

$$\int_a^b f(x)\mathrm{d}x = f(\xi)(b-a) .$$

注意： $f(\xi) = \dfrac{1}{b-a}\displaystyle\int_a^b f(x)\mathrm{d}x$ 称为函数 $f(x)$ 在区间 $[a,b]$ 上的平均值. 积分中值定理在几何上表示曲边梯形的面积等于以 $b-a$ 为底，以 $f(\xi)$ 为高的矩形面积（如图 5.4 所示）. 如果 $f(x)$ 表示做变速直线运动物体的速度，则 $f(\xi)$ 表示时间段 $[a,b]$ 上的平均速度.

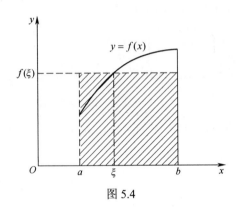

图 5.4

例 5.1.6 设 $f(x)$ 可导，且 $\lim\limits_{x\to+\infty} f(x) = 1$，求 $\lim\limits_{x\to+\infty}\displaystyle\int_x^{x+2} t\sin\dfrac{3}{t}f(t)\mathrm{d}t$.

解 由积分中值定理知，$\exists\,\xi\in[x,x+2]$，使

$$\int_x^{x+2} t\sin\dfrac{3}{t}f(t)\mathrm{d}t = \xi\sin\dfrac{3}{\xi}f(\xi)(x+2-x) = 2\xi\sin\dfrac{3}{\xi}f(\xi),$$

于是

$$\lim_{x\to+\infty}\int_x^{x+2} t\sin\dfrac{3}{t}f(t)\mathrm{d}t = 2\lim_{\xi\to+\infty}\xi\sin\dfrac{3}{\xi}f(\xi) = 6\lim_{\xi\to+\infty}\dfrac{\sin\dfrac{3}{\xi}}{\dfrac{3}{\xi}}f(\xi) = 6.$$

习题 5.1

1. 利用定积分的定义式表示下面所求量：

（1）由抛物线 $y = x^2 + 1$，两条直线 $x = -1$，$x = 1$ 及 x 轴所围成的图形的面积.

（2）已知物体以 $v(t) = (3t+5)$ m/s 作直线运动，试用定积分表示物体在时间 $T_1 = 1s$，$T_2 = 3s$ 期间所经过的路程 s，并利用定积分的几何意义求出 s 的值.

2. 利用定积分的几何意义计算下列定积分：

（1）$\displaystyle\int_0^1 2x\mathrm{d}x$；　　　　　　　（2）$\displaystyle\int_0^1 \sqrt{1-x^2}\mathrm{d}x$；

（3）$\displaystyle\int_{-1}^1 |x|\mathrm{d}x$；　　　　　　　（4）$\displaystyle\int_0^t x\mathrm{d}x$（$t>0$）.

3．设 $f(x)$ 连续，而且 $\int_0^1 2f(x)\mathrm{d}x = 4$，$\int_0^3 f(x)\mathrm{d}x = 6$，$\int_0^1 g(x)\mathrm{d}x = 3$，计算下列各值：

（1）$\int_0^1 f(x)\mathrm{d}x$；　　　　　　　　（2）$\int_1^3 3f(x)\mathrm{d}x$；

（3）$\int_1^0 g(x)\mathrm{d}x$；　　　　　　　　（4）$\int_0^1 \dfrac{f(x)+2g(x)}{4}\mathrm{d}x$．

4．比较下列定积分的大小：

（1）$I_1 = \int_3^4 \ln x\mathrm{d}x$　　　$I_2 = \int_3^4 \ln^2 x\mathrm{d}x$；（2）$I_1 = \int_0^1 x^2\mathrm{d}x$　　$I_2 = \int_0^1 x^3\mathrm{d}x$；

（3）$I_1 = \int_0^{\frac{\pi}{4}} \cos x\mathrm{d}x$　　　$I_2 = \int_0^{\frac{\pi}{4}} \sin x\mathrm{d}x$；（4）$I_1 = \int_0^1 \mathrm{e}^x\mathrm{d}x$　　$I_2 = \int_0^1 (1+x)\mathrm{d}x$；

（5）$I_1 = \int_0^1 \ln(1+x)\mathrm{d}x$　　$I_2 = \int_0^1 x\mathrm{d}x$．

5．估计下列各积分的值：

（1）$\int_1^4 (x^2+1)\mathrm{d}x$；　　　　　　　（2）$\int_{\frac{\pi}{4}}^{\frac{\pi}{2}} \dfrac{\sin x}{x}\mathrm{d}x$；

（3）$\int_{\frac{\pi}{4}}^{\frac{5\pi}{4}} (1+\sin^2 x)\mathrm{d}x$；　　　　　（4）$\int_1^2 (2x^3 - x^4)\mathrm{d}x$；

（5）$\int_0^1 \mathrm{e}^{-x^2}\mathrm{d}x$；　　　　　　　（6）$\int_{\frac{1}{\sqrt{3}}}^{\sqrt{3}} x\arctan x\mathrm{d}x$．

5.2　微积分基本公式

从例 5.1.1 的计算过程可以看到，即使被积函数非常简单，用定积分的定义计算也是非常困难和复杂的．因此寻找一种简单有效的计算方法是定积分的一个关键问题．牛顿和莱布尼茨开辟了求定积分的新途径，首先发现了定积分与不定积分之间存在着深刻的内在联系，然后推导出了计算定积分的重要公式——牛顿－莱布尼茨公式．

5.2.1　积分上限函数及其导数

设函数 $f(x)$ 在区间 $[a,b]$ 上连续，则定积分 $\int_a^b f(x)\mathrm{d}x$ 一定存在，在几何学上表示曲边梯形的面积．$\forall x \in [a,b]$，考察定积分 $\int_a^x f(x)\mathrm{d}x$，它表示曲边梯形的部分面积 $\Phi(x)$（如图 5.5 所示），当上限 x 在区间 $[a,b]$ 上任意变动时，曲边梯形的面积 $\Phi(x)$ 也在随之变化，因此，对于每一个取定的值 $x \in [a,b]$，总有一个值

$\Phi(x) = \int_a^x f(x)\mathrm{d}x$ 与之对应，因此 $\int_a^x f(x)\mathrm{d}x$ 是 x 的函数，称为**积分上限函数**，记作

$$\Phi(x) = \int_a^x f(x)\mathrm{d}x \quad (a \leqslant x \leqslant b).$$

注意： 因为定积分的取值与积分变量无关，所以为了明确起见，积分上限函数常记作 $\Phi(x) = \int_a^x f(t)\mathrm{d}t$ （ $a \leqslant x \leqslant b$ ）.

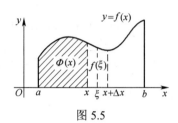

图 5.5

积分上限函数具有如下非常重要的性质.

定理 5.2.1 如果 $f(x)$ 在 $[a,b]$ 上连续，则积分上限的函数 $\Phi(x) = \int_a^x f(t)\mathrm{d}t$ 在 $[a,b]$ 上具有导数，且它的导数是

$$\Phi'(x) = \frac{\mathrm{d}}{\mathrm{d}x} \int_a^x f(t)\mathrm{d}t = f(x) \quad (a \leqslant x \leqslant b). \tag{5.2.1}$$

证明 利用导数的定义来证明此结论.

对 $\forall x \in (a,b)$，任取 $\forall x + \Delta x \in (a,b)$，则对应的函数值的增量

$$\Delta \Phi = \Phi(x + \Delta x) - \Phi(x) = \int_a^{x+\Delta x} f(t)\mathrm{d}t - \int_a^x f(t)\mathrm{d}t = \int_x^{x+\Delta x} f(t)\mathrm{d}t$$

由积分中值定理可得

$$\int_x^{x+\Delta x} f(t)\mathrm{d}t = f(\xi)\Delta x，\quad \xi 介于 x 与 x + \Delta x 之间，$$

所以

$$\lim_{\Delta x \to 0} \frac{\Delta \Phi}{\Delta x} = \lim_{\Delta x \to 0} f(\xi) = \lim_{\xi \to x} f(\xi) = f(x)，$$

即

$$\Phi'(x) = f(x).$$

当 $x = a$ 时，取 $\Delta x > 0$，同理可证 $\Phi'_+(a) = f(a)$；当 $x = b$ 时，取 $\Delta x < 0$，同理可证 $\Phi'_-(b) = f(b)$. 综上所述，

$$\Phi'(x) = \frac{\mathrm{d}}{\mathrm{d}x} \int_a^x f(t)\mathrm{d}t = f(x) \quad (a \leqslant x \leqslant b).$$

注意： 利用复合函数的求导法则，可进一步得到下列公式：

（1） $\dfrac{\mathrm{d}}{\mathrm{d}x} \displaystyle\int_a^{\varphi(x)} f(t)\mathrm{d}t = f\big(\varphi(x)\big)\varphi'(x)$ ；

（2）$\dfrac{\mathrm{d}}{\mathrm{d}x}\displaystyle\int_{\psi(x)}^{\varphi(x)}f(t)\mathrm{d}t=f\big(\varphi(x)\big)\varphi'(x)-f\big(\psi(x)\big)\psi'(x)$．

例 5.2.1 计算下列导数．

（1）$\dfrac{\mathrm{d}}{\mathrm{d}x}\displaystyle\int_0^x\sqrt{1+\sin^2 t}\,\mathrm{d}t$．

（2）$\dfrac{\mathrm{d}}{\mathrm{d}x}\displaystyle\int_2^{x^3}\dfrac{\sin t}{t}\,\mathrm{d}t$．

（3）$\dfrac{\mathrm{d}}{\mathrm{d}x}\displaystyle\int_{x^2}^{x^3}\mathrm{e}^{\sqrt{t^2-1}}\,\mathrm{d}t$．

解（1）$\dfrac{\mathrm{d}}{\mathrm{d}x}\displaystyle\int_0^x\sqrt{1+\sin^2 t}\,\mathrm{d}t=\sqrt{1+\sin^2 x}$．

（2）$\dfrac{\mathrm{d}}{\mathrm{d}x}\displaystyle\int_2^{x^3}\dfrac{\sin t}{t}\,\mathrm{d}t=\dfrac{\sin x^3}{x^3}\cdot 3x^2=\dfrac{3\sin x^3}{x}$．

（3）$\dfrac{\mathrm{d}}{\mathrm{d}x}\displaystyle\int_{x^2}^{x^3}\mathrm{e}^{\sqrt{t^2-1}}\,\mathrm{d}t=\mathrm{e}^{\sqrt{x^6-1}}\cdot 3x^2-\mathrm{e}^{\sqrt{x^4-1}}\cdot 2x=x(3x\mathrm{e}^{\sqrt{x^6-1}}-2\mathrm{e}^{\sqrt{x^4-1}})$．

例 5.2.2 求极限 $\displaystyle\lim_{x\to 0}\dfrac{\displaystyle\int_{\cos x}^1\mathrm{e}^{-t^2}\mathrm{d}t}{x^2}$．

解 这是 $\dfrac{0}{0}$ 型未定式，可用洛必达法则，同时将积分号去掉．

因为 $\dfrac{\mathrm{d}}{\mathrm{d}x}\displaystyle\int_{\cos x}^1\mathrm{e}^{-t^2}\mathrm{d}t=-\dfrac{\mathrm{d}}{\mathrm{d}x}\displaystyle\int_1^{\cos x}\mathrm{e}^{-t^2}\mathrm{d}t=-\mathrm{e}^{-\cos^2 x}\cdot(\cos x)'=\sin x\cdot\mathrm{e}^{-\cos^2 x}$，所以

$$\lim_{x\to 0}\dfrac{\displaystyle\int_{\cos x}^1\mathrm{e}^{-t^2}\mathrm{d}t}{x^2}=\lim_{x\to 0}\dfrac{\sin x\cdot\mathrm{e}^{-\cos^2 x}}{2x}=\dfrac{1}{2\mathrm{e}}.$$

例 5.2.3 设 $f(x)$ 在 $(0,1)$ 上连续，且 $f(x)<1$．证明：$2x-\displaystyle\int_0^x f(t)\mathrm{d}t=1$ 在 $(0,1)$ 内有且只有一个根．

证明 令 $F(x)=2x-\displaystyle\int_0^x f(t)\mathrm{d}t-1$，则 $F(0)=-1<0$，又 $f(x)<1$，所以

$$F(1)=1-\int_0^1 f(t)\mathrm{d}t>0，$$

由零点定理知，在 $(0,1)$ 内至少存在一点，使得 $F(x)=0$．而 $F'(x)=2-f(x)>0$，从而 $F(x)$ 在 $(0,1)$ 上单调增加．所以在 $(0,1)$ 内有且只有一点，使得 $F(x)=0$．即方程 $2x-\displaystyle\int_0^x f(t)\mathrm{d}t=1$ 在 $(0,1)$ 内有且只有一个根．

例 5.2.4 设 $f(x)$ 在 $(0,+\infty)$ 内连续，且 $f(x)>0$．证明：函数

$$F(x) = \frac{\int_0^x tf(t)\mathrm{d}t}{\int_0^x f(t)\mathrm{d}t}$$

在 $(0, +\infty)$ 内单调增加.

证明 根据积分上限函数的求导公式可知

$$\frac{\mathrm{d}}{\mathrm{d}x}\int_0^x tf(t)\mathrm{d}t = xf(x) , \quad \frac{\mathrm{d}}{\mathrm{d}x}\int_0^x f(t)\mathrm{d}t = f(x) ,$$

因此

$$F'(x) = \frac{xf(x)\int_0^x f(t)\mathrm{d}t - f(x)\int_0^x tf(t)\mathrm{d}t}{\left(\int_0^x f(t)\mathrm{d}t\right)^2} = \frac{f(x)\int_0^x (x-t)f(t)\mathrm{d}t}{\left(\int_0^x f(t)\mathrm{d}t\right)^2} ,$$

又 $0 < t < x$ 时，$f(t) > 0$，$(x-t)f(t) > 0$，所以

$$\int_0^x f(t)\mathrm{d}t > 0 , \quad \int_0^x (x-t)f(t)\mathrm{d}t > 0 ,$$

于是 $F'(x) > 0$（$x > 0$）. 故 $F(x)$ 在 $(0, +\infty)$ 内单调增加.

5.2.2　牛顿–莱布尼茨公式

定理 5.2.1 具有非常重要的意义，如果函数 $f(x)$ 连续，那么积分上限函数 $\varPhi(x) = \int_a^x f(t)\mathrm{d}t$ 一定是它的原函数，因此得到如下定理.

定理 5.2.2　如果 $f(x)$ 在 $[a,b]$ 上连续，则积分上限的函数

$$\varPhi(x) = \int_a^x f(t)\,\mathrm{d}t \tag{5.2.2}$$

就是 $f(x)$ 在 $[a,b]$ 上的一个原函数.

定理 5.2.2 一方面说明了连续函数一定有原函数，另一方面建立了定积分与不定积分之间的联系，因此，我们就有可能通过原函数来计算定积分.

定理 5.2.3　如果函数 $F(x)$ 是连续函数 $f(x)$ 在 $[a,b]$ 上的一个原函数，则

$$\int_a^b f(x)\mathrm{d}x = F(b) - F(a) . \tag{5.2.3}$$

证明　由已知条件 $F(x)$ 是连续函数 $f(x)$ 在 $[a,b]$ 上的一个原函数，根据定理 5.2.2，$\varPhi(x) = \int_a^x f(t)\,\mathrm{d}t$ 也是 $f(x)$ 的一个原函数，所以 $F(x)$ 与 $\varPhi(x)$ 只差一个常数，即

$$F(x) - \varPhi(x) = C , \quad x \in [a,b] ,$$

在上式中，令 $x = a$，得 $F(a) - \varPhi(a) = C$，又因为 $\varPhi(a) = \int_a^a f(t)\mathrm{d}t = 0$，所以 $F(a) = C$，于是 $F(x) - \int_a^x f(t)\mathrm{d}t = F(a)$，即

$$\int_a^x f(x)\mathrm{d}x = F(x) - F(a),$$

在上式中令 $x = b$，即得 $\int_a^b f(x)\mathrm{d}x = F(b) - F(a)$.

为方便起见，公式 5.2.3 记作

$$\int_a^b f(x)\mathrm{d}x = \left[F(x)\right]_a^b \quad \text{或} \quad \int_a^b f(x)\mathrm{d}x = F(x)\Big|_a^b.$$

公式（5.2.3）称为牛顿（Newton）—莱布尼茨（Leibniz）公式. 这个公式表明：一个连续函数在区间 $[a,b]$ 上的定积分等于它的任意一个原函数在区间 $[a,b]$ 上的增量. 它巧妙的将定积分的计算转化到求被积函数的原函数上，最后计算区间上的增量. 在上一章我们对原函数的计算做了详尽的描述. 这就给定积分的运算提供了一个有效而简便的计算方法，大大简化了定积分的计算过程.

例 5.2.5　计算 $\int_0^1 x^2 \mathrm{d}x$.

解　由于 $\dfrac{x^3}{3}$ 是 x^2 的一个原函数，所以按照牛顿—莱布尼茨公式，得

$$\int_0^1 x^2 \mathrm{d}x = \left[\frac{x^3}{3}\right]_0^1 = \frac{1^3}{3} - \frac{0^3}{3} = \frac{1}{3} .$$

例 5.2.6　求 $\int_{-2}^{-1} \dfrac{1}{x} \mathrm{d}x$.

解　由于 $\ln|x|$ 是 $\dfrac{1}{x}$ 的一个原函数，所以按照牛顿—莱布尼茨公式，得

$$\int_{-2}^{-1} \frac{1}{x} \mathrm{d}x = \left[\ln|x|\right]_{-2}^{-1} = -\ln 2 .$$

例 5.2.7　求 $\int_1^{\sqrt{3}} \dfrac{1}{x^2(1+x^2)} \mathrm{d}x$.

解　因为被积函数可化为：$\dfrac{1}{x^2(1+x^2)} = \dfrac{1}{x^2} - \dfrac{1}{1+x^2}$ ，所以根据性质 5.1.2 和牛顿—莱布尼茨公式可得

$$\int_1^{\sqrt{3}} \frac{1}{x^2(1+x^2)} \mathrm{d}x = \int_1^{\sqrt{3}} \left(\frac{1}{x^2} - \frac{1}{1+x^2}\right) \mathrm{d}x$$

$$= \left[-\frac{1}{x}\right]_1^{\sqrt{3}} + \left[\arctan x\right]_1^{\sqrt{3}} = 1 - \frac{1}{\sqrt{3}} + \frac{\pi}{12} .$$

例 5.2.8　求 $\int_0^{\pi} \sqrt{1-\sin^2 x}\,\mathrm{d}x$.

解　$\displaystyle\int_0^{\pi} \sqrt{1-\sin^2 x}\,\mathrm{d}x = \int_0^{\pi} |\cos x|\,\mathrm{d}x = \int_0^{\frac{\pi}{2}} \cos x\,\mathrm{d}x - \int_{\frac{\pi}{2}}^{\pi} \cos x\,\mathrm{d}x$

$$= [\sin x]_0^{\frac{\pi}{2}} - [\sin x]_{\frac{\pi}{2}}^{\pi} = -2 .$$

例 5.2.9 设 $f(x) = \begin{cases} 2x, & 0 \leqslant x \leqslant 1, \\ 5, & 1 < x \leqslant 2, \end{cases}$ 求 $\int_0^2 f(x)\mathrm{d}x$.

解 $\int_0^2 f(x)\mathrm{d}x = \int_0^1 f(x)\mathrm{d}x + \int_1^2 f(x)\mathrm{d}x = \int_0^1 2x\mathrm{d}x + \int_1^2 5\mathrm{d}x = 6 .$

例 5.2.10 汽车以每小时 36 km 速度行驶，到某处需要减速停车，设汽车以等加速度 $a = -5 \, \mathrm{m/s^2}$ 刹车，问从开始刹车到停车，汽车驶过了多少距离？

解 设汽车开始刹车的时间 $t = 0$，此时初速度
$$v_0 = 36 \, \mathrm{km/h} = 10 \, \mathrm{m/s} ,$$

刹车后汽车进行匀减速行驶，其速度为
$$v(t) = v_0 + at = 10 - 5t ,$$

当汽车行驶一段时间 t 后，汽车停住，其速度为
$$v(t) = 10 - 5t = 0 ,$$

解得 $t = 2(s)$.

于是在时间段 $[0, 2]$ 上，汽车所驶过的距离为

$$s = \int_0^2 v(t)\mathrm{d}t = \int_0^2 (10 - 5t)\mathrm{d}t = \left[10t - 5 \times \frac{t^2}{2}\right]_0^2 = 10 \quad (\mathrm{m}) .$$

习题 5.2

1. 计算下列各导数：

（1）$\dfrac{\mathrm{d}}{\mathrm{d}x} \displaystyle\int_0^{x^2} \sqrt{1 + t^2} \, \mathrm{d}t$;

（2）$\dfrac{\mathrm{d}}{\mathrm{d}x} \displaystyle\int_{x^2}^{x^3} \dfrac{1}{\sqrt{1 + t^4}} \, \mathrm{d}t$;

（3）$\dfrac{\mathrm{d}}{\mathrm{d}x} \displaystyle\int_{\sin^2 x}^2 \dfrac{1}{1 + t^2} \, \mathrm{d}t$;

（4）$\dfrac{\mathrm{d}}{\mathrm{d}x} \displaystyle\int_e^{x^2} \ln t^3 \, \mathrm{d}t$.

2. 求下列极限：

（1）$\displaystyle\lim_{x \to 0} \dfrac{\displaystyle\int_0^x \dfrac{\sin t}{2t} \, \mathrm{d}t}{x}$;

（2）$\displaystyle\lim_{x \to 0} \dfrac{\displaystyle\int_0^x \ln(1 + t^2) \, \mathrm{d}t}{x^3}$;

（3）$\displaystyle\lim_{x \to +\infty} \dfrac{\displaystyle\int_0^x (\arctan t)^2 \, \mathrm{d}t}{\sqrt{1 + x^2}}$;

（4）$\displaystyle\lim_{x \to 0} \dfrac{x - \displaystyle\int_0^x e^{-t^2} \, \mathrm{d}t}{x \sin^2 x}$;

（5）$\displaystyle\lim_{x \to 0} \dfrac{e^x \displaystyle\int_0^x \sin t \, \mathrm{d}t}{x}$.

3. 设 $f(x)$ 连续，且 $\displaystyle\int_1^x f(t)\mathrm{d}t = \sin x + e^{2x} + \ln 5$，求 $f(\pi)$.

4. 当 x 为何值时，函数 $I(x)=\int_0^x te^{-t^2}dt$ 有极值.

5. 计算下列各定积分：

（1）$\int_0^1(6-x^2-\sqrt{x})dx$ ；

（2）$\int_0^{\frac{\pi}{2}}(2x+\cos x)dx$ ；

（3）$\int_0^1\dfrac{1}{1+x}dx$ ；

（4）$\int_1^2\left(x^2+\dfrac{1}{x^4}\right)dx$ ；

（5）$\int_{\frac{\pi}{2}}^{\frac{\pi}{4}}\cot^2 xdx$ ；

（6）$\int_{-1}^3|2-x|dx$ ；

（7）$\int_0^{\sqrt{3}a}\dfrac{1}{a^2+x^2}dx$ （ $a\neq 0$ ）.

6. 设 $f(x)=\begin{cases}x, & x<1,\\ e^{x-1}, & x\geq 1,\end{cases}$ 求 $\int_0^2 f(x)dx$.

7. 设 $f(x)=\begin{cases}x^2, & x\in[0,1),\\ x, & x\in[1,2],\end{cases}$ 求 $\Phi(x)=\int_0^x f(t)dt$ 在 $[0,2]$ 上的表达式，并讨论 $\Phi(x)$ 在 $[0,2]$ 内的连续性.

8. 设 k 为正整数，试证下列各题：

（1）$\int_{-\pi}^{\pi}\cos kxdx=0$ ；

（2）$\int_{-\pi}^{\pi}\sin kxdx=0$ ；

（3）$\int_{-\pi}^{\pi}\cos^2 kxdx=\pi$ ；

（4）$\int_{-\pi}^{\pi}\sin^2 kxdx=\pi$.

5.3　定积分的换元法和分部积分法

由牛顿 - 莱布尼茨公式知道，求定积分 $\int_a^b f(x)dx$ 的问题可以转化为求被积函数 $f(x)$ 的原函数 $F(x)$ 在区间 $[a,b]$ 上的增量问题. 因此计算定积分关键的一步就是寻求被积函数的一个原函数. 在不定积分求原函数的计算中有换元法和分部积分法，那么在一定条件下，这两类方法在定积分的计算中仍然适用，本节将具体讨论定积分的积分法.

5.3.1　定积分的换元法

定理 5.3.1　假设函数 $f(x)$ 在区间 $[a,b]$ 上连续，函数 $x=\varphi(t)$ 满足以下条件：

（1）$\varphi(\alpha)=a$ ，$\varphi(\beta)=b$ ，$a\leq\varphi(t)\leq b$ ；

（2）$\varphi(t)$ 在 $[\alpha,\beta]$ 上有连续导数，则有公式

$$\int_a^b f(x)dx=\int_\alpha^\beta f[\varphi(t)]\varphi'(t)dt .\qquad(5.3.1)$$

公式（5.3.1）称为定积分的**换元积分公式**.

证明　已知条件 $f(x)$ 和 $\varphi(t)$ 都是连续函数，根据连续函数的性质可知公式（5.3.1）右边的被积函数 $f[\varphi(t)]\varphi'(t)$ 也是连续的，所以它们的原函数都存在.

设 $F(x)$ 是 $f(x)$ 在区间 $[a,b]$ 上的一个原函数，根据牛顿－莱布尼茨公式，左边的定积分

$$\int_a^b f(x)\mathrm{d}x = F(b) - F(a) .$$

$F[\varphi(t)]$ 是 $F(x)$ 和 $x = \varphi(t)$ 复合而成的函数，由复合函数微分法得

$$\frac{\mathrm{d}}{\mathrm{d}t}F[\varphi(t)] = F'[\varphi(t)]\varphi'(t) = f[\varphi(t)]\varphi'(t) ,$$

可见，$F[\varphi(t)]$ 是 $f[\varphi(t)]\varphi'(t)$ 的一个原函数，根据牛顿－莱布尼茨公式，右边的定积分

$$\int_\alpha^\beta f[\varphi(t)]\varphi'(t)\mathrm{d}t = F[\varphi(\beta)] - F[\varphi(\alpha)] = F(b) - F(a) .$$

所以

$$\int_a^b f(x)\mathrm{d}x = \int_\alpha^\beta f[\varphi(t)]\varphi'(t)\mathrm{d}t .$$

应用换元公式时要注意以下三点：

（1）用 $x = \varphi(t)$ 把原来变量 x 代换成新变量 t 时，积分限也要换成相应于新变量 t 的积分限，即换元必定换限；

（2）求出 $f[\varphi(t)]\varphi'(t)$ 的一个原函数 $F[\varphi(t)]$ 后，可以不必像计算不定积分那样再把 $F[\varphi(t)]$ 换成原来变量 x 的函数，而只要把新变量 t 的上、下限分别代入 $F[\varphi(t)]$ 中然后相减即可；

（3）换元公式也可反过来使用，为使用方便起见，把换元公式中左右两边对调位置，得

$$\int_\alpha^\beta f[\varphi(t)]\varphi'(t)\mathrm{d}t = \int_a^b f(x)\mathrm{d}x , （令 x = \varphi(t)） . \tag{5.3.2}$$

公式（5.3.2）表示先进行凑微分运算，再作变量替换，与不定积分的第一类换元法是对应的，因此公式（5.3.2）可称为定积分的**第一类换元公式**，公式（5.3.1）称为定积分的**第二类换元公式**.

例 5.3.1　计算 $\displaystyle\int_0^{\frac{\pi}{2}} \cos^5 x \sin x\mathrm{d}x$.

解　因为 $\displaystyle\int_0^{\frac{\pi}{2}} \cos^5 x \sin x\mathrm{d}x = -\int_0^{\frac{\pi}{2}} \cos^5 x\mathrm{d}\cos x$ ，令 $t = \cos x$，当 $x = \dfrac{\pi}{2}$ 时，$t = 0$；当 $x = 0$ 时，$t = 1$. 所以

$$\int_0^{\frac{\pi}{2}} \cos^5 x \sin x\mathrm{d}x = -\int_1^0 t^5\mathrm{d}t = \left[\frac{t^6}{6}\right]_0^1 = \frac{1}{6}.$$

注意： 此题在凑出微分 $\mathrm{d}\cos x$ 之后，可以不作变量替换，直接以 $\cos x$ 作为变量求出原函数，即

$$\int_0^{\frac{\pi}{2}} \cos^5 x \sin x \mathrm{d}x = -\int_0^{\frac{\pi}{2}} \cos^5 x \mathrm{d}\cos x = \left[-\frac{1}{6}\cos^6 x\right]_0^{\frac{\pi}{2}} = \frac{1}{6}.$$

例 5.3.2 计算 $\int_0^{\pi} \sqrt{\sin^3 x - \sin^5 x} \mathrm{d}x$.

解 因为 $\sqrt{\sin^3 x - \sin^5 x} = |\cos x|(\sin x)^{\frac{3}{2}}$ ，所以

$$\begin{aligned}
\int_0^{\pi} \sqrt{\sin^3 x - \sin^5 x} \mathrm{d}x &= \int_0^{\pi} |\cos x|(\sin x)^{\frac{3}{2}} \mathrm{d}x \\
&= \int_0^{\frac{\pi}{2}} \cos x (\sin x)^{\frac{3}{2}} \mathrm{d}x - \int_{\frac{\pi}{2}}^{\pi} \cos x (\sin x)^{\frac{3}{2}} \mathrm{d}x \\
&= \int_0^{\frac{\pi}{2}} (\sin x)^{\frac{3}{2}} \mathrm{d}\sin x - \int_{\frac{\pi}{2}}^{\pi} (\sin x)^{\frac{3}{2}} \mathrm{d}\sin x \\
&= \left[\frac{2}{5}(\sin^{\frac{5}{2}} x)\right]_0^{\frac{\pi}{2}} - \left[\frac{2}{5}(\sin x)^{\frac{5}{2}}\right]_{\frac{\pi}{2}}^{\pi} = \frac{4}{5}.
\end{aligned}$$

例 5.3.3 计算 $\int_0^4 \frac{(x+2)\mathrm{d}x}{\sqrt{2x+1}}$.

解 令 $t = \sqrt{2x+1}$ ，则 $x = \frac{t^2-1}{2}$. 当 $x=0$ 时，$t=1$；当 $x=4$ 时，$t=3$.

所以

$$\begin{aligned}
\int_0^4 \frac{(x+2)\mathrm{d}x}{\sqrt{2x+1}} &= \int_1^3 \frac{\left(\dfrac{t^2-1}{2}+2\right)}{t} \cdot t \mathrm{d}t = \int_1^3 \left(\frac{t^2-1}{2}+2\right)\mathrm{d}t \\
&= \frac{1}{2}\int_1^3 (t^2+3)\mathrm{d}t \\
&= \frac{1}{2}\left[\frac{t^3}{3}+3t\right]_1^3 = \frac{22}{3}.
\end{aligned}$$

例 5.3.4 计算 $\int_0^a \sqrt{a^2-x^2} \mathrm{d}x$ （$a>0$）.

解 令 $x = a\sin t$ ，则 $\mathrm{d}x = a\cos t \mathrm{d}t$ ，且当 $x=0$ 时，$t=0$；当 $x=a$ 时，$t=\frac{\pi}{2}$.

所以

$$\int_0^a \sqrt{a^2-x^2} \mathrm{d}x = a^2 \int_0^{\frac{\pi}{2}} \cos^2 t \mathrm{d}t$$

$$= \frac{a^2}{2} \int_0^{\frac{\pi}{2}} (1 + \cos 2t) \, dt = \left[\frac{a^2}{2} \left(t + \frac{1}{2} \sin 2t \right) \right]_0^{\frac{\pi}{2}} = \frac{\pi a^2}{4} .$$

例 5.3.5 计算 $\int_1^2 \frac{dx}{x(x^4+1)}$.

解 令 $t = \frac{1}{x}$ ，则 $dx = -\frac{1}{t^2} dt$ ， $x = 1$ 时， $t = 1$ ； $x = 2$ 时， $t = \frac{1}{2}$. 则有

$$\int_1^2 \frac{dx}{x(x^4+1)} = -\int_1^{\frac{1}{2}} \frac{t^3 dt}{t^4+1} = \int_{\frac{1}{2}}^1 \frac{t^3 dt}{t^4+1} = \frac{1}{4} \int_{\frac{1}{2}}^1 \frac{d(t^4+1)}{t^4+1}$$

$$= \frac{1}{4} \left[\ln(t^4+1) \right]_{\frac{1}{2}}^1 = \frac{5}{4} \ln 2 - \frac{1}{4} \ln 17 .$$

例 5.3.6 设 $f(x)$ 在 $[-a, a]$ 上连续，且有

（1）若 $f(x)$ 为偶函数，则 $\int_{-a}^a f(x) dx = 2 \int_0^a f(x) dx$ ；

（2）若 $f(x)$ 为奇函数，则 $\int_{-a}^a f(x) dx = 0$.

证明 因为 $\int_{-a}^a f(x) dx = \int_{-a}^0 f(x) dx + \int_0^a f(x) dx$ ，在 $\int_{-a}^0 f(x) dx$ 中令 $x = -t$ ，则

$$\int_{-a}^0 f(x) dx = -\int_a^0 f(-t) dt = \int_0^a f(-t) dt = \int_0^a f(-x) dx ,$$

$$\int_{-a}^a f(x) dx = \int_0^a f(x) dx + \int_0^a f(-x) dx = \int_0^a [f(x) + f(-x)] dx .$$

（1）若 $f(x)$ 为偶函数，则 $f(-x) = f(x)$ ，

$$\int_{-a}^a f(x) dx = \int_0^a [f(x) + f(-x)] dx = 2 \int_0^a f(x) dx ;$$

（2）若 $f(x)$ 为奇函数，则 $f(-x) = -f(x)$ ，则有

$$\int_{-a}^a f(x) dx = \int_0^a [f(x) + f(-x)] dx = 0 .$$

注意：例 5.3.6 是关于奇偶函数在对称区间上积分的性质，利用这个结论，可以使某些积分的计算大大简化.

例 5.3.7 计算 $\int_{-1}^1 \frac{x \ln(1+x^2) + 1}{1+x^2} dx$.

解 因为

$$\int_{-1}^1 \frac{x \ln(1+x^2) + 1}{1+x^2} dx = \int_{-1}^1 \frac{x \ln(1+x^2)}{1+x^2} dx + \int_{-1}^1 \frac{1}{1+x^2} dx ,$$

因为函数 $\frac{x \ln(1+x^2)}{1+x^2}$ 是 x 的奇函数，所以根据例 5.3.5 的第二个结论可知

$$\int_{-1}^{1} \frac{x\ln(1+x^2)}{1+x^2}dx = 0,$$

所以

$$\int_{-1}^{1} \frac{x\ln(1+x^2)+1}{1+x^2}dx = \int_{-1}^{1} \frac{1}{1+x^2}dx = [\arctan x]_{-1}^{1} = \frac{\pi}{4} - \left(-\frac{\pi}{4}\right) = \frac{\pi}{2}.$$

例 5.3.8 若 $f(x)$ 在 $[0,1]$ 上连续，证明：$\int_{0}^{\frac{\pi}{2}} f(\sin x)dx = \int_{0}^{\frac{\pi}{2}} f(\cos x)dx$.

证明 设 $x = \frac{\pi}{2} - t$，则 $dx = -dt$，当 $x = 0$ 时 $t = \frac{\pi}{2}$；当 $x = \frac{\pi}{2}$ 时 $t = 0$.

$$\int_{0}^{\frac{\pi}{2}} f(\sin x)dx = -\int_{\frac{\pi}{2}}^{0} f\left[\sin\left(\frac{\pi}{2}-t\right)\right]dt = \int_{0}^{\frac{\pi}{2}} f(\cos t)dt = \int_{0}^{\frac{\pi}{2}} f(\cos x)dx.$$

注意： 在被积函数中出现正、余弦函数时，经常用以下几个替换：$x = \frac{\pi}{2} - t$，

$x = \pi - t$，$x = \frac{\pi}{4} - t$ 等.

5.3.2 定积分的分部积分法

设函数 $u(x)$，$v(x)$ 在区间 $[a,b]$ 上具有连续导数，根据不定积分的分部积分法，

$$\int_{a}^{b} u(x)v'(x)dx = \left[\int u(x)dv(x)\right]_{a}^{b} = \left[u(x)v(x) - \int v(x)du(x)\right]_{a}^{b}$$

$$= \left[u(x)v(x)\right]_{a}^{b} - \int_{a}^{b} v(x)du(x).$$

简记为

$$\int_{a}^{b} udv = \left[uv\right]_{a}^{b} - \int_{a}^{b} vdu. \tag{5.3.3}$$

公式（5.3.3）称为定积分的**分部积分公式**. 此公式适用的类型以及 $u(x)$，$v(x)$ 的选择与不定积分中的选择是相同的.

例 5.3.9 计算 $\int_{0}^{\frac{1}{2}} \arcsin xdx$.

解 令 $u = \arcsin x$，$dv = dx$，即 $v = x$，

$$\int_{0}^{\frac{1}{2}} \arcsin xdx = \left[x\arcsin x\right]_{0}^{\frac{1}{2}} - \int_{0}^{\frac{1}{2}} xd\arcsin x$$

$$= \frac{1}{2} \cdot \frac{\pi}{6} - \int_{0}^{\frac{1}{2}} \frac{x}{\sqrt{1-x^2}}dx$$

$$= \frac{\pi}{12} + \left[\sqrt{1-x^2}\right]_{0}^{\frac{1}{2}} = \frac{\pi}{12} + \frac{\sqrt{3}}{2} - 1.$$

例 5.3.10 计算 $\int_0^1 e^{\sqrt{x}} dx$.

解 令 $\sqrt{x} = t$ ，则 $x = t^2$ ， $dx = 2tdt$ ，当 $x = 0$ 时， $t = 0$ ，当 $x = 1$ 时， $t = 1$ ，所以

$$\int_0^1 e^{\sqrt{x}} dx = 2\int_0^1 te^t dt = 2\int_0^1 t de^t = 2[te^t]_0^1 - 2\int_0^1 e^t dt$$

$$= 2e - 2[e^t]_0^1 = 2 .$$

例 5.3.11 证明：定积分公式（华里士（Wallis）公式）：

$$I_n = \int_0^{\frac{\pi}{2}} \sin^n x dx = \int_0^{\frac{\pi}{2}} \cos^n x dx$$

$$= \begin{cases} \dfrac{n-1}{n} \cdot \dfrac{n-3}{n-2} \cdot \cdots \cdot \dfrac{3}{4} \cdot \dfrac{1}{2} \cdot \dfrac{\pi}{2}, & n \text{ 为正偶数,} \\ \dfrac{n-1}{n} \cdot \dfrac{n-3}{n-2} \cdot \cdots \cdot \dfrac{4}{5} \cdot \dfrac{2}{3}, & n \text{ 为大于 1 的正奇数.} \end{cases}$$

证明 由例 5.3.7 可知 $\int_0^{\frac{\pi}{2}} \sin^n x dx = \int_0^{\frac{\pi}{2}} \cos^n x dx$ ，下面仅求 $\int_0^{\frac{\pi}{2}} \sin^n x dx$.

$$I_n = \int_0^{\frac{\pi}{2}} \sin^n x dx = -\int_0^{\frac{\pi}{2}} \sin^{n-1} x d\cos x$$

$$= [-\sin^{n-1} x \cos x]_0^{\frac{\pi}{2}} + (n-1)\int_0^{\frac{\pi}{2}} \sin^{n-2} x \cos^2 x dx$$

$$= 0 + (n-1)\int_0^{\frac{\pi}{2}} \sin^{n-2} x(1 - \sin^2 x) dx$$

$$= (n-1)\int_0^{\frac{\pi}{2}} \sin^{n-2} x dx - (n-1)\int_0^{\frac{\pi}{2}} \sin^n x dx$$

$$= (n-1)I_{n-2} - (n-1)I_n .$$

可得递推公式

$$I_n = \frac{n-1}{n} I_{n-2} .$$

当 n 为偶数时，即 $n = 2m$ （ m 为正整数）时，

$$I_{2m} = \frac{2m-1}{2m} \cdot \frac{2m-3}{2m-2} \cdot \cdots \cdot \frac{5}{6} \cdot \frac{3}{4} \cdot \frac{1}{2} I_0 .$$

当 n 为奇数时，即 $n = 2m+1$ （ m 为正整数）时，

$$I_{2m+1} = \frac{2m}{2m+1} \cdot \frac{2m-2}{2m-1} \cdot \cdots \cdot \frac{6}{7} \cdot \frac{4}{5} \cdot \frac{2}{3} I_1 .$$

又 $I_0 = \int_0^{\frac{\pi}{2}} dx = \frac{\pi}{2}$ ， $I_1 = \int_0^{\frac{\pi}{2}} \sin x dx = 1$ ，所以

$$I_{2m} = \frac{2m-1}{2m} \cdot \frac{2m-3}{2m-2} \cdot \cdots \cdot \frac{5}{6} \cdot \frac{3}{4} \cdot \frac{1}{2} \cdot \frac{\pi}{2} ,$$

$$I_{2m+1} = \frac{2m}{2m+1} \cdot \frac{2m-2}{2m-1} \cdots \frac{6}{7} \cdot \frac{4}{5} \cdot \frac{2}{3}.$$

结论得证.

习题 5.3

1．计算下列各定积分：

（1）$\displaystyle\int_0^{\sqrt{2}} \sqrt{2-x^2}\,dx$；

（2）$\displaystyle\int_{-2}^1 \frac{1}{(11+5x)^3}\,dx$；

（3）$\displaystyle\int_1^4 \frac{1}{1+\sqrt{x}}\,dx$；

（4）$\displaystyle\int_0^{\ln 3} \frac{1}{\sqrt{1+e^x}}\,dx$；

（5）$\displaystyle\int_{-2}^0 \frac{1}{x^2+2x+2}\,dx$；

（6）$\displaystyle\int_0^1 t e^{-\frac{t^2}{2}}\,dt$；

（7）$\displaystyle\int_{\frac{\pi}{3}}^{\pi} \sin\left(x+\frac{\pi}{3}\right)dx$；

（8）$\displaystyle\int_{\frac{\pi}{6}}^{\frac{\pi}{2}} \cos^2 t\,dt$；

（9）$\displaystyle\int_{\frac{3}{4}}^1 \frac{1}{\sqrt{1-x}-1}\,dx$；

（10）$\displaystyle\int_1^{\sqrt{3}} \frac{1}{x^2\sqrt{1+x^2}}\,dx$；

（11）$\displaystyle\int_{-1}^1 \frac{x}{\sqrt{5-4x}}\,dx$；

（12）$\displaystyle\int_{-\sqrt{2}}^{\sqrt{2}} \sqrt{8-2t^2}\,dt$；

（13）$\displaystyle\int_0^{\sqrt{2}a} \frac{x}{\sqrt{3a^2-x^2}}\,dx$；

（14）$\displaystyle\int_0^4 e^{\sqrt{x}}\,dx$；

（15）$\displaystyle\int_0^{\pi} (1-\sin^3\theta)\,d\theta$；

（16）$\displaystyle\int_0^{\ln 2} e^x(1+e^x)^2\,dx$；

（17）$\displaystyle\int_0^4 \frac{\sqrt{x}}{1+\sqrt{x}}\,dx$；

（18）$\displaystyle\int_0^{\frac{1}{2}} \frac{\arcsin x}{\sqrt{1-x^2}}\,dx$；

（19）$\displaystyle\int_0^{\frac{\pi}{2}} \sin^2 x \cos x\,dx$；

（20）$\displaystyle\int_0^{\ln 2} e^x \cos e^x\,dx$．

2．计算下列各定积分：

（1）$\displaystyle\int_0^{2\pi} x\sin x\,dx$；

（2）$\displaystyle\int_0^1 x^2 e^{-x}\,dx$；

（3）$\displaystyle\int_0^{\frac{\pi}{2}} e^{2x}\cos x\,dx$；

（4）$\displaystyle\int_0^{\frac{\pi}{3}} \frac{x}{\cos^2 x}\,dx$；

（5）$\displaystyle\int_e^{e^2} \frac{\ln x}{(x-1)^2}\,dx$；

（6）$\displaystyle\int_1^e \sin(\ln x)\,dx$．

3．利用函数的奇偶性计算下列各定积分：

（1）$\displaystyle\int_{-\pi}^{\pi} x^4\sin x\,dx$；

（2）$\displaystyle\int_{-\frac{\pi}{2}}^{\frac{\pi}{2}} 4\cos^4 x\,dx$；

（3）$\int_{-1}^{1}(x+|x|)^2 dx$；　　　　　　（4）$\int_{-5}^{5}\dfrac{x^3\sin^2 x}{x^4+2x^2+1}dx$．

4. 设 $f(x)$ 在 $[a,b]$ 上连续，证明：$\int_{a}^{b}f(x)dx=\int_{a}^{b}f(a+b-x)dx$．

5. 证明：$\int_{x}^{1}\dfrac{1}{1+x^2}dx=\int_{1}^{\frac{1}{x}}\dfrac{1}{1+x^2}dx$ （$x>0$）．

6. 证明：$\int_{0}^{\pi}\sin^n xdx=2\int_{0}^{\frac{\pi}{2}}\sin^n xdx$．

7. 已知 $f(2x+1)=xe^x$，求 $\int_{3}^{5}f(x)dx$．

8. 设 $f(0)=1$，$f(2)=3$，$f'(2)=5$，求 $\int_{0}^{2}xf''(x)dx$．

9. 设 $\int_{0}^{1}\dfrac{e^x}{1+x}dx=a$，求 $\int_{0}^{1}\dfrac{e^x}{(1+x)^2}dx$．

10. 设 $f(x)=\int_{x}^{\frac{\pi}{2}}\dfrac{\sin t}{t}dt$，求 $\int_{0}^{\frac{\pi}{2}}xf(x)dx$．

11. 设 $f(x)=\begin{cases}xe^{-x^2}, & x\geqslant 0,\\ e^{x-1}, & -1<x<0,\end{cases}$ 求 $\int_{1}^{4}f(x-2)dx$．

12. 连续函数 $f(x)$ 满足 $\int_{0}^{2x}f\left(\dfrac{t}{2}\right)dt=e^{-x}-1$，求 $\int_{0}^{1}f(x)dx$．

13. 设 $\int_{0}^{\pi}[f(x)+f''(x)]\sin xdx=5$，$f(\pi)=2$，求 $f(0)$．

14. 若 $f(t)$ 是连续函数且为奇函数，证明：$\int_{0}^{x}f(t)dt$ 是偶函数；若 $f(t)$ 是连续函数且为偶函数，证明：$\int_{0}^{x}f(t)dt$ 是奇函数．

5.4　反常积分

前面介绍的定积分中，被积函数满足的条件是：$f(x)$ 在有限区间 $[a,b]$ 上是有界的．但是在一些实际应用问题中，还经常会遇到积分区间为无限区间或者被积函数在积分区间上无界的情形，这样的积分不再属于定积分，而是定积分的推广，我们通常称其为**反常积分**或**广义积分**．

5.4.1　无穷限的反常积分

定义 5.4.1　设函数 $f(x)$ 在区间 $[a,+\infty)$ 上连续，取 $t>a$，如果极限 $\lim\limits_{t\to+\infty}\int_{a}^{t}f(x)dx$ 存在，则称此极限为函数 $f(x)$ 在无穷区间 $[a,+\infty)$ 上的**反常积分**，记

作 $\int_a^{+\infty} f(x)\mathrm{d}x$，即

$$\int_a^{+\infty} f(x)\mathrm{d}x = \lim_{t \to +\infty} \int_a^t f(x)\mathrm{d}x .$$

这时称反常积分 $\int_a^{+\infty} f(x)\mathrm{d}x$ **收敛**；如果上述极限不存在，称反常积分 $\int_a^{+\infty} f(x)\mathrm{d}x$ **发散**，此时记号 $\int_a^{+\infty} f(x)\mathrm{d}x$ 不再表示数值.

类似地，设函数 $f(x)$ 在区间 $(-\infty,b]$ 上连续，取 $t < b$，如果极限 $\lim\limits_{t \to -\infty} \int_t^b f(x)\mathrm{d}x$ 存在，则称此极限为函数 $f(x)$ 在无穷区间 $(-\infty,b]$ 上的**反常积分**，记作 $\int_{-\infty}^b f(x)\mathrm{d}x$，即

$$\int_{-\infty}^b f(x)\mathrm{d}x = \lim_{t \to -\infty} \int_t^b f(x)\mathrm{d}x .$$

这时称反常积分 $\int_{-\infty}^b f(x)\mathrm{d}x$ **收敛**；如果上述极限不存在，称反常积分 $\int_{-\infty}^b f(x)\mathrm{d}x$ **发散**.

设函数 $f(x)$ 在区间 $(-\infty,+\infty)$ 上连续，如果反常积分 $\int_{-\infty}^0 f(x)\mathrm{d}x$ 和 $\int_0^{+\infty} f(x)\mathrm{d}x$ 都收敛，则称上述两反常积分之和为函数 $f(x)$ 在无穷区间 $(-\infty,+\infty)$ 上的**反常积分**，记作 $\int_{-\infty}^{+\infty} f(x)\mathrm{d}x$，即

$$\int_{-\infty}^{+\infty} f(x)\mathrm{d}x = \int_{-\infty}^0 f(x)\mathrm{d}x + \int_0^{+\infty} f(x)\mathrm{d}x = \lim_{t \to -\infty} \int_t^0 f(x)\mathrm{d}x + \lim_{t \to +\infty} \int_0^t f(x)\mathrm{d}x .$$

这时称反常积分 $\int_{-\infty}^{+\infty} f(x)\mathrm{d}x$ **收敛**；如果 $\int_{-\infty}^0 f(x)\mathrm{d}x$ 和 $\int_0^{+\infty} f(x)\mathrm{d}x$ 不都收敛，则称反常积分 $\int_{-\infty}^{+\infty} f(x)\mathrm{d}x$ **发散**.

上述积分统称为**无穷限的反常积分**.

根据定义 5.4.1 和牛顿 - 莱布尼茨公式，我们可以得到以下简记形式：

对于反常积分 $\int_a^{+\infty} f(x)\mathrm{d}x$，如果 $F(x)$ 是 $f(x)$ 在 $[a,+\infty)$ 上的原函数，则

$$\int_a^{+\infty} f(x)\mathrm{d}x = \lim_{t \to +\infty} \int_a^t f(x)\mathrm{d}x = \lim_{t \to +\infty}[F(t) - F(a)] = \lim_{t \to +\infty} F(t) - F(a)$$

记 $\lim\limits_{t \to +\infty} F(t) = F(+\infty)$，则积分

$$\int_a^{+\infty} f(x)\mathrm{d}x = F(+\infty) - F(a) = [F(x)]_a^{+\infty},$$

类似地，记

$$\int_{-\infty}^b f(x)\mathrm{d}x = [F(x)]_{-\infty}^b,$$

$$\int_{-\infty}^{+\infty} f(x)\mathrm{d}x = [F(x)]_{-\infty}^{+\infty}.$$

例 5.4.1 计算反常积分 $\int_{-\infty}^{+\infty} \dfrac{dx}{1+x^2}$.

解 $\int_{-\infty}^{+\infty} \dfrac{dx}{1+x^2} = [\arctan x]_{-\infty}^{+\infty} = \lim\limits_{x \to +\infty} \arctan x - \lim\limits_{x \to -\infty} \arctan x = \dfrac{\pi}{2} - \left(-\dfrac{\pi}{2}\right) = \pi$.

注意： $\int_{-\infty}^{+\infty} \dfrac{dx}{1+x^2}$ 的几何意义：当 $a \to -\infty$，$b \to +\infty$ 时，虽然图 5.6 中阴影部分向左、右无限延伸，但其面积却有极限值 π．简单地说，它是位于曲线 $y = \dfrac{1}{1+x^2}$ 的下方，x 轴上方的图形面积．

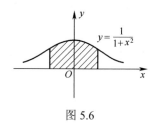

图 5.6

例 5.4.2 计算反常积分 $\int_{\frac{2}{\pi}}^{+\infty} \dfrac{1}{x^2} \sin\dfrac{1}{x} dx$.

解 $\int_{\frac{2}{\pi}}^{+\infty} \dfrac{1}{x^2} \sin\dfrac{1}{x} dx = -\int_{\frac{2}{\pi}}^{+\infty} \sin\dfrac{1}{x} d\left(\dfrac{1}{x}\right)$

$\qquad = \left[\cos\dfrac{1}{x}\right]_{\frac{2}{\pi}}^{+\infty} = \lim\limits_{x \to +\infty} \cos\dfrac{1}{x} - \cos\dfrac{\pi}{2} = 1$.

例 5.4.3 证明：反常积分 $\int_a^{+\infty} \dfrac{1}{x^p} dx$（$a > 0$）当 $p > 1$ 时收敛，当 $p \leq 1$ 时发散．

证明 ① $p = 1$，$\int_a^{+\infty} \dfrac{1}{x^p} dx = \int_a^{+\infty} \dfrac{1}{x} dx = [\ln x]_a^{+\infty} = +\infty$.

$\qquad$ ② $p \neq 1$，$\int_a^{+\infty} \dfrac{1}{x^p} dx = \left[\dfrac{x^{1-p}}{1-p}\right]_a^{+\infty} = \begin{cases} +\infty, & p < 1, \\ \dfrac{a^{1-p}}{p-1}, & p > 1. \end{cases}$

因此当 $p > 1$ 时反常积分收敛，其值为 $\dfrac{a^{1-p}}{p-1}$；当 $p \leq 1$ 时反常积分发散．

5.4.2　无界函数的反常积分

定义 5.4.2 如果函数 $f(x)$ 在点 a 的任一邻域内都无界，则称点 a 为函数 $f(x)$ 的瑕点（又称无界间断点）．

定义 5.4.3 设函数 $f(x)$ 在区间 $(a,b]$ 上连续，点 a 为 $f(x)$ 的瑕点．取 $t > a$，

如果极限 $\lim\limits_{t\to a^+}\displaystyle\int_t^b f(x)\mathrm{d}x$ 存在，则称此极限为函数 $f(x)$ 在区间 $(a,b]$ 上的**反常积分**，记作

$$\int_a^b f(x)\mathrm{d}x = \lim_{t\to a^+}\int_t^b f(x)\mathrm{d}x.$$

这时称反常积分 $\lim\limits_{t\to a^+}\displaystyle\int_t^b f(x)\mathrm{d}x$ **收敛**；如果上述极限不存在，称反常积分 $\lim\limits_{t\to a^+}\displaystyle\int_t^b f(x)\mathrm{d}x$ **发散**.

类似地，设函数 $f(x)$ 在区间 $[a,b)$ 上连续，点 b 为 $f(x)$ 的瑕点. 取 $t<b$，如果极限 $\lim\limits_{t\to b^-}\displaystyle\int_a^t f(x)\mathrm{d}x$ 存在，则称此极限为函数 $f(x)$ 在区间 $[a,b)$ 上的**反常积分**，记作

$$\int_a^b f(x)\mathrm{d}x = \lim_{t\to b^-}\int_a^t f(x)\mathrm{d}x.$$

这时称反常积分 $\lim\limits_{t\to b^-}\displaystyle\int_a^t f(x)\mathrm{d}x$ **收敛**；如果上述极限不存在，称反常积分 $\lim\limits_{t\to b^-}\displaystyle\int_a^t f(x)\mathrm{d}x$ **发散**.

设函数 $f(x)$ 在区间 $[a,b]$ 上除点 c（$a<c<b$）外连续，点 c 为 $f(x)$ 的瑕点. 如果两个反常积分 $\displaystyle\int_a^c f(x)\mathrm{d}x$ 和 $\displaystyle\int_c^b f(x)\mathrm{d}x$ 都收敛，则定义

$$\int_a^b f(x)\mathrm{d}x = \int_a^c f(x)\mathrm{d}x + \int_c^b f(x)\mathrm{d}x = \lim_{t\to c^-}\int_a^t f(x)\mathrm{d}x + \lim_{t\to c^+}\int_t^b f(x)\mathrm{d}x.$$

这时称反常积分 $\displaystyle\int_a^b f(x)\mathrm{d}x$ **收敛**；否则，就称反常积分 $\displaystyle\int_a^b f(x)\mathrm{d}x$ **发散**.

根据定义 5.4.2 和牛顿－莱布尼茨公式，我们可以得到以下简记形式：

如果 $F(x)$ 是 $f(x)$ 在 $(a,b]$ 上的原函数，a 是瑕点，则有

$$\int_a^b f(x)\mathrm{d}x = \lim_{t\to a^+}\int_t^b f(x)\mathrm{d}x = \lim_{t\to a^+}[F(b)-F(t)] = F(b) - \lim_{t\to a^+}F(t) = F(b)-F(a^+) = [F(x)]_a^b.$$

类似的，若 b 是瑕点，则有

$$\int_a^b f(x)\mathrm{d}x = \lim_{t\to b^-}\int_t^b f(x)\mathrm{d}x = \lim_{t\to b^-}[F(b)-F(t)] = F(b) - \lim_{t\to b^-}F(t)$$
$$= F(b^-)-F(a) = [F(x)]_a^b.$$

例 5.4.4 计算反常积分 $\displaystyle\int_0^a \dfrac{\mathrm{d}x}{\sqrt{a^2-x^2}}$ （$a>0$）.

解 因为 $\lim\limits_{x\to a^-}\dfrac{1}{\sqrt{a^2-x^2}}=+\infty$，所以 $x=a$ 为被积函数的无穷间断点，从而必为瑕点，于是

$$\int_0^a \frac{\mathrm{d}x}{\sqrt{a^2-x^2}} = \left[\arcsin\frac{x}{a}\right]_0^a = \lim_{x\to a^-}\left[\arcsin\frac{x}{a}\right] - 0 = \frac{\pi}{2}.$$

例 5.4.5 讨论反常积分 $\int_{-1}^{1} \frac{1}{x^2}\,dx$ 的敛散性.

解 显然 $x=0$ 是内部瑕点，因此把积分分为两部分，即

$$\int_{-1}^{1} \frac{1}{x^2}\,dx = \int_{-1}^{0} \frac{1}{x^2}\,dx + \int_{0}^{1} \frac{1}{x^2}\,dx ,$$

而 $\int_{-1}^{0} \frac{1}{x^2}\,dx = \left[-\frac{1}{x} \right]_{-1}^{0} = \lim_{x \to 0^-} \left(-\frac{1}{x} \right) - 1 = +\infty$.

根据定义，反常积分 $\int_{-1}^{1} \frac{1}{x^2}\,dx$ 发散.

例 5.4.6 证明：反常积分 $\int_{a}^{b} \frac{dx}{(x-a)^q}$ 当 $q<1$ 时收敛，当 $q \geqslant 1$ 时发散.

证明 （1）当 $q=1$ 时，$\int_{a}^{b} \frac{dx}{x-a} = [\ln|x-a|]_{a}^{b} = +\infty$.

（2）当 $q \neq 1$ 时，

$$\int_{a}^{b} \frac{dx}{(x-a)^q} = \left[\frac{(x-a)^{1-q}}{1-q} \right]_{a}^{b} = \begin{cases} \dfrac{(b-a)^{1-q}}{1-q}, & q<1, \\ +\infty, & q>1. \end{cases}$$

所以当 $q<1$ 时，反常积分 $\int_{a}^{b} \frac{dx}{(x-a)^q}$ 收敛，其值为 $\dfrac{(b-a)^{1-q}}{1-q}$ ；

当 $q \geqslant 1$ 时，反常积分 $\int_{a}^{b} \frac{dx}{(x-a)^q}$ 发散.

5.4.3 Γ–函数

在经济学中，我们经常会应用概率统计模型讨论问题，其中研究概率分布中的数字特征是一项重要内容. 而数字特征的计算往往都归到复杂的积分运算. 利用 Γ 函数的特殊性质能有效简便地求解概率论中所涉及的具体且复杂的积分表征形式、数字特征求解等数学问题，可以避免多次分部积分. 下面我们来介绍 Γ–函数的定义及其重要性质.

定义 5.4.4 反常积分

$$\Gamma(s) = \int_{0}^{+\infty} x^{s-1} e^{-x}\,dx \quad (s>0) \tag{5.4.1}$$

为 Γ–函数（如图 5.7 所示）.

可以证明式（5.4.1）右端的反常积分在 $s>0$ 时是收敛的，说明 Γ–函数的定义域为 $s>0$. 还可以进一步证明 Γ–函数在其定义域内是连续的.

下面我们重点介绍它的重要性质：

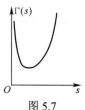

图 5.7

性质 5.4.1　$\Gamma(s+1)=s\Gamma(s)$（$s>0$）.

证明　根据定义，有

$$\Gamma(s+1)=\int_0^{+\infty}x^s\mathrm{e}^{-x}\mathrm{d}x=-\int_0^{+\infty}x^s\mathrm{d}\mathrm{e}^{-x}$$

$$=\left[-x^s\mathrm{e}^{-x}\right]_0^{+\infty}+\int_0^{+\infty}\mathrm{e}^{-x}\mathrm{d}x^s$$

$$=s\int_0^{+\infty}\mathrm{e}^{-x}x^{s-1}\mathrm{d}x=s\Gamma(s).$$

性质 5.4.2　$\Gamma(n+1)=n!$（n 为正整数）.

证明　根据上述性质，有

$$\Gamma(n+1)=n\Gamma(n)=n\cdot(n-1)\Gamma(n-1)=\cdots\cdots$$

$$=n\cdot(n-1)\cdots\cdots 2\cdot 1\cdot\Gamma(1)$$

$$=n!\Gamma(1).$$

而

$$\Gamma(1)=\int_0^{+\infty}\mathrm{e}^{-x}\mathrm{d}x=\left[-\mathrm{e}^{-x}\right]_0^{+\infty}=1.$$

所以结论成立.

性质 5.4.3　$\Gamma(s)\Gamma(1-s)=\dfrac{\pi}{\sin\pi s}$（$0<s<1$）.

这个性质中的公式称为**余元公式**，在此我们不作证明.

例 5.4.7　计算下列各值：

（1）$\dfrac{\Gamma(6)}{2\Gamma(3)}$；　　　　　　（2）$\dfrac{\Gamma\left(\dfrac{5}{2}\right)}{\Gamma\left(\dfrac{1}{2}\right)}$.

解　（1）根据性质 5.4.2

$$\frac{\Gamma(6)}{2\Gamma(3)}=\frac{5!}{2\cdot 2!}=\frac{5\cdot 4\cdot 3}{2}=30.$$

（2）根据性质 5.4.1

$$\frac{\Gamma\left(\dfrac{5}{2}\right)}{\Gamma\left(\dfrac{1}{2}\right)}=\frac{\dfrac{3}{2}\Gamma\left(\dfrac{3}{2}\right)}{\Gamma\left(\dfrac{1}{2}\right)}=\frac{\dfrac{3}{2}\cdot\dfrac{1}{2}\Gamma\left(\dfrac{1}{2}\right)}{\Gamma\left(\dfrac{1}{2}\right)}=\frac{3}{4}.$$

例 5.4.8　计算积分：

（1）$\displaystyle\int_0^{+\infty}x^2\mathrm{e}^{-x}\mathrm{d}x$；　　　　　　　（2）$\displaystyle\int_0^{+\infty}x^{-\frac{1}{2}}\mathrm{e}^{-x}\mathrm{d}x$.

解　（1）$\displaystyle\int_0^{+\infty}x^2\mathrm{e}^{-x}\mathrm{d}x=\Gamma(3)=2!=2$.

（2）根据定义

$$\int_0^{+\infty} x^{-\frac{1}{2}} e^{-x} dx = \Gamma\left(\frac{1}{2}\right).$$

根据性质 5.4.3，令 $s = \frac{1}{2}$，可得

$$\Gamma\left(\frac{1}{2}\right) = \sqrt{\pi}.$$

所以

$$\int_0^{+\infty} x^{-\frac{1}{2}} e^{-x} dx = \sqrt{\pi}.$$

对积分 $\int_0^{+\infty} x^{-\frac{1}{2}} e^{-x} dx$ 作如下代换可得到概率论中常用的一个积分 $\int_{-\infty}^{+\infty} e^{-t^2} dt$：

令 $x = t^2$，$dx = 2t dt$，所以

$$\int_0^{+\infty} x^{-\frac{1}{2}} e^{-x} dx = \int_0^{+\infty} t^{-1} e^{-t^2} \cdot 2t dt$$

$$= 2\int_0^{+\infty} e^{-t^2} dt = \int_{-\infty}^{+\infty} e^{-t^2} dt.$$

即

$$\int_{-\infty}^{+\infty} e^{-t^2} dt = \Gamma\left(\frac{1}{2}\right) = \sqrt{\pi}.$$

习题 5.4

1．计算下列反常积分：

（1）$\int_1^{+\infty} \frac{1}{x^3} dx$；

（2）$\int_0^{-\infty} e^{3x} dx$；

（3）$\int_0^{+\infty} x e^{-x^2} dx$；

（4）$\int_1^{+\infty} \frac{\ln x}{x^2} dx$；

（5）$\int_{-1}^1 \frac{1}{\sqrt{1-x^2}} dx$；

（6）$\int_0^1 \ln x dx$；

（7）$\int_1^2 \frac{1}{(x-1)^\alpha} dx$（$0 < \alpha > 1$）；

（8）$\int_{-\infty}^{+\infty} \frac{1}{x^2 + 2x + 2} dx$．

2．讨论反常积分 $\int_e^{+\infty} \frac{1}{x \ln^k x} dx$ 的敛散性，k 为常数．

3．计算由曲线 $y = \frac{1}{x^2 + 2x + 2}$（$x \geq 0$），直线 $x = 0$ 和 $y = 0$ 所围成的无界图形的面积．

5.5 定积分的元素法及其在几何学上的应用

5.5.1 定积分的元素法

在本节中，我们将应用前面章节中的定积分理论来解决一些几何学的相关问题．本节的学习过程中，不仅要掌握这些实际问题的计算公式，更重要的是深刻体会推导这些公式的重要思想方法——元素法．

下面首先介绍元素法的基本思想．

简单回顾在本章第一节中的几何学问题——曲边梯形的面积问题，解决的步骤可归结为"分割，近似，求和，取极限"．将曲边梯形分割成细长的小曲边梯形时任意插入了 $n-1$ 个分点 $x_1, x_2, \cdots, x_{n-1}$；在对每个小曲边梯形的面积作近似计算时，从对应的每个小区间上任取一个点 ξ_i，用对应的函数值 $f(\xi_i)$ 为高，以区间长度 Δx_i 为底的矩形面积近似代替了小曲边梯形的面积，然后进行求和、取极限得到曲边梯形面积的精确值

$$A = \lim_{\lambda \to 0} \sum_{i=1}^{n} f(\xi_i) \Delta x_i .$$

为了简单起见，对上述的任意分割和任意取值不作具体化标注，从而可以将上述过程改写如下：

（1）分割．把 $[a,b]$ 任意分为 n 个小区间，任取其中一个小区间 $[x, x+\mathrm{d}x]$，ΔA 表示 $[x, x+\mathrm{d}x]$ 上小曲边梯形的面积．

（2）近似．取 $[x, x+\mathrm{d}x]$ 的左端点 $\xi = x$，以 x 处的函数值 $f(x)$ 为高，$\mathrm{d}x$ 为底的小矩形的面积 $f(x)\mathrm{d}x$ 作为 ΔA 的近似值：

$$\Delta A \approx f(x)\mathrm{d}x .$$

（3）求和．面积 A 的近似值表示为

$$A = \sum \Delta A \approx \sum f(x)\mathrm{d}x .$$

（4）取极限．面积 A 的精确值表示为

$$A = \lim \sum f(x)\mathrm{d}x = \int_a^b f(x)\mathrm{d}x .$$

在这四个步骤中，最重要的是第二步．只要求出了任取小区间对应的小曲边梯形面积 ΔA 的近似值 $f(x)\mathrm{d}x$，记作 $\mathrm{d}A$，再以它为被积函数求定积分，就可以得到 A 的精确值．在这里 $\mathrm{d}A = f(x)\mathrm{d}x$ 称为**面积元素**．

对所求的量先求出其元素，然后以元素为被积表达式作定积分，从而求出所求量的方法，称为**元素法**．

一般地，如果某一实际问题中的所求量 U 符合下列条件，就可以考虑用定积分的元素法来表达这个量：

（1）U 是一个与变量 x 有关的量，x 的变化区间为 $[a,b]$；

（2）U 对于区间 $[a,b]$ 具有可加性，即如果把区间 $[a,b]$ 分成若干部分区间，则 U 相应地被分成若干部分量，而 U 等于所有部分量之和；

（3）若部分量 ΔU_i 的近似值等于 $f(\xi_i)\Delta x_i$，则可以考虑用定积分来求 U．

通常写出所求量 U 的一般步骤如下：

（1）根据问题的具体情况，选取一个变量，比如 x 作积分变量，并确定它的变化区间 $[a,b]$；

（2）在 $[a,b]$ 上任取一个小区间 $[x,x+\mathrm{d}x]$，求出相对应的部分量 ΔU 的近似值，如果近似值能够表示成 $f(x)\mathrm{d}x$，就把它称为量 U 的元素并记为 $\mathrm{d}U$，即

$$\mathrm{d}U = f(x)\mathrm{d}x ;$$

（3）以所求量的元素 $f(x)\mathrm{d}x$ 为被积表达式，在区间 $[a,b]$ 上作定积分，得

$$U = \int_a^b f(x)\mathrm{d}x .$$

5.5.2 定积分在几何学上的应用——平面图形的面积

1. 直角坐标情形

由连续曲线 $y = f(x)$（$f(x) \geqslant 0$），直线 $x = a$，$x = b$（$a < b$）和 x 轴围成的曲边梯形的面积 $A = \int_a^b f(x)\mathrm{d}x$，被积表达式 $f(x)\mathrm{d}x$ 就是面积元素 $\mathrm{d}A$．

按照定积分的元素法，我们可以推导出一般平面图形的面积计算公式．

一般地，由两条曲线 $y = f_1(x)$，$y = f_2(x)$（$f_1(x) \geqslant f_2(x)$）与直线 $x = a$，$x = b$ 围成的如图 5.8 所示的图形的面积元素为

$$\mathrm{d}A = [f_1(x) - f_2(x)]\mathrm{d}x ,$$

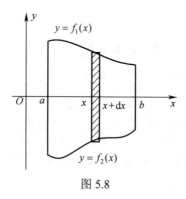

图 5.8

因此面积为

$$A = \int_a^b [f_1(x) - f_2(x)]\mathrm{d}x .$$

类似地，按照定积分元素法，由曲线 $x = g_1(y)$，$x = g_2(y)$（$g_1(y) \leqslant g_2(y)$）与直线 $y = c$，$y = d$ 所围平面图形（如图 5.9 所示）的面积为

$$A = \int_c^d [g_2(y) - g_1(y)]\mathrm{d}y .$$

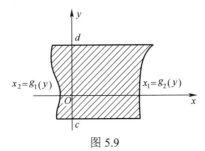

图 5.9

例 5.5.1 计算由两条抛物线 $y^2 = x$ 和 $y = x^2$ 所围成的图形（如图 5.10 所示）的面积.

解 两曲线的交点为 $(0,0),(1,1)$，取 x 为积分变量，则 $x \in [0,1]$，任取 $[x, x+\mathrm{d}x] \subset [0,1]$，则得到相应的面积元素为

$$\mathrm{d}A = (\sqrt{x} - x^2)\mathrm{d}x ,$$

于是

$$A = \int_0^1 (\sqrt{x} - x^2)\mathrm{d}x = \left[\frac{2}{3}x^{\frac{3}{2}} - \frac{x^3}{3} \right]_0^1 = \frac{1}{3}.$$

注意：此题也可取 y 为积分变量，请读者自己完成.

例 5.5.2 计算抛物线 $y^2 = 2x$ 与直线 $y = x - 4$ 所围成的平面图形（如图 5.11 所示）的面积.

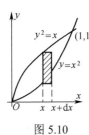

图 5.10

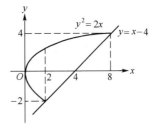

图 5.11

解 解方程组 $\begin{cases} y^2 = 2x \\ y = x - 4 \end{cases}$，得交点：$(2,-2)$ 和 $(8,4)$．

取 x 为积分变量，则 x 的变化范围为 $[0,8]$，但在区间 $[0,2]$ 和 $[2,8]$ 上，面积元素表达式是不同的．

在 $0 \leqslant x \leqslant 2$ 上，面积元素为
$$dA = [\sqrt{2x} - (-\sqrt{2x})]dx = 2\sqrt{2x}dx,$$

在 $2 \leqslant x \leqslant 8$ 上，面积元素为
$$dA = [\sqrt{2x} - (x-4)]dx = (4 + \sqrt{2x} - x)dx,$$

从而
$$A = \int_0^2 2\sqrt{2x}dx + \int_2^8 [4 + \sqrt{2x} - x]dx = \left[\frac{4\sqrt{2}}{3}x^{\frac{3}{2}}\right]_0^2 + \left[4x + \frac{2\sqrt{2}}{3}x^{\frac{3}{2}} - \frac{1}{2}x^2\right]_2^8 = 18.$$

若选取 y 为积分变量，则 y 的变化范围为 $[-2,4]$，任取 $[y, y+dy] \subset [-2,4]$，对应的面积元素表达式只有一个，即为
$$dA = \left[(y+4) - \frac{1}{2}y^2\right]dy,$$

于是
$$A = \int_{-2}^4 \left(y + 4 - \frac{1}{2}y^2\right)dy = \left[\frac{y^2}{2} + 4y - \frac{y^3}{6}\right]_{-2}^4 = 18.$$

显然，选取 y 为积分变量的解题过程要简洁，因此在求平面图形的面积时，恰当的选取积分变量可以使计算简单.

例 5.5.3 求椭圆 $\dfrac{x^2}{a^2} + \dfrac{y^2}{b^2} = 1$（如图 5.12 所示）所围成的面积（ $a > 0, b > 0$ ）.

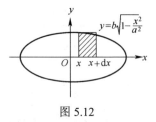

图 5.12

解 根据椭圆图形的对称性，整个椭圆所围成的平面图形的面积应为位于第一象限内部面积的 4 倍，所以只需计算第一象限内图形的面积.

取 x 为积分变量，则 $0 \leqslant x \leqslant a$, $y = b\sqrt{1 - \dfrac{x^2}{a^2}}$, 故
$$A = 4\int_0^a y\,dx = 4\int_0^a b\sqrt{1 - \frac{x^2}{a^2}}dx = 4\int_{\frac{\pi}{2}}^0 (b\sin t)(-a\sin t)dt$$
$$= 4ab\int_0^{\frac{\pi}{2}} \sin^2 t\,dt = 4ab \cdot \frac{1}{2} \cdot \frac{\pi}{2} = \pi ab.$$

2. 极坐标情形

首先我们介绍一下有关极坐标的基本概念.

在平面内取一点 O，自点 O 出发引一条射线 Ox，取定一个单位长度和计算角的正方向（通常取逆时针方向），这样就建立了一个**极坐标系**. 其中 O 叫做**极点**，Ox 叫做**极轴**.

对于平面内任意一点 M，线段 OM 的长度记作 ρ，叫做点 M 的**极径**，从 Ox 到 OM 的角度记作 θ，叫做点 M 的**极角**，有序数对 (ρ,θ) 就叫做点 M 的**极坐标**（如图 5.13 所示）.

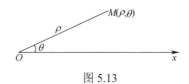

图 5.13

注意：由点 M 的极径的几何意义知，极径 $\rho \geqslant 0$，极角 θ 可取任意值.

例 5.5.4 写出图 5.14 中各点的极坐标.

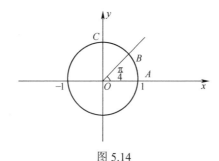

图 5.14

解 $A(1,0)$，$B\left(1,\dfrac{\pi}{4}\right)$，$C\left(1,\dfrac{\pi}{2}\right)$，$O(0,0)$.

对于平面中的一点既可以用直角坐标 (x,y) 表示，又可以用极坐标 (ρ,θ) 表示（如图 5.15 所示），显然两种坐标之间的关系为

$$\begin{cases} x = \rho\cos\theta, \\ y = \rho\sin\theta. \end{cases} \qquad (5.5.1)$$

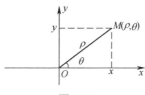

图 5.15

由此可以将一些曲线的直角坐标方程转换成极坐标方程.

例如，

（1）圆心在原点 O，半径为 R 的圆，其直角坐标方程为 $x^2 + y^2 = R^2$，用公式（5.5.1）可以得到圆的极坐标方程为 $\rho = R$.

（2）圆心在 $(a,0)$，半径为 a 的圆，其直角坐标方程为 $(x-a)^2 + y^2 = a^2$，用公式（5.5.1）可以得到它的极坐标方程 $\rho = 2a\cos\theta$.

（3）圆心在 $(0,a)$，半径为 a 的圆，其直角坐标方程为 $x^2 + (y-a)^2 = a^2$，用公式（5.5.1）可以得到它的极坐标方程 $\rho = 2a\sin\theta$.

（4）直线 $y = x$，用公式（5.5.1）可得，其极坐标方程为 $\theta = \dfrac{\pi}{4}$.

接下来，我们利用极坐标讨论平面图形面积的计算.

有些平面曲线用极坐标表示其方程非常简单，因此用极坐标计算它们的面积非常方便.

由曲线 $\rho = \rho(\theta)$ 及射线 $\theta = \alpha$，$\theta = \beta$ 围成的图形（如图 5.16 所示），通常称为曲边扇形，现在要计算它的面积，这里 $\rho(\theta)$ 在 $[\alpha,\beta]$ 上连续，$\rho(\theta) \geqslant 0$.

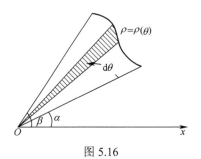

图 5.16

显然，这个扇形的曲边 $\rho = \rho(\theta)$ 是随着 θ 的变化而变化，所以不能直接用扇形的面积公式来计算，这里我们考虑用元素法解决这个问题.

选取极角 θ 作为积分变量，则 θ 的变化范围为 $[\alpha,\beta]$，任取小区间 $[\theta, \theta + \mathrm{d}\theta] \subset [\alpha,\beta]$，则相应的小曲边扇形的面积近似等于半径为 $\rho = \rho(\theta)$，中心角为 $\mathrm{d}\theta$ 的扇形的面积，从而得到面积元素为

$$\mathrm{d}A = \frac{1}{2}\rho^2\mathrm{d}\theta = \frac{1}{2}\rho^2(\theta)\mathrm{d}\theta，$$

于是得到曲边扇形的面积公式为

$$A = \int_\alpha^\beta \frac{1}{2}\rho^2(\theta)\mathrm{d}\theta.$$

例 5.5.5 计算阿基米德螺线 $\rho = a\theta$（$a > 0$）上相应于 θ 从 0 到 2π 的一段弧与极轴所围成的图形（如图 5.17 所示）的面积.

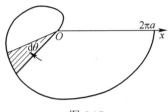

图 5.17

解 取 θ 为积分变量, 变化区间为 $[0, 2\pi]$,

任取小区间 $[\theta, \theta + \mathrm{d}\theta] \subset [0, 2\pi]$，相应的面积元素为

$$\mathrm{d}A = \frac{1}{2}(a\theta)^2 \mathrm{d}\theta ,$$

于是得到

$$A = \int_0^{2\pi} \frac{1}{2}(a\theta)^2 \mathrm{d}\theta = \frac{4}{3}\pi^3 a^2 .$$

例 5.5.6 计算心形线 $\rho = a(1 + \cos\theta)$ （$a > 0$）围成的图形（如图 5.18 所示）的面积.

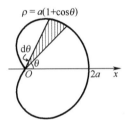

$\rho = a(1+\cos\theta)$

图 5.18

解 由于心形线关于极轴对称，只计算极轴上方的部分.

取 θ 为积分变量，变化区间为 $[0, \pi]$，所以

$$A = 2\int_0^\pi \frac{1}{2}a^2(1+\cos\theta)^2\mathrm{d}\theta = a^2\int_0^\pi \left(2\cos^2\frac{\theta}{2}\right)^2\mathrm{d}\theta$$

$$= 4a^2\int_0^\pi \cos^4\frac{\theta}{2}\mathrm{d}\theta \xlongequal{\diamondsuit \frac{\theta}{2}=t} 8a^2\int_0^{\frac{\pi}{2}} \cos^4 t\,\mathrm{d}t$$

$$= 8a^2 \cdot \frac{3}{4} \cdot \frac{1}{2} \cdot \frac{\pi}{2} = \frac{3}{2}\pi a^2 .$$

例 5.5.7 计算 $\rho = 3\cos\theta$ 和 $\rho = 1 + \cos\theta$ 围成的图形（如图 5.19 所示）公共部分的面积.

解 两曲线的交点为 $\left(\frac{3}{2}, -\frac{\pi}{3}\right)$，$\left(\frac{3}{2}, \frac{\pi}{3}\right)$，由对称性只计算极轴上方的部分.

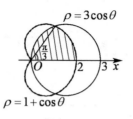

图 5.19

当任取的小区间 $[\theta, \theta + d\theta] \subset \left[0, \dfrac{\pi}{3}\right]$ 时，相应的面积元素为

$$dA = \frac{1}{2}(1 + \cos\theta)^2 d\theta \; ;$$

当任取的小区间 $[\theta, \theta + d\theta] \subset \left[\dfrac{\pi}{3}, \dfrac{\pi}{2}\right]$ 时，相应的面积元素为

$$dA = \frac{1}{2}(3\cos\theta)^2 d\theta \; .$$

于是

$$A = 2\left(\int_0^{\frac{\pi}{3}} \frac{1}{2}(1 + \cos\theta)^2 d\theta + \int_{\frac{\pi}{3}}^{\frac{\pi}{2}} \frac{1}{2}(3\cos\theta)^2 d\theta\right)$$

$$= \int_0^{\frac{\pi}{3}}(1 + 2\cos\theta + \cos^2\theta)d\theta + \int_{\frac{\pi}{3}}^{\frac{\pi}{2}} 9\cos^2\theta d\theta$$

$$= \frac{5}{4}\pi \; .$$

5.5.3 定积分在几何学上的应用——体积与弧长

1．立体的体积

（1）旋转体的体积

由一个平面图形绕这平面内一条直线旋转一周而成的立体称为**旋转体**，这条直线称为**旋转轴**．

如圆柱、圆锥、圆台、球体都是旋转体．

设一旋转体由连续曲线 $y = f(x)$、直线 $x = a$、$x = b$ 及 x 轴所围成的曲边梯形绕 x 轴旋转一周而成（如图 5.20 所示），下面我们来求它的体积 V．

取 x 为积分变量，变化区间为 $[a,b]$，任取小区间 $[x, x + dx] \subset [a,b]$，相应于小区间 $[x, x + dx]$ 上的旋转体薄片的体积可近似的看作以 $f(x)$ 为底面半径、dx 为高的扁圆柱体的体积，即体积元素

$$dV = \pi[f(x)]^2 dx \; ,$$

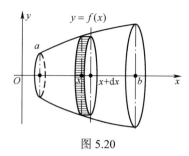

图 5.20

将体积元素作为被积表达式，就可以得到所求旋转体的体积公式

$$V = \int_a^b \pi[f(x)]^2 \, dx = \pi \int_a^b [f(x)]^2 \, dx \, .$$

类似的，如图 5.21，由连续曲线 $x = \varphi(y)$、直线 $y = c$、$y = d$ 及 y 轴所围成的曲边梯形绕 y 轴旋转一周而成的立体，其体积为

$$V = \int_c^d \pi[\varphi(y)]^2 \, dy = \pi \int_c^d [\varphi(y)]^2 \, dy \, .$$

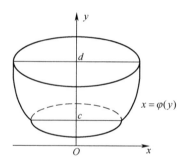

图 5.21

例 5.5.8 如图 5.22，连接坐标原点 O 及点 $P(h, r)$ 的直线、直线 $x = h$ 及 x 轴围成一个直角三角形. 将它绕 x 轴旋转一周构成一个底半径为 r，高为 h 的圆锥体. 计算这个圆锥体（如图 5.22 所示）的体积.

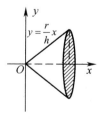

图 5.22

解 过 OP 的直线方程为 $y = \dfrac{r}{h}x$. 取 x 为积分变量，变化区间为 $[0, h]$.

任取小区间 $[x,x+\mathrm{d}x]\subset[0,h]$，相应于小区间上的旋转体薄片的体积近似值，即体积元素为

$$\mathrm{d}V = \pi\left[\frac{r}{h}x\right]^2 \mathrm{d}x .$$

故所求体积为 $\quad V = \int_0^h \pi\left[\frac{r}{h}x\right]^2 \mathrm{d}x = \frac{\pi r^2 h}{3}$.

例 5.5.9 计算由椭圆 $\dfrac{x^2}{a^2}+\dfrac{y^2}{b^2}=1$ 所围成的图形绕 x 轴旋转一周而成的旋转体（叫做**旋转椭球体**）的体积.

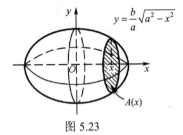

图 5.23

解 如图 5.23 所示，旋转椭球体可以看作上半椭圆绕 x 轴旋转而成的.

取 x 为积分变量，变化区间为 $[-a,a]$，任取小区间 $[x,x+\mathrm{d}x]\subset[-a,a]$，相应于小区间上的旋转体薄片的体积近似值，即体积元素为

$$\mathrm{d}V = \pi\frac{b^2}{a^2}(a^2-x^2)\mathrm{d}x .$$

故所求旋转体的体积为

$$V = \int_{-a}^a \pi\frac{b^2}{a^2}(a^2-x^2)\mathrm{d}x = \pi\frac{b^2}{a^2}\left[a^2 x - \frac{1}{3}x^3\right]_{-a}^a = \frac{4}{3}\pi ab^2 .$$

特别地，当 $a=b=R$ 时，可得半径为 R 的球体的体积 $V = \dfrac{4}{3}\pi R^3$.

例 5.5.10 计算由曲线 $y=x^3$ 及直线 $x=2$，$y=0$ 所围成的图形绕 y 轴旋转而成的旋转体的体积.

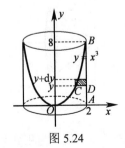

图 5.24

解 所求的旋转体可以看做是由平面图形 $OABO$ 绕 y 轴旋转一周形成的（如图 5.24 所示）.

选取 y 为积分变量，则根据已知条件得，其变化范围为 $[0,8]$，任取 $[y,y+dy]\subset[0,8]$，相应于小区间的旋转体薄片是一个环状立体，其体积的近似值用以 y 对应的有效长度 CD 为长、以 dy 为高的长方形绕 y 轴旋转一周形成的圆环状立体的体积代替，从而得到体积元素

$$dV = \pi \cdot 2^2 dy - \pi \cdot x^2 dy .$$

因此所求的旋转体的体积为

$$V = \int_0^8 \pi \cdot 2^2 dy - \int_0^8 \pi \cdot x^2 dy = 32\pi - \pi \int_0^8 y^{\frac{2}{3}} dy$$

$$= 32\pi - \frac{3}{5}\pi [y^{\frac{5}{3}}]_0^8 = \frac{64}{5}\pi .$$

（2）平行截面面积为已知的立体体积

如果一个立体不是旋转体，但却知道该立体垂直于一定轴的各个截面面积，那么这个立体的体积也可用定积分来计算.

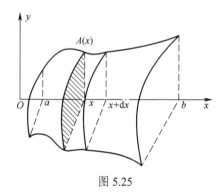

图 5.25

如图 5.25 所示，取上述定轴为 x 轴，并设该立体在过点 $x=a$、$x=b$ 且垂直于 x 轴的两个平行平面之间，并设过任意一点 x 的截面面积为 $A(x)$，这里 $A(x)$ 是连续函数.

取 x 为积分变量，变化区间为 $[a,b]$，任取 $[x,x+dx]\subset[a,b]$，相应于该小区间的薄片的体积近似于以底面积为 $A(x)$、高为 dx 的扁柱体的体积，则体积元素为

$$dV = A(x)dx ,$$

从而，所求立体的体积为

$$V = \int_a^b A(x)dx .$$

例 5.5.11 一平面经过半径为 R 的圆柱体的底圆中心并与底面交成 α 角，计算该平面截圆柱体所得立体的体积.

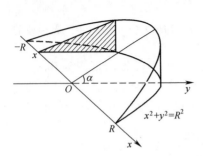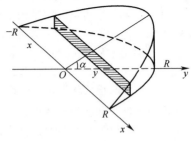

图 5.26

解 如 5.26 左图所示建立平面直角坐标系，则底圆方程为 $x^2 + y^2 = R^2$.

取 x 为积分变量，变化区间为 $[-R, R]$，过区间上任一点 x 且垂直于 x 轴的截面是一个直角三角形. 两条直角边的长分别为 $\sqrt{R^2 - x^2}$ 及 $\sqrt{R^2 - x^2} \tan \alpha$，所以截面面积 $A(x) = \dfrac{1}{2}(R^2 - x^2)\tan \alpha$，于是所求立体体积为

$$V = \int_{-R}^{R} \frac{1}{2}(R^2 - x^2)\tan \alpha \, dx = \frac{1}{2}\tan \alpha \left[R^2 x - \frac{1}{3}x^3 \right]_{-R}^{R} = \frac{2}{3}R^3 \tan \alpha .$$

注意：这个问题我们也可以考虑选取 y 作为积分变量（如 5.26 右图所示），请读者自行完成.

2. 平面曲线的弧长

对于平面中的光滑曲线弧的长度问题，我们也可用元素法来解决.

（1）参数方程情形

设光滑曲线弧的参数方程为

$$\begin{cases} x = \varphi(t), \\ y = \psi(t), \end{cases} (\alpha \leqslant t \leqslant \beta),$$

给出，其中 $\varphi(t)$、$\psi(t)$ 在 $[\alpha, \beta]$ 上具有连续导数，现在来计算曲线弧的长度.

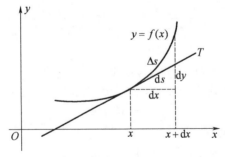

图 5.27

参数 t 为积分变量，它的变化区间为 $[\alpha, \beta]$. 相应于 $[\alpha, \beta]$ 上任一小区间 $[t, t+dt]$ 的小弧段的长度 Δs 近似等于对应的切线段的长度 $\sqrt{(dx)^2 + (dy)^2}$，所以 Δs

的近似值（弧微分）即弧长元素为

$$ds = \sqrt{(dx)^2 + (dy)^2} = \sqrt{\varphi'^2(t)(dt)^2 + \psi'^2(t)(dt)^2} = \sqrt{\varphi'^2(t) + \psi'^2(t)}dt,$$

于是所求弧长为

$$s = \int_\alpha^\beta \sqrt{\varphi'^2(t) + \psi'^2(t)}dt.$$

（2）直角坐标情形

设曲线 $y = f(x)$ 是在 $[a,b]$ 上的光滑曲线，求此光滑曲线的长度 s.

曲线弧的直角坐标方程 $y = f(x)$ 可以写成如下的参数方程形式：

$$\begin{cases} x = x, \\ y = f(x), \end{cases} \quad (a \leqslant x \leqslant b)$$

从而所求的弧长为 $s = \int_a^b \sqrt{1 + y'^2}dx$.

（3）极坐标方程情形

如果曲线由极坐标

$$\rho = \rho(\theta) \quad (\alpha \leqslant \theta \leqslant \beta)$$

给出，其中 $\rho(\theta)$ 在 $[a,b]$ 上具有连续导数，此时可把极坐标方程转化为以 θ 为参变量的参数方程

$$\begin{cases} x = \rho(\theta)\cos\theta \\ y = \rho(\theta)\sin\theta \end{cases} \quad (\alpha \leqslant \theta \leqslant \beta),$$

此时

$$dx = [\rho'(\theta)\cos\theta - \rho(\theta)\sin\theta]d\theta,$$
$$dy = [\rho'(\theta)\sin\theta + \rho(\theta)\cos\theta]d\theta,$$

从而得到弧长元素

$$ds = \sqrt{(dx)^2 + (dy)^2} = \sqrt{\rho^2(\theta) + \rho'^2(\theta)}d\theta,$$

所以曲线的弧长为

$$s = \int_\alpha^\beta \sqrt{\rho^2(\theta) + \rho'^2(\theta)}d\theta.$$

例5.5.12 计算如图 5.28 所示曲线 $y = \dfrac{2}{3}x^{\frac{3}{2}}$ 上相应于 x 从 a 到 b 的一段弧的长度.

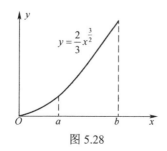

图 5.28

解 $y' = x^{\frac{1}{2}}$，则弧长元素为

$$\mathrm{d}s = \sqrt{1 + y'^2}\,\mathrm{d}x = \sqrt{1 + x}\,\mathrm{d}x,$$

从而

$$s = \int_a^b \sqrt{1 + x}\,\mathrm{d}x = \frac{2}{3}[(1 + b)^{\frac{3}{2}} - (1 + a)^{\frac{3}{2}}].$$

例 5.5.13 计算摆线 $\begin{cases} x = a(t - \sin t) \\ y = a(1 - \cos t) \end{cases}$ 的一拱（$0 \leqslant t \leqslant 2\pi$）的长度.

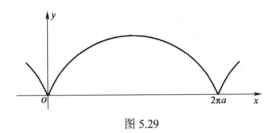

图 5.29

解 弧长元素为

$$\mathrm{d}s = \sqrt{a^2(1 - \cos t)^2 + a^2 \sin^2 t}\,\mathrm{d}t = a\sqrt{2(1 - \cos t)}\,\mathrm{d}t = 2a \sin \frac{t}{2}\,\mathrm{d}t.$$

从而弧长为

$$s = \int_0^{2\pi} 2a \sin \frac{t}{2}\,\mathrm{d}t = 2a\left[-2\cos \frac{t}{2}\right]_0^{2\pi} = 8a.$$

习题 5.5

1. 求由下列各曲线所围成的图形的面积：

（1） $y = \dfrac{1}{x}$ 与直线 $y = x$ 及 $x = 2$；

（2） $y = \dfrac{1}{2}x^2$ 与 $x^2 + y^2 = 8$（两部分都要计算）；

（3） $y = \sqrt{x}$ 与 $y = x$；

（4） $y = \mathrm{e}^x$ 与 $y = x$ 以及 $x = 0$，$x = 2$；

（5） $y = \sin x$ 在区间 $\left[0, \dfrac{\pi}{2}\right]$ 上的部分与直线 $x = 0$，$y = 1$；

（6） $y^2 = 4(x + 1)$ 与 $y^2 = 4(1 - x)$；

（7） $y = \ln x$，$x = 0$，$y = \ln a$，$y = \ln b$（$b > a > 0$）；

（8） $y = 3 - x^2$ 与 $y = 2x$；

（9）$\rho = 2a\cos\theta$；

（10）$y = e^x$，$y = e^{-x}$ 与 $x = 1$；

（11）$y^2 = x$ 与 $x - y - 2 = 0$．

2．求抛物线 $y = -x^2 + 4x - 3$ 及其在点 $(0,-3)$ 和点 $(3,0)$ 处的切线所围成图形的面积．

3．求抛物线 $y^2 = 2px$ 及其在点 $\left(\dfrac{p}{2}, p\right)$ 处的法线所围成的图形的面积．

4．从点 $(2,0)$ 引两条直线与曲线 $y = x^3$ 相切，求由这两条直线与曲线 $y = x^3$ 所围成图形的面积．

5．求下列曲线所围成的图形绕指定的轴旋转而形成的旋转的体积：

（1）$y = x^2$ 与 $x = y^2$，绕 y 轴；

（2）$y = x^3$，$y = 0$，$x = 2$，绕 x 轴和 y 轴；

（3）$x^2 + (y-5)^2 = 16$，绕 x 轴．

（4）$y = \sin x$（$0 \leqslant x \leqslant \pi$），$y = 0$，绕 $y = 1$；

（5）$y = x^2$，$y = 0$，$x = 1$，$x = 2$ 绕 x 轴和 y 轴．

6．求曲线 $y = \ln x$，x 轴和曲线上点 $B(e,1)$ 处的切线所围成的图形分别绕 x 轴和 y 轴旋转而成的旋转体的体积．

7．在第一象限内求曲线 $y = 1 - x^2$ 上的一点，使该点处的切线与所给曲线及两坐标轴所围成的图形面积为最小，并求此最小面积．

8．求下列各曲线所围成图形的公共部分的面积：

（1）$\rho = 3\cos\theta$ 及 $\rho = 1 + \cos\theta$；

（2）$\rho = \sqrt{2}\sin\theta$ 及 $\rho^2 = \cos 2\theta$．

9．计算曲线 $y = \ln x$ 上相应于 $\sqrt{3} \leqslant x \leqslant \sqrt{8}$ 的一段弧．

10．求曲线 $\rho\theta = 1$ 相应于自 $\theta = \dfrac{3}{4}$ 至 $\theta = \dfrac{4}{3}$ 的一段弧．

5.6　定积分的元素法在物理学上的应用

前面我们学习了定积分在几何学上的应用，定积分的思想和方法还可以应用于物理学上的诸多问题，本节将介绍定积分的元素法在物理学上的有关应用．

5.6.1　变力沿直线所做的功

从物理学知识知道，一物体在常力 $\boldsymbol{F}$ 的作用下，沿力的方向前进了位移 $\boldsymbol{s}$，则力所作的功为 $W = \boldsymbol{F} \cdot \boldsymbol{s}$．

如果 $\boldsymbol{F}$ 是变力，设物体运动的直线为 Ox 轴，即物体在 Ox 轴上不同的点处，

所承受的力 F 取不同的值，即力 F 的大小是 x 的函数 $F(x)$，显然函数是连续的. 下面我们计算物体在这个力的作用下，从 Ox 轴上的点 a 移动到点 b 时，力 F 所做的功 W （如图 5.30 所示）.

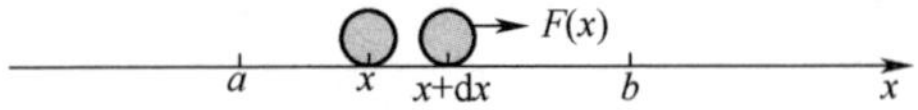

$$F(x)$$
$$a \quad x \quad x+dx \quad b \quad x$$

图 5.30

用元素法，物体从点 x 到 $x+dx$，力 F 所做的功的近似的可以看做是恒力沿直线做的功，因此功元素为 $dW = F(x)dx$，于是

$$W = \int_a^b dW = \int_a^b F(x)dx.$$

例 5.6.1 把一个带电量 $+q$ 的点电荷放在 r 轴上坐标原点 O 处，它产生一个电场. 这个电场对周围的电荷有作用力. 由物理学知道，如果一个单位正电荷放在这个电场中距离原点 O 为 r 的地方，那么电场对它的作用力的大小为 $F = k\dfrac{q}{r^2}$ （ k 是常数），当这个单位正电荷在电场中从 $r = a$ 处沿 r 轴移动到 $r = b$ 处时，计算电场力 F 对它所作的功.

解 取 r 为积分变量，变化区间为 $[a,b]$，任取小区间 $[r, r+dr] \subset [a,b]$，当单位正电荷从 a 移动到 b 时，电场力对它所作的功近似于 $\dfrac{kq}{r^2}dr$，即功元素为

$$dW = \frac{kq}{r^2}dr,$$

于是所求的功为

$$W = \int_a^b \frac{kq}{r^2}dr = \left[-\frac{kq}{r} \right]_a^b = kq\left(\frac{1}{a} - \frac{1}{b} \right).$$

例 5.6.2 自地面垂直向上发射火箭，质量为 m，试求火箭距离地面高度为 h 时，火箭推力所作的功. 并求火箭脱离地球引力范围时应具有的初速度.

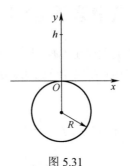

图 5.31

解 如图 5.31 所示建立坐标系，取 y 作为积分变量.

任取小区间 $[y, y+\mathrm{d}y] \subset [0, h]$，在 y 处火箭所受引力：$f = -k \cdot \dfrac{Mm}{(y+R)^2}$（$M$，

R 分别为地球质量和半径），而 $y = 0$ 时，$f = mg$，得 $k = \dfrac{gR^2}{M}$，所以

$$f = -\frac{mgR^2}{(y+R)^2},$$

从而功元素为

$$\mathrm{d}W = f\mathrm{d}y = mgR^2 \frac{1}{(R+y)}\mathrm{d}y,$$

因此火箭推力所作的功

$$W = \int_0^h \frac{mgR^2}{(R+y)^2}\mathrm{d}y = mgR^2\left[-\frac{1}{R+y}\right]_0^h = mgR^2\left[\frac{1}{R} - \frac{1}{R+h}\right] = \frac{mgRh}{R+h}.$$

火箭脱离地球引力范围时，$h \to +\infty$，此时推力所做的功转化为火箭的动能.

当 $h \to +\infty$ 时，$W \to mgR = \dfrac{1}{2}mV_0^2$，初速度 $V_0 = \sqrt{2gR} \approx 11.2(\mathrm{km/s})$.

5.6.2 水的侧压力

在一些工程技术问题中，经常会遇到计算水对物体如闸门所受的水压力. 根据物理学知识，面积为 A 的平板置于水深 h 处，平板所承受的水压力

$$P = p \cdot A = \rho gA.$$

如果将平板铅直放置于水中，那么由于水深不同的点处的压强 p 不相等，平板一侧所受的水压力就不能用上面的公式计算. 下面我们用定积分的元素法解决关于水压力的问题.

例 5.6.3 一个横放着的圆柱形水桶，桶内盛有半桶水. 设桶的底半径为 R，水密度为 ρ，计算桶的一个端面所受压力.

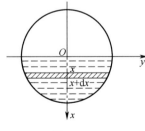

图 5.32

解 桶的一端是圆形平板，所以要计算的是当水平面通过圆心时，铅直放置的一个半圆板的一侧所受的水压力.

如图 5.32 所示，在这个圆板上取过圆心且铅直向下的直线为 x 轴，过圆心的的水平线为 y 轴，则所讨论的半圆对应的方程为 $x^2 + y^2 = R^2$（$0 \leqslant x \leqslant R$）.

取 x 为积分变量，$x \in [0, R]$，任取小区间 $[x, x+dx] \subset [0, R]$，则半圆板上相应于 $[x, x+dx]$ 的窄条上各点处的压强近似的等于 ρgx，窄条的面积近似于 $2\sqrt{R^2 - x^2}\,dx$，因此窄条一侧所受水压力的近似值，即压力元素为

$$dP = 2\rho gx\sqrt{R^2 - x^2}\,dx .$$

于是所求压力为

$$P = \int_0^R 2\rho gx\sqrt{R^2 - x^2}\,dx = -\rho g\int_0^R (R^2 - x^2)^{\frac{1}{2}}\,d(R^2 - x^2)$$

$$= -\rho g\left[\frac{2}{3}(R^2 - x^2)^{\frac{3}{2}}\right]_0^R = \frac{2\rho g}{3}R^3 .$$

习题 5.6

1. 用铁锤将一铁钉击入木板，设木板对铁钉的阻力与铁钉击入木板的深度成正比，在击第一次时，将铁钉击入木板 1cm，如果铁锤每次打击铁钉所做的功相等，试问锤击第二次时，铁钉又击入多少？

2. 一圆柱形蓄水池高为 10cm，底半径为 6cm，池内盛满了水，问要把池内的水全部吸出，需要做多少功？

3. 一底为 8cm，高为 6cm 的等腰三角形，铅直地沉没在水中，顶在上，底在下且与水面平行，而顶离水面 3cm，试求该三角形侧面所受的压力.

4. 直径为 20cm，高为 80cm 的圆柱体内充满压强为 10 N/cm^2 的蒸汽，设温度保持不变，要使蒸汽体积缩小一半（底半径保持不变，高压缩 40cm），问需要做多少功？

复习题 5

1. 选择题：

（1）$\varphi(x)$ 在 $[a, b]$ 上连续，$f(x) = (x - b)\int_a^x \varphi(t)dt$，则由罗尔定理，必有 $\xi \in (a, b)$，使得 $f'(\xi) = ($ $)$.

    A. 1；   B. 0；

    C. -1；   D. $e - 1$.

（2）已知 $\int_0^x [2f(t) - 1]dt = f(x) - 1$ 则 $f'(0) = ($ $)$.

    A. 2；   B. $2e - 1$；

C．1；   D．$e-1$．

（3）设定积分 $I_1 = \int_1^e \ln x \mathrm{d}x$，$I_2 = \int_1^e \ln^2 x \mathrm{d}x$，则（　　）.

A．$I_2 - I_1 = 0$；   B．$I_2 - 2I_1 = 0$；

C．$I_2 - 2I_1 = e$；   D．$I_2 + 2I_1 = e$．

（4）下列广义积分中（　　）是收敛的.

A．$\int_{-1}^{1} \dfrac{1}{t} \mathrm{d}t$；   B．$\int_{-\infty}^{0} e^t \mathrm{d}t$；

C．$\int_0^{+\infty} e^t \mathrm{d}t$；   D．$\int_1^{+\infty} \dfrac{1}{\sqrt{t}} \mathrm{d}t$．

（5）下列积分中（　　）是广义积分.

A．$\int_{-1}^{1} \dfrac{1}{\sqrt{t^3}} \mathrm{d}t$；   B．$\int_0^1 t \ln t \mathrm{d}t$；

C．$\int_0^1 \dfrac{\sin t}{t} \mathrm{d}t$；   D．$\int_0^1 \dfrac{1}{t^{-2}} \mathrm{d}t$．

（6）设 $a > 0$，则 $\int_a^{2a} f(2a - x)\mathrm{d}x = $（　　）.

A．$\int_0^a f(t)\mathrm{d}t$；   B．$-\int_0^a f(t)\mathrm{d}t$；

C．$2\int_0^a f(t)\mathrm{d}t$；   D．$-2\int_0^a f(t)\mathrm{d}t$．

（7）$\int_{-a}^{a} x[f(x) + f(-x)]\mathrm{d}x = $（　　）.

A．$4\int_0^a t f(t)\mathrm{d}t$；   B．$2\int_0^a x[f(x) + f(-x)]\mathrm{d}x$；

C．0；   D．以上都不正确.

2．填空题：

（1）函数 $f(x)$ 在 $[a,b]$ 上有界是 $f(x)$ 在 $[a,b]$ 上可积的_____条件，而 $f(x)$ 在 $[a,b]$ 连续是 $f(x)$ 在 $[a,b]$ 可积的_____条件.

（2）设 $f(5) = 2$，$\int_0^5 f(x)\mathrm{d}x = 3$，则 $\int_0^5 x f'(x)\mathrm{d}x = $_____.

（3）$\int_{-1}^{1} (x + \sqrt{1 - x^2})\mathrm{d}x = $_____.

（4）已知 $\int_0^{+\infty} \dfrac{\sin x}{x}\mathrm{d}x = \dfrac{\pi}{2}$，则 $\int_0^{+\infty} \dfrac{\sin^2 x}{x^2}\mathrm{d}x = $_____.

3．计算下列极限：

（1）$\lim\limits_{x \to a} \dfrac{x}{x - a} \int_a^x f(t)\mathrm{d}t$，其中 $f(x)$ 连续；　　（2）$\lim\limits_{x \to +\infty} \dfrac{\int_0^x (\arctan t)^2 \mathrm{d}t}{\sqrt{x^2 + 1}}$；

（3）$\lim\limits_{x \to +\infty} \dfrac{\displaystyle\int_0^{\sin^2 x} \ln(1+t)\mathrm{d}t}{\sqrt{1+x^4}-1}$ ；

（4）$\lim\limits_{x \to +\infty} \dfrac{\displaystyle\int_0^{x^2} \sin t\,\mathrm{d}t}{\displaystyle\int_0^x t\ln(1+t^2)\mathrm{d}t}$.

4．证明：当 $0 \leqslant x \leqslant \dfrac{\pi}{2}$ 时，方程 $\displaystyle\int_0^x \sqrt{1+t^4}\,\mathrm{d}t + \int_{\cos x}^0 \mathrm{e}^{-t^2}\,\mathrm{d}t = 0$ 有且仅有一个根．

5．设函数 $f(x)$ 连续，且 $\displaystyle\int_0^{2x} xf(t)\mathrm{d}t + 2\int_x^0 tf(2t)\mathrm{d}t = 2x^3(x-1)$ ，求 $f(x)$ 在 $[0,2]$ 上的最值．

6．计算下列积分：

（1）$\displaystyle\int_{\frac{1}{\sqrt{2}}}^1 \dfrac{\sqrt{1-x^2}}{x^2}\mathrm{d}x$ ；

（2）$\displaystyle\int_0^{16} \dfrac{1}{\sqrt{x+9}-\sqrt{x}}\mathrm{d}x$ ；

（3）$\displaystyle\int_{-\frac{\pi}{2}}^{\frac{\pi}{2}} (x^4 - x + 1)\sin x\,\mathrm{d}x$ ；

（4）$\displaystyle\int_0^1 x\arctan\sqrt{x}\,\mathrm{d}x$ ；

（5）$\displaystyle\int_0^{\frac{\pi}{2}} \dfrac{x+\sin x}{1+\cos x}\mathrm{d}x$ ；

（6）$\displaystyle\int_0^{\frac{\pi}{2}} \dfrac{1}{1+\cos^2 x}\mathrm{d}x$ ；

（7）$\displaystyle\int_1^4 \dfrac{1}{x(1+\sqrt{x})}\mathrm{d}x$ ；

（8）$\displaystyle\int_{-\frac{1}{2}}^{\frac{1}{2}} \dfrac{x\arcsin x}{\sqrt{1-x^2}}\mathrm{d}x$ ；

（9）$\displaystyle\int_0^{+\infty} x\mathrm{e}^{-2x^2}\mathrm{d}x$ ；

（10）$\displaystyle\int_1^{\mathrm{e}} \dfrac{1}{x\sqrt{1-\ln^2 x}}\mathrm{d}x$ ；

（11）$\displaystyle\int_0^{2\pi} \mathrm{e}^{2x}\cos x\,\mathrm{d}x$ ；

（12）$\displaystyle\int_{\frac{1}{\mathrm{e}}}^{\mathrm{e}} |\ln x|\,\mathrm{d}x$ ；

（13）$\displaystyle\int_{-\infty}^{\frac{2}{\pi}} \dfrac{1}{x^2}\sin\dfrac{1}{x}\mathrm{d}x$ ；

（14）$\displaystyle\int_1^2 \dfrac{x}{\sqrt{x-1}}\mathrm{d}x$.

7．设 n 为正整数，证明：$\displaystyle\int_0^\pi \sin^n x\,\mathrm{d}x = 2\int_0^{\frac{\pi}{2}} \sin^n x\,\mathrm{d}x$ ，并进而计算 $\displaystyle\int_0^\pi \sin^5 x\,\mathrm{d}x$.

8．求曲线 $y = x^2$ ，$4y = x^2$ 及直线 $y = 1$ 所围图形面积．

9．已知直线 $y = ax + b$ 过点 $(0,1)$ ，当直线 $y = ax + b$ 与抛物线 $y = x^2$ 所围图形面积最小时，a,b 应取何值．

10．求由 $y = x^{\frac{3}{2}}$ ，$x = 4$ ，$y = 0$ 所围图形绕 y 轴旋转的旋转体的体积．

11．半径为 r 的球沉入水中，球的上部与水面相切，球的比重与水相同，现将球从水中提出，需做多少功？

12．若 1kg 的力能使弹簧伸长 1cm ，问要使弹簧伸长 10cm ，需要花费多大的功？

13．设有一矩形闸门，宽 2cm ，高 3cm ，闸门上沿在水面以下 2cm 处，求闸门一侧所受的水压力．

数学家简介——莱布尼茨

莱布尼茨（Gottfried Wilhelm Leibniz）（1646～1716）是德国数学家、自然主义哲学家、自然科学家. 1646 年 7 月 1 日出生于莱比锡；1716 年 11 月 14 日卒于汉诺威.

莱布尼茨的父亲是莱比锡大学的哲学教授，在莱布尼茨 6 岁时就去世了，留给他十分丰富的藏书. 莱布尼茨自幼聪敏好学，经常到父亲的书房里阅读各种不同学科的书籍，中小学的基础课程主要是自学完成的. 16 岁进莱比锡大学学习法律，并钻研哲学，广泛地阅读了培根、开普勒、伽利略等人的著作，并且对前人的著述进行深入地思考和评价. 1663 年 5 月，他获得莱比锡大学学士学位. 1664 年 1 月，他取得该校哲学学士学位. 从 1665 年开始，莱比锡大学审查他提交的博士论文《论身份》，但 1666 年以他年轻（20 岁）为由，不授予他博士学位. 对此他气愤地离开了莱比锡前往纽伦堡的阿尔特多夫大学，1667 年 2 月阿尔特多夫大学授予他法学博士学位，该校要聘他为教授，被他谢绝了. 1672～1676 年，任外交官并到欧洲各国游历，在此期间他结识了惠更斯等科学家，并在他们的影响下深入钻研了笛卡儿、帕斯卡、巴罗等人的论著，并写下了很有见地的数学笔记. 这些笔记显示出他的才智，从中可以看出莱布尼茨深刻的理解力和超人的创造力. 1676 年，他到德国西部的汉诺威，担任腓特烈公爵（Duke John Frederick）的顾问及图书馆馆长近 40 年，这使他能利用空闲探讨自己喜爱的问题，撰写各种题材的论文，其论文之多浩如烟海. 莱布尼茨 1673 年被选为英国皇家学会会员，1682 年创办《博学文摘》，1700 年被选为法国科学院院士，同年创建了柏林科学院，并担任第一任院长.

莱布尼茨在数学上最突出的成就是创建了微积分的方法. 莱布尼茨的微积分思想的最早纪录，是出现在他 1675 年的数学笔记中. 莱布尼茨研究了巴罗的《几何讲义》之后，意识到微分与积分是互逆的关系，并得出了求曲线的切线依赖于纵坐标与横坐标的差值（当这些差值变成无穷小时）的比；而求面积则依赖于在横坐标的无穷小区间上的的纵坐标之和或无限窄矩形面积之和. 并且这种求和与求差的运算是互逆的. 即莱布尼茨的微分学是把微分看作变量相邻二值的无限小的差，而他的积分概念则以变量分成的无穷多个微分之和的形式出现. 莱布尼茨的第一篇微分学论文《一种求极大极小和切线的新方法，它也适用于分式和无理量，以及这种新方法的奇妙类型的计算》，于 1684 年发表在《博学文摘》上，这也是历史上最早公开发表的关于微分学的文献. 文中介绍了微分的定义，并广泛采用了微分记号 dx, dy, 函数的和、差、积、商以及乘幂的微分法则，关于一阶微分不变形式的定理、关于二阶微分的概念以及微分学对于研究极值、作切线、求曲率及拐点的应用. 他关于积分学的第一篇论文发表于 1686 年，其中首次引进

了积分号 $\int$ ，并且初步论述了积分或求积问题与微分或求切线问题的互逆关系，该文的题目为《探奥几何与不可分量及无限的分析》. 关于积分常数的论述发表于 1694 年，他得到的特殊积分法有：变量替换法、分部积分法、在积分号下对参变量的积分法、利用部分分式求有理式的积分方法等. 他还给出了判断交错级数收敛性的准则. 在常微分方程中，他研究了分离变量法，得出了一阶齐次方程通过用 $y = vx$ 的代换可使其变量分离，得出了如何求一阶线性方程的解的方法. 他给出用微积分求旋转体体积的公式等等.

莱布尼茨是数学史上最伟大的符号学者，他在创建微积分的过程中，花了很多时间来选择精巧的符号. 现在微积分学中的一些基本符号，例如，dx，dy，$\dfrac{dx}{dy}$，d^n，$\int$ ，$\log$ 等等，都是他创立的. 他的优越的符号为以后分析学的发展带来了极大方便. 莱布尼茨和牛顿研究微积分学的基础，都达到了同一个目的，但各自采用了不同的方法. 莱布尼茨是作为哲学家和几何学家对这些问题产生兴趣的，而牛顿则主要是从研究物体运动的需要而提出这些问题的. 他们都研究了导数、积分的概念和运算法则，阐明了求导数和求积分是互逆的两种运算，从而建立了微积分的重要基础. 牛顿在时间上比莱布尼茨早 10 年，而莱布尼茨公开发表的时间却比牛顿早 3 年.

作为一个数学家，莱布尼茨的声望虽然是凭借他在微积分的创建中树立起来的，但他对其他数学分支也是有重大贡献的. 例如，对笛卡儿的解析几何，他就提出过不少改进意见，"坐标"及"纵坐标"等术语都是他给出的. 他提出了行列式的某些理论，他为包络理论作了很多基础性的工作. 并给出了曲率中的密切圆的定义. 莱布尼茨还是组合拓扑的先驱，也是数理逻辑学的鼻祖，他系统地阐述了二进制记数法.

莱布尼茨把一切领域的知识作为自己追求的目标. 他企图扬弃机械的近世纪哲学与目的论的中世纪哲学，调和新旧教派的纷争，并且为发展科学制定了世界科学院计划，还想建立通用符号、通用语言，以便统一一切科学. 莱布尼茨的研究涉及数学、哲学、法学、力学、光学、流体静力学、气体学、海洋学、生物学、地质学、机械学、逻辑学、语言学、历史学、神学等 41 个范畴. 他被誉为"17 世纪的亚里士多德"，"德国的百科全书式的天才". 他终生努力寻求的是一种普遍的方法，这种方法既是获得知识的方法，也是创造发明的方法.

莱布尼茨很重视和其他学者交流、讨论问题，他与多方面的人士保持通信和接触，最远的到达锡兰和中国. 莱布尼茨十分爱好和重视中国的科学文化和哲学思想. 他主张东西方应在文化、科学方面互相学习、平等交流. 莱布尼茨虽然脾气急躁，但容易平息. 他一生没有结婚，一生不愿进教堂. 作为一位伟大的科学家和思想家，他把自己的一生奉献给了科学文化事业.

第6章　常微分方程

在研究现实世界中的自然现象和社会现象的某些规律时，往往需要找出变量之间的函数关系．但由于客观世界的复杂性，在很多情况下，直接找到它们之间的函数关系是不太容易的；人们发现，从具体问题出发，根据物理背景和数学知识，可以建立起这个函数的导数或者微分的关系式，这种关系式就是一般所说的微分方程．微分方程在流体力学、运动学、计算机技术等许多科学技术和生产实际中都有广泛的应用，是研究自然科学的有效的工具．本章将介绍常微分方程的一些基本概念、几类简单而又实用的微分方程的解法及其在实际问题中的应用．

6.1　微分方程的基本概念

6.1.1　引例

例 6.1.1　求过点 $(1,3)$ 且在曲线上任一点 $M(x,y)$ 处的切线斜率为 $2x$ 的曲线方程．

解　设曲线方程为 $y=f(x)$，由导数的几何意义得

$$\frac{\mathrm{d}y}{\mathrm{d}x}=2x,$$

且

$$f(1)=3.$$

由 $\dfrac{\mathrm{d}y}{\mathrm{d}x}=2x$ 得

$$y=x^2+C.$$

由 $f(1)=3$，得 $C=2$．

因此所求曲线方程为

$$y=x^2+2.$$

例 6.1.2　一个物体以初速度 v_0 垂直上抛，设物体的运动只受重力影响．试确定该物体运动的路程 s 与时间 t 的函数关系．

解　因为物体运动的加速度是路程 s 对时间 t 的二阶导数，即

$$s''(t)=-g.$$

两边积分得

$$s'(t) = -gt + C_1,$$

再一次积分得

$$s = -\frac{1}{2}gt^2 + C_1 t + C_2 \quad \text{（其中 } C_1, C_2 \text{ 为任意常数）}.$$

这是一族曲线. 如果物体开始上抛时的路程为 0, 则依据题意有 $s'(0) = v_0$, $s(0) = 0$, 代入上式得 $C_1 = v_0$, $C_2 = 0$. 故

$$s = -\frac{1}{2}gt^2 + v_0 t.$$

6.1.2 微分方程的概念

通过上面两个例子我们可以看到，方程当中都含有了未知函数的导数，因此我们引出了以下定义.

定义 6.1.1 含有未知函数的导数或微分的方程叫做**微分方程**. 未知函数为一元函数的方程叫做**常微分方程**.

如 $\dfrac{dy}{dx} = 2x$, $y' + 2xy = \sin x$, $\dfrac{d^2 y}{dx^2} + 3x\dfrac{dy}{dx} = x + 1$, $xdy + ydx = 0$ 都是常微分方程.

注意：一个微分方程可以不显含自变量和未知函数，但必须含有未知函数的导数或微分. 例如 $y'' = 5$ 也是一个微分方程.

定义 6.1.2 微分方程中所含未知函数的导数的最高阶数叫做微分方程的**阶**.

例如 $y''' - y' = \sin x$ 是三阶微分方程；$\dfrac{dy}{dx} = 3x^2$, $x^2 dx - y^2 dy = 0$ 都是一阶微分方程；而 $y^{(4)} + xy'' = e^x$ 是四阶微分方程.

一般地，n 阶微分方程的一般形式为

$$F(x, y, y', y'', ..., y^{(n)}) = 0.$$

必须指出，在 n 阶微分方程中，$y^{(n)}$ 是必须出现的.

建立方程的目的是通过解方程求解，那么什么是微分方程的解呢？

定义 6.1.3 如果函数 $y = y(x)$ 代入微分方程后，能使方程成为恒等式，则称函数 $y = y(x)$ 是微分方程的一个**解**. 如果微分方程的解中所含有的独立的任意常数的个数等于微分方程的阶数，则称为微分方程的**通解**.

如函数 $s = -\dfrac{1}{2}gt^2 + C_1 t + C_2$ 是二阶微分方程 $\dfrac{d^2 s}{dt^2} = -g$ 的解，且是它的通解.

定义 6.1.4 确定通解中任意常数的条件叫做**初始条件**，确定了任意常数的解叫做微分方程的**特解**. 求微分方程满足初始条件的特解问题，叫做微分方程的**初值问题**.

如例 6.1.1 中，$f(1)=3$ 是初始条件，函数 $y=x^2+C$ 是一阶微分方程 $\dfrac{dy}{dx}=2x$ 的通解，$y=x^2+2$ 是满足初始条件 $f(1)=3$ 的特解.

例 6.1.3 （1）验证函数 $y=C_1\cos kx+C_2\sin kx$ 是微分方程 $\dfrac{d^2y}{dx^2}+k^2y=0$ 的通解；

（2）求（1）中满足初始条件 $y\big|_{x=0}=2$，$y'\big|_{x=0}=3$ 的特解.

解 （1）对函数 $y=C_1\cos kx+C_2\sin kx$ 两边分别求导，得

$$\frac{dy}{dx}=-kC_1\sin kx+kC_2\cos kx，\quad \frac{d^2y}{dx^2}=-k^2C_1\cos kx-k^2C_2\sin kx.$$

将 y 和 $\dfrac{d^2y}{dx^2}$ 带入微分方程左端，得

$$-k^2C_1\cos kx-k^2C_2\sin kx+k^2(C_1\cos kx+C_2\sin kx)=0.$$

因为已知微分方程是二阶微分方程，而函数 $y=C_1\cos kx+C_2\sin kx$ 中有两个相互独立的任意常数 C_1 和 C_2. 所以，$y=C_1\cos kx+C_2\sin kx$ 是微分方程 $\dfrac{d^2y}{dx^2}+k^2y=0$ 的通解.

（2）将初始条件 $y\big|_{x=0}=2$ 代入通解中得 $C_1=2$，将 $y'\big|_{x=0}=3$ 代入

$$\frac{dy}{dx}=-kC_1\sin kx+kC_2\cos kx$$

中，得

$$C_2=\frac{3}{k}.$$

所以，满足初始条件的微分方程的特解是

$$y=2\cos kx+\frac{3}{k}\sin kx.$$

习题 6.1

1. 试写出下列各微分方程的阶数：

（1）$x^2dx+ydy=0$；　　　　　　（2）$x(y')^2-2yy'+x=0$；

（3）$x^2y''-xy'+y=0$；　　　　　（4）$xy'''+2y''+x^2y=0$.

2. 验证函数 $y=Ce^{-x}+x-1$ 是微分方程 $y'+y=x$ 的通解，并求满足初始条件 $y\big|_{x=0}=2$ 的特解.

3. 把一个质量为 m 的物体以初速 v_0 自地面垂直上抛，设它所受空气阻力与速度成正比，比例系数为 k，求物体在上升过程中速度 v 所应满足的微分方程和初始条件.

6.2 可分离变量的微分方程

本节和下一节我们介绍几种主要的一阶微分方程的解法. 一阶微分方程是应用很广泛的一类微分方程，人们在长期实践中总结出用初等积分法解此类微分方程. 本节介绍的可分离变量的微分方程和下节的一阶线性微分方程的解法是经典的初等积分法，易于读者理解和掌握.

6.2.1 可分离变量的微分方程

对于一阶微分方程 $y' = f(x, y)$ 一般可以化成如下的对称形式：

$$P(x, y)\mathrm{d}x + Q(x, y)\mathrm{d}y = 0 . \tag{6.2.1}$$

在方程（6.2.1）中，变量 x 与变量 y 是对称的，既可以将 x 作为自变量、y 作为 x 的函数；也可以将 y 作为自变量、x 作为 y 的函数.

可化为

$$g(y)\mathrm{d}y = f(x)\mathrm{d}x \tag{6.2.2}$$

形式的一阶微分方程叫做**可分离变量的微分方程**.

将（6.2.2）式两边分别对 x，y 积分，则

$$\int g(y)\mathrm{d}y = \int f(x)\mathrm{d}x .$$

即得微分方程的隐式通解

$$G(y) = F(x) + C ,$$

其中 C 为任意常数，$G(y)$ 和 $F(x)$ 分别是 $g(y)$ 和 $f(x)$ 的一个原函数.

由此看到，解这类方程的方法是，首先经过适当的恒等变形，将含不同变量的函数及其微分分别置于方程的两端，将方程化为（6.2.2）的形式，即分离变量；然后方程两边对不同变量进行积分，即可得解.

例 6.2.1 解微分方程

$$\frac{\mathrm{d}y}{\mathrm{d}x} = -\frac{x}{y} .$$

解 对原方程分离变量得

$$y\mathrm{d}y = -x\mathrm{d}x ,$$

两边积分得

$$\frac{1}{2}y^2 = -\frac{1}{2}x^2 + C_1 ,$$

即

$$x^2 + y^2 = 2C_1 .$$

记 $C = 2C_1$，则

$$x^2 + y^2 = C$$

为所给微分方程的通解.

例 6.2.2 求微分方程

$$(1+e^x)yy' = e^x$$

满足初始条件 $y|_{x=0} = 1$ 的特解.

解 对原方程分离变量得

$$ydy = \frac{e^x}{1+e^x}dx,$$

两边积分得

$$\frac{1}{2}y^2 = \ln(1+e^x) + C.$$

由初始条件 $y|_{x=0} = 1$，得 $C = \frac{1}{2} - \ln 2$.

所以微分方程满足初始条件的特解为

$$y^2 = 2\ln(1+e^x) + 1 - 2\ln 2.$$

例 6.2.3 放射性元素铀由于不断地由原子放射出微粒子而变成其他元素，铀的质量就不断减少，这种现象叫做衰变. 由原子物理学知道，铀的衰变速度与当时未衰变的原子的质量 M 成正比. 已知当 $t = 0$ 时，铀的质量为 M_0. 求在衰变过程中，铀质量 $M(t)$ 随时间 t 变化的规律.

解 铀的衰变速度就是 $M(t)$ 对时间 t 的导数 $\dfrac{dM}{dt}$，由于铀的衰变速度与其质量成正比，故得微分方程

$$\frac{dM}{dt} = -\lambda M,$$

其中 λ（$\lambda > 0$）是常数，叫做衰变系数. λ 前的负号是由于当 t 增加时 M 单调减少，故 $\dfrac{dM}{dt} < 0$. 由题意知初始条件为 $M|_{t=0} = M_0$.

分离变量得

$$\frac{dM}{M} = -\lambda dt,$$

两边积分得

$$\ln M = -\lambda t + \ln C,$$

所以

$$M = Ce^{-\lambda t}.$$

又因为 $M|_{t=0} = M_0$，所以 $C = M_0$，即

$$M = M_0 e^{-\lambda t}.$$

这就是所求铀的衰变规律. 可见，铀的质量是随时间的增加而呈指数规律减少.

例 6.2.4 将一个加热到 100℃的物体，放在 20℃的环境中冷却，求此物体温度的变化规律.

解 根据冷却定律：温度为 θ 的物体，在温度为 θ_0 的环境中冷却的速率与温差 $\theta - \theta_0$ 成正比. 物体冷却的速率就是其温度对时间 t 的变化率 $\dfrac{\mathrm{d}\theta}{\mathrm{d}t}$，于是由冷却定律得

$$\begin{cases} \dfrac{\mathrm{d}\theta}{\mathrm{d}t} = -k(\theta - 20), & ① \\[2mm] \theta\big|_{t=0} = 100. & ② \end{cases}$$

其中负号是由于物体的温度随时间 t 的增大而降低，即 $\dfrac{\mathrm{d}\theta}{\mathrm{d}t} < 0$.

由式①，分离变量后得

$$\frac{\mathrm{d}\theta}{\theta - 20} = -k\mathrm{d}t,$$

两端分别积分，得

$$\ln(\theta - 20) = -kt + C_1,$$

即

$$\theta = 20 + C\mathrm{e}^{-kt} \quad (C = \mathrm{e}^{C_1}).$$

将式②代入上式得 $C = 80$，从而所求温度的变化规律为

$$\theta = 20 + 80\mathrm{e}^{-kt}.$$

6.2.2 可化为可分离变量微分方程的微分方程

1. 齐次方程

如果一阶微分方程可化为形如

$$\frac{\mathrm{d}y}{\mathrm{d}x} = \varphi\left(\frac{y}{x}\right)$$

的微分方程，则该一阶微分方程叫做**齐次微分方程**.

例如方程

$$\frac{\mathrm{d}y}{\mathrm{d}x} = \frac{y^2}{xy - x^2}$$

变形得

$$\frac{\mathrm{d}y}{\mathrm{d}x} = \frac{\left(\dfrac{y}{x}\right)^2}{\dfrac{y}{x} - 1} = \varphi\left(\frac{y}{x}\right),$$

所以是齐次方程.

下面介绍齐次方程通解的求法.

（1）将所给方程化为

$$\frac{\mathrm{d}y}{\mathrm{d}x} = \varphi\left(\frac{y}{x}\right).$$ (6.2.3)

（2）令

$$u = \frac{y}{x},$$

则

$$y = ux, \quad \frac{\mathrm{d}y}{\mathrm{d}x} = u + x\frac{\mathrm{d}u}{\mathrm{d}x},$$

代入方程（6.2.3）便得到

$$u + x\frac{\mathrm{d}u}{\mathrm{d}x} = \varphi(u),$$

即

$$x\frac{\mathrm{d}u}{\mathrm{d}x} = \varphi(u) - u.$$

这是可分离变量的微分方程. 分离变量后两端同时积分得

$$\int \frac{\mathrm{d}u}{\varphi(u) - u} = \int \frac{\mathrm{d}x}{x},$$

求出积分后，再用 $\frac{y}{x}$ 代替 u，便得所给齐次方程的通解.

例 6.2.5 解微分方程 $(x - y)y\mathrm{d}x - x^2\mathrm{d}y = 0$.

解 将方程化为

$$\frac{\mathrm{d}y}{\mathrm{d}x} = \left(1 - \frac{y}{x}\right)\frac{y}{x},$$

令 $u = \frac{y}{x}$，$y = ux$，则

$$\frac{\mathrm{d}y}{\mathrm{d}x} = u + x\frac{\mathrm{d}u}{\mathrm{d}x}.$$

于是有

$$u + x\frac{\mathrm{d}u}{\mathrm{d}x} = (1 - u)u,$$

即

$$x\frac{\mathrm{d}u}{\mathrm{d}x} = -u^2.$$

分离变量，得

$$-\frac{1}{u^2}\mathrm{d}u = \frac{\mathrm{d}x}{x},$$

两端积分，得

$$\frac{1}{u} = \ln|x| + \ln C_1 = \ln C_1 |x|,$$

即

$$e^{\frac{1}{u}} = Cx \quad (C = \pm C_1).$$

将 $u = \dfrac{y}{x}$ 代入，得

$$e^{\frac{x}{y}} = Cx$$

为所给微分方程的通解.

例 6.2.6 解微分方程

$$\frac{dy}{dx} = \frac{xy}{x^2 + xy - y^2}.$$

解 在原方程中，如果将 x 看成是 y 的函数，并将原方程化为

$$\frac{dx}{dy} = \frac{x^2 + xy - y^2}{xy} = \frac{x}{y} + 1 - \frac{y}{x}.$$

令 $u = \dfrac{x}{y}$，则

$$x = uy, \quad \frac{dx}{dy} = u + y\frac{du}{dy}.$$

于是得

$$u + y\frac{du}{dy} = u + 1 - \frac{1}{u},$$

即

$$y\frac{du}{dy} = \frac{u-1}{u}.$$

分离变量，得

$$\frac{u}{u-1}du = \frac{1}{y}dy,$$

两端积分，得

$$u + \ln|u-1| = \ln|y| - \ln C_1.$$

即

$$\frac{y}{u-1} = Ce^u \quad (C = \pm C_1).$$

将 $u = \dfrac{x}{y}$ 代入上式，得原方程的通解

$$\frac{y^2}{x-y} = Ce^{\frac{x}{y}}.$$

2. 形如 $\frac{\mathrm{d}y}{\mathrm{d}x} = f(ax+by+c)$ 的方程

方程

$$\frac{\mathrm{d}y}{\mathrm{d}x} = f(ax+by+c) \tag{6.2.4}$$

也可以化为可分离变量的微分方程.

令 $u = ax+by+c$，则有

$$\frac{\mathrm{d}u}{\mathrm{d}x} = a+b\frac{\mathrm{d}y}{\mathrm{d}x}.$$

把代入方程（6.2.4），则有

$$\frac{\mathrm{d}u}{\mathrm{d}x} = a+bf(u).$$

分离变量，得

$$\frac{\mathrm{d}u}{a+bf(u)} = \mathrm{d}x. \tag{6.2.5}$$

对方程（6.2.5）式两端积分，再代入 $u = ax+by+c$，即可得到（6.2.4）的通解.

例 6.2.7 求 $y' = (x+4y+1)^2$ 的通解.

解 令 $u = x+4y+1$，则 $\frac{\mathrm{d}u}{\mathrm{d}x} = 1+4\frac{\mathrm{d}y}{\mathrm{d}x}$，代入原方程得

$$\frac{\mathrm{d}u}{1+4u^2} = \mathrm{d}x,$$

两端积分，得

$$\frac{1}{2}\arctan 2u = x+C,$$

将 $u = x+4y+1$ 代入，得原方程的通解

$$\frac{1}{2}\arctan 2(x+4y+1) = x+C.$$

例 6.2.8 解微分方程

$$\frac{\mathrm{d}y}{\mathrm{d}x} = (x-y)^2+1.$$

解 令 $u = x-y$，则 $\frac{\mathrm{d}u}{\mathrm{d}x} = 1-\frac{\mathrm{d}y}{\mathrm{d}x}$. 代入原方程得

$$\frac{\mathrm{d}u}{\mathrm{d}x} = -u^2,$$

这是一个可分离变量的微分方程.

分离变量，得

$$-\frac{1}{u^2}\mathrm{d}u = \mathrm{d}x,$$

两端积分，得

$$\frac{1}{u} = x + C.$$

将 $u = x - y$ 代入得原方程的通解

$$y = x - \frac{1}{x+C}.$$

习题 6.2

1. 求下列微分方程的通解：

（1）$2x^2yy' = y^2 + 1$；　　　　（2）$xy' - y\ln y = 0$；

（3）$3x^2 + 5x - 5y' = 0$；　　　（4）$\sqrt{1-x^2}\,y' = \sqrt{1-y^2}$；

（5）$y' = \dfrac{y}{x} + \tan\dfrac{y}{x}$；　　　（6）$(x^2 + y^2)\mathrm{d}x - xy\mathrm{d}y = 0$．

2. 求下列微分方程的特解：

（1）$x\mathrm{d}y + 2y\mathrm{d}x = 0$，　$y\big|_{x=2} = 1$；

（2）$y'\sin x = y\ln y$，　$y\big|_{x=\frac{\pi}{2}} = \mathrm{e}$；

（3）$(y^2 - 3x^2)\mathrm{d}y + 2xy\mathrm{d}x = 0$，　$y\big|_{x=0} = 1$；

（4）$y' = \dfrac{x}{y} + \dfrac{y}{x}$，　$y\big|_{x=1} = 2$．

3. 由原子物理学知道，镭的衰变速度与它的现存量成正比．由经验材料得知，镭经过 1600 年以后，只剩下原始量 m_0 的一半，求在衰变过程中镭的现存量与时间 t 的函数关系．

4. 一质量为 m 千克的物体从高处落下，所受空气阻力与速度成正比（比例系数为 k）．设物体开始下落时（$t = 0$）的速度为零，求物体下落速度与时间的函数关系 $v(t)$．

5. 用适当的变换将下列方程化成可分离变量的方程，然后求出通解：

（1）$y' = (x+y)^2$；　　（2）$y' = \sin(x-y)$；　　（3）$y' = \dfrac{1}{x-y} + 1$．

6.3　一阶线性微分方程

定义　形如 $y' + P(x)y = Q(x)$ 的方程称为**一阶线性微分方程**，其中 $P(x)$，

$Q(x)$ 是 x 的已知函数.

若 $Q(x) \equiv 0$，

$$y' + P(x)y = 0 , \tag{6.3.1}$$

称为**一阶线性齐次微分方程**；

当 $Q(x) \not\equiv 0$ 时，

$$y' + P(x)y = Q(x) , \tag{6.3.2}$$

称为**一阶线性非齐次微分方程**.

下面我们研究一阶线性微分方程的解法：

（1）先解一阶线性齐次微分方程 $y' + P(x)y = 0$.

这是一个可分离变量的微分方程. 首先分离变量，得

$$\frac{1}{y}\mathrm{d}y = -P(x)\mathrm{d}x ,$$

两端积分，得 $\ln|y| = -\int P(x)\mathrm{d}x + \ln C_1$.

故一阶线性齐次微分方程的通解为

$$y = C\mathrm{e}^{-\int P(x)\mathrm{d}x} \quad (C = \pm C_1).$$

（2）再解一阶线性非齐次微分方程 $y' + P(x)y = Q(x)$.

设 $y = C(x)\mathrm{e}^{-\int P(x)\mathrm{d}x}$ （即把齐次微分方程通解中的 C 换成 x 的未知函数 $C(x)$ ）是方程（6.3.2）的解，则

$$y' = C'(x)\mathrm{e}^{-\int P(x)\mathrm{d}x} - C(x)P(x)\mathrm{e}^{-\int P(x)\mathrm{d}x} ,$$

代入方程得

$$C'(x)\mathrm{e}^{-\int P(x)\mathrm{d}x} - P(x)C(x)\mathrm{e}^{-\int P(x)\mathrm{d}x} + P(x)C(x)\mathrm{e}^{-\int P(x)\mathrm{d}x} = Q(x) ,$$

即

$$C'(x) = Q(x)\mathrm{e}^{\int P(x)\mathrm{d}x} ,$$

两端积分，得

$$C(x) = \int Q(x)\mathrm{e}^{\int P(x)\mathrm{d}x}\mathrm{d}x + C .$$

因此，一阶线性非齐次微分方程 $y' + P(x)y = Q(x)$ 的通解为

$$y = \mathrm{e}^{-\int P(x)\mathrm{d}x}\left(\int Q(x)\mathrm{e}^{\int P(x)\mathrm{d}x}\mathrm{d}x + C \right). \tag{6.3.3}$$

这种解微分方程的方法叫做**常数变易法**.

将（6.3.3）式改写成两项之和

$$y = C\mathrm{e}^{-\int P(x)\mathrm{d}x} + \mathrm{e}^{-\int P(x)\mathrm{d}x}\int Q(x)\mathrm{e}^{\int P(x)\mathrm{d}x}\mathrm{d}x ,$$

上式右端第一项是对应的齐次线性微分方程（6.3.1）的通解，第二项是非齐次线性微分方程（6.3.2）的一个特解（在（6.3.2）的通解中取 $C = 0$ 便得到这个特

解）．因此，一阶非齐次线性微分方程的通解等于对应的齐次线性微分方程的通解与非齐次方程的一个特解之和．

例 6.3.1 求微分方程

$$2y' - y = e^x$$

的通解．

解 原方程变形得

$$y' - \frac{1}{2}y = \frac{1}{2}e^x.$$

先求所对应的齐次方程 $y' - \dfrac{1}{2}y = 0$ 的通解．

分离变量，得

$$\frac{dy}{y} = \frac{1}{2}dx,$$

两边积分得

$$\ln|y| = \frac{1}{2}x + C_1,$$

即

$$y = Ce^{\frac{1}{2}x} \quad (C = \pm e^{C_1}).$$

把齐次方程通解中的常数 C 看成是 x 的函数 $C(x)$，设非齐次方程的通解为

$$y = C(x)e^{\frac{1}{2}x}.$$

因为

$$y' = C'(x)e^{\frac{1}{2}x} + \frac{1}{2}C(x)e^{\frac{1}{2}x},$$

把 y 及 y' 分别代入原方程，有

$$2\left(C'(x)e^{\frac{1}{2}x} + \frac{1}{2}C(x)e^{\frac{1}{2}x}\right) - C(x)e^{\frac{1}{2}x} = e^x,$$

整理后，有

$$C'(x) = \frac{1}{2}e^{\frac{1}{2}x},$$

积分得

$$C(x) = \int \frac{1}{2}e^{\frac{1}{2}x}dx = e^{\frac{1}{2}x} + C,$$

将 $C(x)$ 代回非齐次方程的通解形式 $y = C(x)e^{\frac{1}{2}x}$ 中，得到原方程的通解为

$$y = (e^{\frac{1}{2}x} + C)e^{\frac{1}{2}x} \quad (C \text{ 为任意常数}).$$

例 6.3.2 求方程 $(x+1)\dfrac{dy}{dx} - y = e^x(x+1)^2$ 的通解.

解 将方程改写成

$$\frac{dy}{dx} - \frac{1}{x+1}y = e^x(x+1).$$

其对应的齐次方程为

$$\frac{dy}{dx} - \frac{1}{x+1}y = 0.$$

分离变量得

$$\frac{dy}{y} = \frac{1}{x+1}dx,$$

两边积分得齐次方程的通解为

$$y = C(x+1).$$

设原方程通解为

$$y = C(x)(x+1)$$

代入原方程，得

$$C'(x)(x+1) + C(x) - \frac{1}{x+1} \cdot C(x)(x+1) = e^x(x+1).$$

解之，得

$$C'(x) = e^x,$$

从而

$$C(x) = e^x + C.$$

所以原方程的通解为

$$y = (x+1)(e^x + C) \qquad (C \text{ 为任意常数}).$$

注意：上述两个例题也可直接利用通解公式（6.3.3）求解.

例 6.3.3 设有一个质量为 m 的质点作直线运动，从速度等于零开始，有一个与质点运动方向一致、大小与速度成正比的力作用于它，同时还受一个与运动方向相反、大小与时间成正比的阻力作用，求质点运动速度与时间的函数关系.

解 设 $F = k_1 v$，阻力 $f = k_2 t$，由牛顿第二定律得：$F - f = ma$，所以 $k_1 v - k_2 t = mv'$，即

$$\frac{dv}{dt} - \frac{k_1}{m}v = -\frac{k_2}{m}t.$$

这是一个一阶线性非齐次微分方程，其中

$$P(t) = -\frac{k_1}{m}, \quad Q(t) = -\frac{k_2}{m}t.$$

利用公式（6.3.3）得通解为

$$v = \frac{k_2}{k_1}t + \frac{k_2 m}{k_1^2} + Ce^{\frac{k_1}{m}t},$$

当 $v\big|_{t=0} = 0$ 时，得 $C = -\dfrac{k_2 m}{k_1^2}$，所以

$$v = \frac{k_2}{k_1}\left(\frac{m}{k_1} + t - \frac{m}{k_1}e^{\frac{k_1}{m}t}\right).$$

例 6.3.4 设 $f(x)$ 为可导函数，且由方程 $\int_0^x tf(t)\mathrm{d}t = -x^2 + f(x)$ 所确定，求 $f(x)$．

解 方程 $\int_0^x tf(t)\mathrm{d}t = x^2 + f(x)$ 两边同时对 x 求导得

$$xf(x) = -2x + f'(x).$$

令 $y = f(x)$，上式变为 $y' - xy = -2x$．利用（6.3.3）得

$$
\begin{aligned}
y &= e^{-\int(-x)\mathrm{d}x}\left(\int -2xe^{\int(-x)\mathrm{d}x}\mathrm{d}x + C\right) \\
&= e^{\frac{1}{2}x^2}\left(\int -2xe^{-\frac{1}{2}x^2}\mathrm{d}x + C\right) \\
&= e^{\frac{1}{2}x^2}\left(2e^{-\frac{1}{2}x^2} + C\right),
\end{aligned}
$$

即 $f(x) = Ce^{\frac{1}{2}x^2} + 2$．

由 $\int_0^x tf(t)\mathrm{d}t = x^2 + f(x)$ 可得，$f(0) = 0$，于是 $C = -2$，所以 $f(x) = -2e^{\frac{1}{2}x^2} + 2$．

习题 6.3

1．求下列微分方程的通解：

（1）$\dfrac{\mathrm{d}y}{\mathrm{d}x} + y = e^{-x}$；

（2）$y' + y\cos x = e^{-\sin x}$；

（3）$(x^2 - 1)y' + 2xy - \cos x = 0$；

（4）$(y^2 - 6x)y' + 2y = 0$（提示：将 y 作自变量）．

2．求下列微分方程的特解：

（1）$x\dfrac{\mathrm{d}y}{\mathrm{d}x} + y - e^x = 0$，$y\big|_{x=1} = 0$；

（2）$y' + y\cos x = \sin x \cdot \cos x$，$y\big|_{x=0} = 1$．

3．没有前进速度的潜水艇，在下沉力（包括重力）的作用下向水底下沉，设水的阻力与下沉速度成正比，比例系数为 k．开始时下沉速度为零，求速度与时间的函数关系．

6.4 可降阶的二阶微分方程

对于二阶微分方程

$$y'' = f(x, y, y'),$$ (6.4.1)

在有些情况下，我们可以通过适当的变量代换，把它们化成一阶微分方程来求解，具有这种性质的方程称为**可降阶的微分方程**. 相应的求解方法也就称为降阶法. 本节我们主要介绍三种二阶微分方程的降阶法.

6.4.1 $y'' = f(x)$ 型的微分方程

微分方程

$$y'' = f(x)$$ (6.4.2)

的右端仅含自变量 x，只要把 y' 看作新的未知函数，那么（6.4.2）式可写成

$$(y')' = f(x).$$ (6.4.3)

它就可看作新未知函数 y' 的一阶微分方程，对（6.4.3）式两端积分，得

$$y' = \int f(x)\mathrm{d}x + C_1,$$

上式两端再积分一次就得方程（6.4.2）含有两个任意常数的通解

$$y = \int \left[\int f(x)\mathrm{d}x \right]\mathrm{d}x + C_1 x + C_2.$$

例 6.4.1 求微分方程 $y'' = \mathrm{e}^{2x} - \sin\dfrac{x}{3}$ 的通解.

解 对所给方程连续积分两次，得

$$y' = \frac{1}{2}\mathrm{e}^{2x} + 3\cos\frac{x}{3} + C_1,$$

$$y = \frac{1}{4}\mathrm{e}^{2x} + 9\sin\frac{x}{3} + C_1 x + C_2.$$

例 6.4.2 试求 $y'' = x$ 的经过点 $M(0,1)$ 且在此点与直线 $y = \dfrac{x}{2} + 1$ 相切的积分曲线.

解 该几何问题可归结为如下的微分方程的初值问题

$$y'' = x,\ y\big|_{x=0} = 1,\ y'\big|_{x=0} = \frac{1}{2},$$

对方程 $y'' = x$ 两边积分，得

$$y' = \frac{1}{2}x^2 + C_1,$$

由条件 $y'\big|_{x=0} = \dfrac{1}{2}$ 得，

$$C_1 = \frac{1}{2} ,$$

从而

$$y' = \frac{1}{2}x^2 + \frac{1}{2} ,$$

对上式两边再积分一次，得

$$y = \frac{1}{6}x^3 + \frac{1}{2}x + C_2 ,$$

由条件 $y|_{x=0} = 1$ 得，$C_2 = 1$，故所求曲线为

$$y = \frac{x^3}{6} + \frac{x}{2} + 1 .$$

推广 $y^{(n)} = f(x)$ 型的微分方程.

方程 $y^{(n)} = f(x)$ 的左端是函数对自变量 x 的 n 阶导数，右端是仅含自变量 x 的一元函数. 容易看出，我们只需要对方程的两边连续积分 n 次就可求出其通解.

例 6.4.3 设一物体质量为 m，以初速度 v_0 从一斜面顶端推下，若斜面的倾角为 α，摩擦系数为 μ，试求物体在斜面上移动的距离 s 和时间 t 的关系.

解 如图 6.1 所示，物体受重力 mg，斜面对物体的作用力及摩擦阻力的作用. 重力沿斜面的分力为 $mg\sin\alpha$，沿垂直斜面分力为 $mg\cos\alpha$，故摩擦阻力为 $\mu mg\cos\alpha$，则

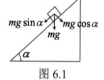

图 6.1

$$m\frac{d^2 s}{dt^2} = m(\sin\alpha - \mu\cos\alpha)g ,$$

即

$$\frac{d^2 s}{dt^2} = (\sin\alpha - \mu\cos\alpha)g ,$$

初始条件为 $s|_{t=0} = 0$，$s'|_{t=0} = v_0$.

两端积分，得

$$\frac{ds}{dt} = (\sin\alpha - \mu\cos\alpha)gt + C_1 .$$

由 $s'|_{t=0} = v_0$，可知 $C_1 = v_0$，从而

$$\frac{ds}{dt} = (\sin\alpha - \mu\cos\alpha)gt + v_0 .$$

再一次积分，得

$$s = \frac{1}{2}(\sin\alpha - \mu\cos\alpha)gt^2 + v_0 t + C_2 .$$

由 $s|_{t=0} = 0$，得 $C_2 = 0$，因此

$$s = v_0 t + \frac{1}{2}(\sin \alpha - \mu \cos \alpha)gt^2 .$$

6.4.2 $y'' = f(x, y')$ 型的微分方程

方程
$$y'' = f(x, y') \tag{6.4.4}$$
的右端不显含未知函数 y，如果我们设 $y' = p(x)$，那么
$$y'' = \frac{\mathrm{d}p}{\mathrm{d}x} = p'(x) ,$$
从而方程（6.4.4）就成为
$$p' = f(x, p) ,$$
这是一个关于变量 x、p 的一阶微分方程. 如果我们求出它的通解为
$$p = \varphi(x, C_1) ,$$
即
$$\frac{\mathrm{d}y}{\mathrm{d}x} = \varphi(x, C_1) ,$$
两端积分便得到（6.4.4）的通解为
$$y = \int \varphi(x, C_1)\,\mathrm{d}x + C_2 .$$

例 6.4.4 求微分方程
$$y'' = \frac{1}{x}y' + x\mathrm{e}^x$$
的通解.

解 设 $y' = p(x)$，则 $y'' = p'(x)$，代入方程得
$$p' - \frac{1}{x}p = x\mathrm{e}^x ,$$
这是关于 p 的一阶线性微分方程. 于是
$$p = \mathrm{e}^{\int \frac{1}{x}\mathrm{d}x}\left(\int x\mathrm{e}^x \mathrm{e}^{-\int \frac{1}{x}\mathrm{d}x}\,\mathrm{d}x + C_1' \right) = x\left(\int \mathrm{e}^x \,\mathrm{d}x + C_1' \right) = x(\mathrm{e}^x + C_1') ,$$
即 $y' = x(\mathrm{e}^x + C_1')$.

从而所给微分方程的通解为
$$y = \int x(\mathrm{e}^x + C_1')\,\mathrm{d}x = (x-1)\mathrm{e}^x + C_1 x^2 + C_2 , \quad \left(C_1 = \frac{1}{2}C_1' \right).$$

例 6.4.5 求微分方程
$$(1+x^2)y'' = 2xy'$$
满足初始条件 $y\big|_{x=0} = 1$，$y'\big|_{x=0} = 3$ 的特解.

解 设 $y' = p(x)$，代入方程并分离变量后，得

$$\frac{\mathrm{d}p}{p} = \frac{2x}{1+x^2}\mathrm{d}x,$$

两端积分，得

$$\ln|p| = \ln(1+x^2) + C,$$

即

$$p = y' = C_1(1+x^2) \quad (C_1 = \pm\mathrm{e}^C).$$

由条件 $y'|_{x=0} = 3$，得 $C_1 = 3$，所以

$$y' = 3(1+x^2),$$

两端积分得

$$y = x^3 + 3x + C_2.$$

又由条件 $y|_{x=0} = 1$，得 $C_2 = 1$．于是所求特解为

$$y = x^3 + 3x + 1.$$

6.4.3　$y'' = f(y, y')$ 型的微分方程

方程

$$y'' = f(y, y') \tag{6.4.5}$$

的特点是不明显地含自变量 x．我们设 $y' = p(y)$，利用复合函数的求导法则

$$y'' = \frac{\mathrm{d}p}{\mathrm{d}x} = \frac{\mathrm{d}p}{\mathrm{d}y} \cdot \frac{\mathrm{d}y}{\mathrm{d}x} = p \cdot \frac{\mathrm{d}p}{\mathrm{d}y},$$

这样方程（6.4.5）就成为

$$p\frac{\mathrm{d}p}{\mathrm{d}y} = f(y, p),$$

这是一个关于 y，p 的一阶微分方程．如果我们求出它的通解为

$$y' = p = \varphi(y, C_1).$$

那么分离变量并两端积分，便得方程（6.4.5）的通解为

$$\int \frac{\mathrm{d}y}{\varphi(y, C_1)} = x + C_2.$$

例 6.4.6　求方程

$$yy'' - y'^2 = 0$$

的通解．

解　设 $y' = p(y)$，于是

$$y'' = p\frac{\mathrm{d}p}{\mathrm{d}y},$$

代入原方程，得

$$yp\frac{\mathrm{d}p}{\mathrm{d}y}-p^2=0\,.$$

在 $y\neq0$，$p\neq0$ 时，约去 p 并分离变量，得

$$\frac{\mathrm{d}p}{p}=\frac{\mathrm{d}y}{y}\,.$$

两端积分，得

$$\ln|p|=\ln|y|+\ln C_1'\,,$$

即

$$y'=p=C_1y\quad(\,C_1=\pm C_1'\,)\,.$$

这是齐次线性方程，解得原方程的通解为

$$y=C_2\mathrm{e}^{C_1x}\,.$$

从以上求解过程中看到，应该 $C_1\neq0$，$C_2\neq0$，但由于 y 等于常数也是方程的解，所以事实上，C_1、C_2 不必有非零的限制.

例 6.4.7 在地面以初速度 v_0 垂直向上射出一个物体，若地球的引力与物体到地心的距离的平方成反比，求物体可能达到的最大高度.

解 如图 6.2 所示，以物体的出发点为原点建立坐标系. 因物体射出后，在运动过程中仅受地球引力 F 的作用，而 $F=-\dfrac{k}{(R+h)^2}$（负号表示力的方向与 y 轴正向相反），其中 h 是物体到地面的高度，R 是地球的半径，k 是比例系数.

首先求常数 k. 显然，当物体在地面时，$h=0$，$F=-mg$（m 为物体的质量），因此 $k=mgR^2$. 于是 $F=-mg\dfrac{R^2}{(R+h)^2}$，

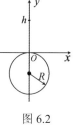

图 6.2

根据牛顿第二定律，物体的运动方程为

$$m\frac{\mathrm{d}^2h}{\mathrm{d}t^2}=-mg\frac{R^2}{(R+h)^2}\,,$$

即

$$\frac{\mathrm{d}^2h}{\mathrm{d}t^2}=-g\frac{R^2}{(R+h)^2}\,.$$

这是可降阶的不显含自变量 t 的二阶微分方程. 初始条件为 $h\big|_{t=0}=0$，$h'\big|_{t=0}=v_0$.

设 $\dfrac{\mathrm{d}h}{\mathrm{d}t}=v(h)$，则

$$\frac{\mathrm{d}^2h}{\mathrm{d}t^2}=\frac{\mathrm{d}v}{\mathrm{d}t}=\frac{\mathrm{d}v}{\mathrm{d}h}\cdot\frac{\mathrm{d}h}{\mathrm{d}t}=v\frac{\mathrm{d}v}{\mathrm{d}h}\,,$$

代入原方程得

$$v\frac{\mathrm{d}v}{\mathrm{d}h} = -g\frac{R^2}{(R+h)^2} \cdot$$

分离变量并积分得

$$\frac{1}{2}v^2 = \frac{gR^2}{R+h} + C \cdot$$

由初始条件 $h\big|_{t=0} = 0$，$h'\big|_{t=0} = v\big|_{t=0} = v_0$，得

$$C = \frac{1}{2}v_0^2 - gR，$$

所以

$$v_0^2 - v^2 = \frac{2gRh}{R+h} \cdot$$

当物体达到最高点时 $v = 0$，于是有

$$v_0^2 = \frac{2gRh}{R+h}，$$

故得最大高度

$$h_{\max} = \frac{v_0^2 R}{2gR - v_0^2} \cdot$$

要脱离地球引力，$h \to +\infty$．即 $2gR - v_0^2 \to 0$．此时

$$v_0 \to \sqrt{2gR} \cdot$$

即发射物体的初始速度 $v_0 = \sqrt{2gR}$ 时，物体可脱离地球引力，这个速度就是第二宇宙速度．

习题 6.4

1．求下列各微分方程的通解：

（1）$y'' = x + \sin x$；

（2）$y'' = x\mathrm{e}^x$；

（3）$y'' = 1 + y'^2$；

（4）$y'' = y' + x$；

（5）$xy'' + y' = 0$；

（6）$y^3 y'' - 1 = 0$；

（7）$y'' = (y')^3 + y'$．

2．求下列微分方程满足所给初始条件的特解：

（1）$y'' - ay'^2 = 0$，$y\big|_{x=0} = 0$，$y'\big|_{x=0} = -1$；

（2）$y'' - \mathrm{e}^{2y} = 0$，$y\big|_{x=0} = y'\big|_{x=0} = 0$；

（3）$x^2 y'' + xy' = 1$，$y\big|_{x=1} = 0$，$y'\big|_{x=1} = 1$．

3．试求 $xy'' = y' + x^2$ 经过点 $(1,0)$ 且在此点的切线与直线 $y = 3x - 3$ 垂直的积分曲线．

6.5 二阶常系数齐次线性微分方程

在实际应用中较多的一类高阶微分方程是**二阶常系数线性微分方程**，它的一般形式是

$$y'' + py' + qy = f(x) \tag{6.5.1}$$

其中 p, q 为实常数，$f(x)$ 为已知函数. 当方程右端 $f(x) \equiv 0$ 时，方程叫做**齐次的**；当 $f(x) \neq 0$ 时，方程叫做**非齐次的**. 本节主要介绍二阶常系数齐次线性微分方程

$$y'' + py' + qy = 0 \tag{6.5.2}$$

（其中 p, q 为实常数）的解法.

定理 6.5.1 如果函数 $y_1(x)$ 与 $y_2(x)$ 是方程（6.5.2）的两个解，那么

$$y = C_1 y_1(x) + C_2 y_2(x) \tag{6.5.3}$$

也是方程（6.5.2）的解，其中 C_1, C_2 是任意常数.

证明 将（6.5.3）式代入（6.5.2）式左端，得

$$[C_1 y_1'' + C_2 y_2''] + P(x)[C_1 y_1' + C_2 y_2'] + Q(x)[C_1 y_1 + C_2 y_2]$$

$$= C_1[y_1'' + P(x)y_1' + Q(x)y_1] + C_2[y_2'' + P(x)y_2' + Q(x)y_2]$$

$$= 0 + 0 = 0 .$$

所以 $y = C_1 y_1(x) + C_2 y_2(x)$ 是方程（6.5.2）的解.

$y = C_1 y_1(x) + C_2 y_2(x)$ 的形式上虽然含有两个任意常数，但它不一定是方程（6.5.2）的通解. 例如，设 $y_1(x)$ 是（6.5.2）的一个解，则 $y_2(x) = 2 y_1(x)$ 也是（6.5.2）的解. 这时（6.5.3）式成为 $y = C_1 y_1(x) + 2 C_2 y_1(x)$，可以把它改写成 $y = C y_1(x)$，其中 $C = C_1 + 2 C_2$. 这显然不是（6.5.2）的通解. 那么，在什么样的情况下（6.5.3）式才是方程（6.5.2）的通解呢？显然在 $y_1(x)$，$y_2(x)$ 是方程（6.5.2）非零解前提下，若 $\dfrac{y_2(x)}{y_1(x)}$ 不为常数，那么（6.5.3）式一定是方程（6.5.2）的通解. 若 $\dfrac{y_2(x)}{y_1(x)}$ 为常数，则（6.5.3）式不是方程（6.5.2）的通解. 我们有如下定理.

定理 6.5.2 如果函数 $y_1(x)$，$y_2(x)$ 是方程（6.5.2）的两个特解，且 $\dfrac{y_2(x)}{y_1(x)}$ 不为常数，则 $y = C_1 y_1(x) + C_2 y_2(x)$（其中 C_1，C_2 是任意常数）是方程（6.5.2）的通解.

一般地，对于任意两个函数 $y_1(x)$，$y_2(x)$，若它们的比为常数，则我们称它们是线性相关的，否则它们是线性无关的. 于是，由定理 6.5.1 我们可知.

若如果函数 $y_1(x)$，$y_2(x)$ 是方程（6.5.2）的两个线性无关的特解，则 $y = C_1 y_1(x) + C_2 y_2(x)$（$C_1$，$C_2$ 是任意常数）就是方程（6.5.2）的通解.

例如，方程 $y'' + y = 0$ 是二阶常系数齐次线性微分方程，不难验证 $y_1 = \cos x$ 与 $y_2 = \sin x$ 是其两个特解，且 $\dfrac{y_2(x)}{y_1(x)} = \tan x \neq$ 常数. 所以 y_1 与 y_2 线性无关，因此方

程 $y'' - y = 0$ 的通解为：$y = C_1 \cos + C_2 \sin x$（$C_1$，$C_2$ 是任意常数）.

于是，要求方程（6.5.2）的通解，归结为如何求它的两个线性无关的特解. 由于方程（6.5.2）的左端是关于 y''、y'、y 的线性关系式，且系数都为常数，而当 r 为常数时，指数函数 e^{rx} 和它的各阶导数都只差一个常数因子，因此我们用 $y = \mathrm{e}^{rx}$ 来尝试，看能否取到适当的常数 r，使 $y = \mathrm{e}^{rx}$ 满足方程（6.5.2）.

对 $y = \mathrm{e}^{rx}$ 求导，得 $y' = r\mathrm{e}^{rx}$，$y'' = r^2\mathrm{e}^{rx}$. 把 y, y' 和 y'' 代入方程（6.5.2）得

$$(r^2 + pr + q)\mathrm{e}^{rx} = 0 .$$

由于 $\mathrm{e}^{rx} \neq 0$，所以

$$r^2 + pr + q = 0 \qquad\qquad (6.5.4)$$

由此可见，只要 r 是代数方程（6.5.4）的根，函数 $y = \mathrm{e}^{rx}$ 就是微分方程（6.5.2）的解，我们把代数方程（6.5.4）叫做微分方程（6.5.2）的**特征方程**.

特征方程（6.5.4）是一个一元二次代数方程，其中 r^2, r 的系数及常数项恰好依次是微分方程（6.5.2）中 y'', y' 和 y 的系数.

特征方程（6.5.4）的两个根 r_1, r_2 可用公式

$$r_{1,2} = \frac{-p \pm \sqrt{p^2 - 4q}}{2}$$

求出，它们有三种不用的情形，分别对应着微分方程（6.5.2）的通解的三种不同的情形，分别叙述如下：

（1）若 $p^2 - 4q > 0$，则可求得特征方程（6.5.4）的两个不相等实根 $r_1 \neq r_2$，这时 $y_1 = \mathrm{e}^{r_1 x}$，$y_2 = \mathrm{e}^{r_2 x}$ 是微分方程（6.5.2）的两个特解，且 $\dfrac{y_2}{y_1} = \dfrac{\mathrm{e}^{r_2 x}}{\mathrm{e}^{r_1 x}} = \mathrm{e}^{(r_2 - r_1)x}$ 不是常数. 因此，微分方程（6.5.2）的通解为

$$y = C_1 \mathrm{e}^{r_1 x} + C_2 \mathrm{e}^{r_2 x} .$$

（2）若 $p^2 - 4q = 0$，这时 r_1, r_2 是两个相等的实根，且

$$r_1 = r_2 = \frac{p}{2} .$$

这时，只得到微分方程（6.5.2）的一个特解

$$y_1 = \mathrm{e}^{r_1 x} .$$

为了得到微分方程（6.5.2）的通解，还需求出另一个解 y_2，且要求 $\dfrac{y_2}{y_1}$ 不是常数.

设 $\dfrac{y_2}{y_1} = u(x)$，$u(x)$ 是待定函数，于是

$$y_2 = u(x)y_1 = \mathrm{e}^{r_1 x} u(x) .$$

下面来确定 u. 将 y_2 求导得

$$y_2' = e^{r_1 x}(u' + r_1 u) ,$$

$$y_2'' = e^{r_1 x}(u'' + 2r_1 u' + r_1^2 u) ,$$

将 y_2, y_2', y_2'' 代入微分方程（6.5.2），得

$$e^{r_1 x}[(u'' + 2r_1 u' + r_1^2 u) + p(u' + r_1 u) + qu] = 0 .$$

约去 $e^{r_1 x}$，并以 u'', u', u 为准合并同类项，得

$$u'' + (2r_1 + p)u' + (r_1^2 + pr_1 + q)u = 0 .$$

由于 r_1 是特征方程（6.5.4）的二重根，因此 $r_1^2 + pr_1 + q = 0$，且 $2r_1 + p = 0$，于是

$$u'' = 0 .$$

这说明所设特解 y_2 中的函数 $u(x)$ 不能为常数且要满足 $u''(x) = 0$．显然 $u = x$ 是可取函数中最简单的一个，由此得到微分方程（6.5.2）的另一个解．

$$y_2 = xe^{r_1 x} .$$

从而微分方程（6.5.2）的通解为

$$y = C_1 e^{r_1 x} + C_2 x e^{r_1 x} = (C_1 + C_2 x)e^{r_1 x} .$$

（3）若 $p^2 - 4q < 0$，则特征方程有一对共轭复根

$$r_1 = \alpha + \beta i , \quad r_2 = \alpha - \beta i , \quad (\beta \neq 0)$$

其中

$$\alpha = -\frac{p}{2} , \quad \beta = \frac{\sqrt{4q - p^2}}{2} .$$

这时，$y_1 = e^{(\alpha + \beta i)x}$，$y_2 = e^{(\alpha - \beta i)x}$ 是微分方程（6.5.2）的两个解，但它们是复值函数形式．为了得到实值函数形式，我们先利用欧拉公式

$$e^{i\theta} = \cos\theta + i\sin\theta ,$$

把 y_1, y_2 改写为

$$y_1 = e^{(\alpha + \beta i)x} = e^{\alpha x} \cdot e^{i\beta x} = e^{\alpha x}(\cos\beta x + \sin\beta x) ,$$

$$y_2 = e^{(\alpha - \beta i)x} = e^{\alpha x} \cdot e^{-i\beta x} = e^{\alpha x}(\cos\beta x - \sin\beta x) .$$

所以根据定理 6.5.1，实值函数

$$\overline{y}_1 = \frac{1}{2}(y_1 + y_2) = e^{\alpha x}\cos\beta x , \quad \overline{y}_2 = \frac{1}{2i}(y_1 - y_2) = e^{\alpha x}\sin\beta x ,$$

还是微分方程（6.5.2）的解，且

$$\frac{\overline{y}_1}{\overline{y}_2} = \frac{e^{\alpha x}\cos\beta x}{e^{\alpha x}\sin\beta x} = \cot\beta x$$

不是常数，所以微分方程（6.5.2）的通解为

$$y = e^{\alpha x}(C_1 \cos\beta x + C_2 \sin\beta x) .$$

综上所述，求二阶常系数齐次线性微分方程

$$y'' + py' + qy = 0$$

的通解的步骤如下：

第一步　写出微分方程（6.5.2）的特征方程
$$r^2 + pr + q = 0 \text{；}$$

第二步　求特征方程（6.5.4）的两个根 r_1, r_2；

第三步　根据特征方程（6.5.4）的两个根的不同情形，按照下列表格写出微分方程（6.5.2）的通解．

特征方程 $r^2 + pr + q = 0$ 的两个根 r_1, r_2	微分方程 $y'' + py' + qy = 0$ 的通解
两个不相等的实根 r_1, r_2	$y = C_1 e^{r_1 x} + C_2 e^{r_2 x}$
两个相等的实根 $r_1 = r_2$	$y = (C_1 + C_2 x) e^{r_1 x}$
一对共轭的复根 $r_{1,2} = \alpha \pm \beta \mathrm{i}$	$y = e^{\alpha x}(C_1 \cos \beta x + C_2 \sin \beta x)$

例 6.5.1　求微分方程
$$y'' - 2y' - 8y = 0$$
的通解．

解　特征方程为
$$r^2 - 2r - 8 = (r - 4)(r + 2) = 0 \text{，}$$
其根 $r_1 = 4$，$r_2 = -2$，是两个不相等的实根．因此所求通解为
$$y = C_1 e^{4x} + C_2 e^{-2x} \text{．}$$

例 6.5.2　求方程
$$\frac{\mathrm{d}^2 s}{\mathrm{d}t^2} + 2\frac{\mathrm{d}s}{\mathrm{d}t} + s = 0$$
满足初始条件 $s\big|_{t=0} = 4$，$s'\big|_{t=0} = -2$ 的特解．

解　特征方程为
$$r^2 + 2r + 1 = (r + 1)^2 = 0 \text{，}$$
其根 $r_1 = r_2 = -1$ 是两个相等的实根，因此所求微分方程的通解为
$$s = (C_1 + C_2 t) e^{-t} \text{，}$$
将条件 $s\big|_{t=0} = 4$ 代入通解，得 $C_1 = 4$，从而
$$s = (4 + C_2 t) e^{-t} \text{．}$$
将上式对 t 求导，得
$$s' = (C_2 - 4 - C_2 t) e^{-t} \text{，}$$
再把条件 $s'\big|_{t=0} = -2$ 代入上式，得 $C_2 = 2$，于是所求通解为
$$s = (4 + 2t) e^{-t} \text{．}$$

例 6.5.3　求微分方程

$$y'' + 6y' + 25y = 0$$

的通解.

解 特征方程为

$$r^2 + 6r + 25 = 0 ,$$

其根 $r_{1,2} = \dfrac{-6 \pm \sqrt{36-100}}{2} = -3 \pm 4\mathrm{i}$，为一对共轭复根. 因此所求微分方程的通解为

$$y = \mathrm{e}^{-3x}(C_1 \cos 4x + C_2 \sin 4x) .$$

例 6.5.4 一个质量为 m 的物体，在准弹性力 $F = -kx$ 作用下作简谐振动. 求其运动方程.

解 由牛顿第二定律得

$$m\frac{\mathrm{d}^2 x}{\mathrm{d}t^2} = -kx .$$

将上式两端同除以 m，设 $\omega^2 = \dfrac{k}{m}$，移项后得

$$\frac{\mathrm{d}^2 x}{\mathrm{d}t^2} + \omega^2 x = 0 .$$

特征方程为 $r^2 + \omega^2 = 0$，特征根为 $r = \pm \mathrm{i}\omega$，故

$$x = C_1 \cos \omega t + C_2 \sin \omega t \quad (C_1 \text{ 和 } C_2 \text{ 由初始条件确定}).$$

例 6.5.5 在一竖挂的弹簧下端系着一个质量为 m 的物体作上下振动，假设弹簧的质量与物体的质量可以忽略不计，也不计空气阻力，试求钢球振动的规律.

解 如图 6.3 所示，设物体静止不动时重心位置为原点，s 表示物体上下振动的位移量，$t = 0$ 时，$s = 0$，$s' = v_0$. 根据牛顿第二定律，可知物体在运动中所受的力满足 $F = ma$，其中 $a = \dfrac{\mathrm{d}^2 s}{\mathrm{d}t^2}$. 由题意可知，物体在运动中只受到弹性恢复力 f 的作用. 由力学知道，弹性恢复力 f 和物体离开平衡位置的位移 $|s(t)|$ 成正比，且力 f 总指向平衡位置，所以当 $s(t) > 0$ 时，$f < 0$；当 $s(t) < 0$ 时，$f > 0$，即 $s(t)$ 的符号总与 f 的符号相反，所以

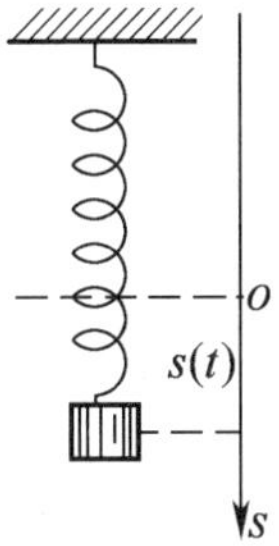

$$f = -C \cdot s(t) ,$$

其中常数 C 称为弹簧的弹性系数.

图 6.3

因此，有以下的微分方程

$$ms'' = -Cs ,$$

这是一个二阶常系数齐次线性微分方程，解之得

$$s = v_0 \sqrt{\frac{m}{C}} \sin \sqrt{\frac{C}{m}} t .$$

习题 6.5

1. 下列函数组在定义区间内哪些是线性无关的？

（1）x, x^2 ； （2）$x, 3x$ ； （3）$e^{3x}, 3e^{3x}$ ； （4）$e^x \cos 8x, e^x \sin 8x$ ．

2. 验证 $y_1 = \cos 2x$ 及 $y_2 = \sin 2x$ 都是方程 $y'' + 4y = 0$ 的解，并写出该方程的通解．

3. 验证 $y_1 = e^{x^2}$ 及 $y_2 = xe^{x^2}$ 都是方程 $y'' - 4xy' + (4x^2 - 2)y = 0$ 的解，并写出该方程的通解．

4. 求下列微分方程的通解：

（1）$y'' + 7y' + 12y = 0$ ； （2）$y'' - 12y' + 36y = 0$ ；

（3）$y'' + 6y' + 13y = 0$ ； （4）$y'' + y = 0$ ．

5. 求下列微分方程满足所给初始条件的特解：

（1）$y'' - 4y' + 3y = 0$ ，$y\big|_{x=0} = 6$ ，$y'\big|_{x=0} = 10$ ；

（2）$4y'' + 4y' + y = 0$ ，$y\big|_{x=0} = 2$ ，$y'\big|_{x=0} = 0$ ；

（3）$y'' + 4y' + 29y = 0$ ，$y\big|_{x=0} = 0$ ，$y'\big|_{x=0} = 15$ ．

6.6 二阶常系数非齐次线性微分方程

本节我们讨论二阶常系数非齐次线性微分方程

$$y'' + py' + qy = f(x) \tag{6.6.1}$$

的解法．为此，先介绍方程（6.6.1）的解的结构定理．

定理 6.6.1 设 y^* 是二阶常系数非齐次线性微分方程（6.6.1）的特解，而 $Y(x)$ 是与（6.6.1）对应的齐次方程（6.5.2）的通解，那么

$$y = Y(x) + y^*(x) \tag{6.6.2}$$

是二阶常系数非齐次线性微分方程（6.6.1）的通解．

证明 把（6.6.2）代入方程（6.6.1）的左端，得

$$(Y'' + y^{*''}) + p(Y' + y^{*'}) + q(Y + y^*)$$
$$= (Y'' + pY' + qY) + (y^{*''} + py^{*'} + qy^*)$$
$$= 0 + f(x) = f(x) .$$

由于对应的齐次方程（6.5.2）的通解 $Y = C_1 y_1 + C_2 y_2$ 中含有两个任意常数，所以 $y = Y + y^*$ 中也含有两个任意常数，从而它就是二阶常系数非齐次线性微分方程（6.6.1）的通解．

例如，方程 $y'' + y = x$ 是二阶常系数非齐次线性微分方程，对应的齐次方程 $y'' + y = 0$ 的通解为 $Y = C_1 \cos x + C_2 \sin x$ ；又容易验证 $y^* = x$ 是所给方程的一个特

解. 因此

$$y = Y + y^* = C_1 \cos x + C_2 \sin x + x$$

是所给方程的通解.

定理 6.6.1 告诉我们, 求二阶常系数非齐次线性微分方程

$$y'' + py' + qy = f(x)$$

的通解可按如下步骤进行:

(1) 求出对应的齐次方程 $y'' + py' + qy = 0$ 的通解 Y;

(2) 求出非齐次方程 $y'' + py' + qy = f(x)$ 的一个特解 y^*;

(3) 所求方程的通解为

$$y = Y + y^*.$$

而齐次方程 (6.5.2) 通解的求法已在上一节中给出. 所以关键是如何求非齐次方程 (6.6.1) 的一个特解 y^*. 下面根据 $f(x)$ 的情况分两种情形来介绍.

1. $f(x) = P_m(x)\mathrm{e}^{\lambda x}$ 型 (其中 $P_m(x)$ 是 x 的 m 次多项式, λ 为常数)

我们知道, 方程 (6.6.1) 的特解 y^* 是使 (6.6.1) 成为恒等式的函数. 怎样的函数能使得 (6.6.1) 成为恒等式呢? 因为 (6.6.1) 式右端 $f(x)$ 是多项式 $P_m(x)$ 与指数函数 $\mathrm{e}^{\lambda x}$ 乘积, 而多项式与指数函数乘积的导数仍然是多项式与指数函数的乘积, 因此, 设 $y^* = Q(x)\mathrm{e}^{\lambda x}$ (其中 $Q(x)$ 是待定多项式) 是方程 (6.6.1) 的特解. 将

$$y^* = Q(x)\mathrm{e}^{\lambda x},$$

$$y^{*\prime} = \mathrm{e}^{\lambda x}[\lambda Q(x) + Q'(x)],$$

$$y^{*\prime\prime} = \mathrm{e}^{\lambda x}[\lambda^2 Q(x) + 2\lambda Q'(x) + Q''(x)],$$

代入方程 (6.6.1) 并消去 $\mathrm{e}^{\lambda x}$, 得

$$Q''(x) + (2\lambda + p)Q'(x) + (\lambda^2 + p\lambda + q)Q(x) = P_m(x). \tag{6.6.3}$$

(1) 如果 λ 不是 (6.5.2) 式的特征方程 $r^2 + pr + q = 0$ 的根, 即 $\lambda^2 + p\lambda + q \neq 0$, 由于 $P_m(x)$ 是一个 m 次多项式, 要使 (6.6.3) 的两端相等, 那么可令 $Q(x)$ 为另一个 m 次多项式 $Q_m(x)$, 即

$$Q_m(x) = b_0 x^m + b_1 x^{m-1} + \cdots + b_{m-1} x + b_m,$$

代入 (6.6.3), 比较等式两端 x 同次幂的系数, 就得到以 $b_0, b_1, \cdots, b_m$ 作为未知数的 $m+1$ 个方程的联立方程组. 从而可以定出这些 b_i ($i = 0,1,2,\cdots,m$), 并得到所求的特解

$$y^* = Q_m(x)\mathrm{e}^{\lambda x}.$$

(2) 如果 λ 是 (6.5.2) 式的特征方程 $r^2 + pr + q = 0$ 的单根, 即 $\lambda^2 + p\lambda + q = 0$, 但 $2\lambda + p \neq 0$, 要使 (6.6.3) 的两端恒等, 那么 $Q'(x)$ 必须是 m 次多项式. 此时可令

$$Q(x) = xQ_m(x),$$

并且可用同样的方法来确定 $Q_m(x)$ 的系数 b_i（$i = 0, 1, 2, \cdots, m$）.

（3）如果 λ 是（6.5.2）式的特征方程 $r^2 + pr + q = 0$ 的重根，即 $\lambda^2 + p\lambda + q = 0$，且 $2\lambda + p = 0$，要使（6.6.3）的两端恒等，那么 $Q''(x)$ 必须是 m 次多项式. 此时可令

$$Q(x) = x^2 Q_m(x)，$$

并用同样的方法来确定 $Q_m(x)$ 中的系数.

综上所述，我们有如下结论：

若 $f(x) = P_m(x)\mathrm{e}^{\lambda x}$，则二阶常系数非齐次线性微分方程（6.5.1）具有形如

$$y^* = x^k Q_m(x)\mathrm{e}^{\lambda x} \tag{6.6.4}$$

的特解，其中 $Q_m(x)$ 是与 $P_m(x)$ 同次（m 次）的多项式，而 k 的取值如下确定：

（1）若 λ 不是特征方程的根，取 $k = 0$；

（2）若 λ 是特征方程的单根，取 $k = 1$；

（3）若 λ 是特征方程的重根，取 $k = 2$.

例 6.6.1 求微分方程

$$y'' - 2y' - 3y = 2x + 1$$

的通解.

解 所给方程是二阶常系数非齐次线性微分方程，且函数 $f(x)$ 是 $P_m(x)\mathrm{e}^{\lambda x}$ 型（其中 $P_m(x) = 2x + 1$，$\lambda = 0$）.

对应齐次方程为

$$y'' - 2y' - 3y = 0，$$

它的特征方程为

$$r^2 - 2r - 3 = 0.$$

其两个实根为 $r_1 = 3$，$r_2 = -1$，于是对应齐次方程的通解为

$$Y = C_1 \mathrm{e}^{3x} + C_2 \mathrm{e}^{-x}.$$

由于 $\lambda = 0$ 不是特征方程的根，所以可设原方程的一个特解为

$$y^* = Q_m(x) = b_0 x + b_1，$$

相应地 $y^{*\prime} = b_0$，$y^{*\prime\prime} = 0$. 把它们代入原方程，得

$$-2b_0 - 3(b_0 x + b_1) \equiv 2x + 1，$$

即

$$-3b_0 x - (2b_0 + 3b_1) \equiv 2x + 1.$$

比较上式两端 x 同次幂的系数，得

$$\begin{cases} -3b_0 = 2, \\ -2b_0 - 3b_1 = 1, \end{cases}$$

从而求出 $b_0 = -\dfrac{2}{3}$，$b_1 = \dfrac{1}{9}$，于是求得原方程的一个特解为

$$y^* = -\frac{2}{3}x + \frac{1}{9}.$$

因此原方程的通解为

$$y = Y + y^* = C_1 e^{3x} + C_2 e^{-x} - \frac{2}{3}x + \frac{1}{9}.$$

例 6.6.2 求微分方程

$$y'' - 5y' + 6y = xe^{2x}$$

的通解.

解 所给方程也是二阶常系数非齐次线性微分方程,且函数 $f(x)$ 是 $P_m(x)e^{\lambda x}$ 型(其中 $P_m(x) = x$, $\lambda = 2$). 对应齐次方程为

$$y'' - 5y' + 6y = 0.$$

它的特征方程为

$$r^2 - 5r + 6 = 0.$$

有两个实根 $r_1 = 2$, $r_2 = 3$,于是对应齐次方程的通解为

$$Y = C_1 e^{2x} + C_2 e^{3x}.$$

由于 $\lambda = 2$ 是特征方程的单根,所以可设原方程的一个特解为

$$y^* = x(b_0 x + b_1)e^{2x}.$$

把它代入原方程,消去 e^{2x} ,化简后可得

$$-2b_0 x + 2b_0 - b_1 = x.$$

比较上式两端 x 同次幂的系数,得

$$\begin{cases} -2b_0 = 1, \\ 2b_0 - b_1 = 0, \end{cases}$$

解得 $b_0 = -\frac{1}{2}$, $b_1 = -1$,于是原方程的一个特解

$$y^* = x\left(-\frac{1}{2}x - 1\right)e^{2x}.$$

因此原方程的通解为

$$y = Y + y^* = C_1 e^{2x} + C_2 e^{3x} - \frac{1}{2}(x^2 + 2x)e^{2x}.$$

例 6.6.3 求微分方程

$$y'' - 2y' + y = e^x$$

满足初始条件 $y|_{x=0} = 1$, $y'|_{x=0} = 0$ 的特解.

解 先求出所给微分方程的通解,再由初始条件定出通解中的两个任意常数. 从而求出满足初始条件的特解.

所给方程是二阶常系数非齐次线性微分方程,且函数 $f(x)$ 是 $P_m(x)e^{\lambda x}$ 型(其中 $P_m(x) = 1$, $\lambda = 1$).

对应齐次方程为
$$y'' - 2y' + y = 0$$

它的特征方程
$$r^2 - 2r + 1 = 0 .$$

有两个相等的实根 $r_1 = r_2 = 1$，于是对应齐次方程的通解为
$$Y = (C_1 + C_2 x)\mathrm{e}^x .$$

由于 $\lambda = 1$ 是特征方程的重根，所以可设原方程的一个特解为
$$y^* = ax^2 \mathrm{e}^x ,$$

相应地有
$$y^{*\prime} = (ax^2 + 2ax)\mathrm{e}^x ,$$
$$y^{*\prime\prime} = (ax^2 + 4ax + 2a)\mathrm{e}^x ,$$

代入原方程，得
$$2a\mathrm{e}^x = \mathrm{e}^x .$$

故
$$a = \frac{1}{2} .$$

于是
$$y^* = \frac{1}{2} x^2 \mathrm{e}^x .$$

从而原方程的通解为
$$y = Y + y^* = (C_1 + C_2 x)\mathrm{e}^x + \frac{1}{2} x^2 \mathrm{e}^x = \left(C_1 + C_2 x + \frac{1}{2} x^2 \right) \mathrm{e}^x .$$

求其导数，得
$$y' = \left(C_1 + C_2 + x + C_2 x + \frac{1}{2} x^2 \right) \mathrm{e}^x .$$

由 $y|_{x=0} = 1$ 得 $C_1 = 1$，由 $y'|_{x=0} = 0$ 得 $C_1 + C_2 = 0$，即 $C_2 = -1$．于是满足初始条件的特解为
$$y = \left(1 - x + \frac{1}{2} x^2 \right) \mathrm{e}^x .$$

例 6.6.4 一质量为 m 的潜水艇从水面由静止状态开始下降，所受水的阻力与下降的速度成正比（比例系数为 k）．求潜水艇下降深度 h 与时间 t 的函数关系．

解 设潜水艇下降深度 h 与时间 t 的函数关系为 $h(t)$．

由题意，水的阻力 $f = kv = kh'(t)$，潜水艇所受重力 $W = mg$，且 $h(0) = 0$，$h'(0) = 0$．

由牛顿第二定律得
$$W - f = ma = mh''(t) ,$$

所以

$$mg - kh'(t) = mh''(t).$$

即

$$h''(t) + \frac{k}{m}h'(t) = g,$$

这是二阶常系数非齐次线性微分方程.

先解对应的齐次方程，得

$$H(t) = C_1 + C_2 e^{-\frac{k}{m}t}.$$

再求非齐次方程的特解. 设 $h^*(t) = At$，代回原方程得 $A = \frac{mg}{k}$，所以 $h^*(t) = \frac{mg}{k}t$，

所以非齐次方程的通解为

$$h(t) = C_1 + C_2 e^{-\frac{k}{m}t} + \frac{mg}{k}t.$$

再利用初始条件 $h(0) = 0$ 和 $h'(0) = 0$ 得

$$C_1 = -\frac{m^2 g}{k^2}, \quad C_2 = \frac{m^2 g}{k^2}.$$

所以潜水艇下降深度 h 与时间 t 的函数关系为

$$h(t) = \frac{m^2 g}{k^2}(e^{-\frac{k}{m}t} - 1) + \frac{mg}{k}t.$$

定理 6.6.2 设二阶常系数非齐次线性微分方程（6.6.1）的右端 $f(x)$ 是几个函数之和，如

$$y'' + py' + qy = f_1(x) + f_2(x), \tag{6.6.5}$$

而 y_1^* 与 y_2^* 分别是方程

$$y'' + py' + qy = f_1(x)$$

与

$$y'' + py' + qy = f_2(x)$$

的特解，则 $y_1^* + y_2^*$ 就是原方程（6.6.5）的特解.

证明 将 $y = y_1^* + y_2^*$ 代入方程（6.6.5）的左端，得

$$(y_1^* + y_2^*)'' + P(x)(y_1^* + y_2^*)' + Q(x)(y_1^* + y_2^*)$$
$$= [y_1^{*''} + P(x)y_1^{*'} + Q(x)y_1^*] + [y_2^{*''} + P(x)y_2^{*'} + Q(x)y_2^*]$$
$$= f_1(x) + f_2(x),$$

因此 $y_1^* + y_2^*$ 是方程（6.6.5）的一个特解.

这一定理通常称为线性微分方程的解的**叠加原理**.

例 6.6.5 求微分方程

$$y'' + 4y' + 3y = (x - 2) + e^{2x}$$

的一个特解.

解 可求得

$$y'' + 4y' + 3y = x - 2$$

的一个特解为

$$y_1^* = \frac{1}{3}x - \frac{10}{9},$$

而 $y'' + 4y' + 3y = e^{2x}$ 的一个特解为

$$y_2^* = \frac{1}{15}e^{2x},$$

（上述求解过程请读者自行完成）.

于是，由定理 6.6.2 可知，原方程的一个特解为

$$y^* = \left(\frac{1}{3}x - \frac{10}{9}\right) + \frac{1}{15}e^{2x}.$$

*2. $f(x) = e^{\lambda x}[P_l(x)\cos\omega x + P_n(x)\sin\omega x]$ 型（其中 λ、ω 是常数，$P_l(x)$、$P_n(x)$ 分别是 x 的 l 次、n 次多项式，且有一个可以为零）

根据欧拉公式及上面分析的结果可以推出下述结论（讨论过程从略）：

如果 $f(x) = e^{\lambda x}[P_l(x)\cos\omega x + P_n(x)\sin\omega x]$，则微分方程 $y'' + py' + qy = f(x)$ 有如下形式的特解

$$y^* = x^k e^{\lambda x}[Q_m(x)\cos\omega x + R_m(x)\sin\omega x], \qquad (6.6.6)$$

其中 $Q_m(x)$ 与 $R_m(x)$ 均为 m 次多项式（$m = \max\{l, n\}$），其系数待定，而 k 按 $\lambda + i\omega$ （或 $\lambda - i\omega$）不是特征方程的根或是特征方程的单根依次取 0 或 1.

例 6.6.6 求微分方程

$$y'' - 5y' + 6y = \sin x$$

的通解.

解 对应的特征方程为 $r^2 - 5r + 6 = 0$. 其根为 $r_1 = 2, r_2 = 3$，故对应齐次方程的通解为

$$Y = C_1 e^{2x} + C_2 e^{3x}.$$

由于

$$f(x) = \sin x = e^{0x}(0 \cdot \cos x + \sin x),$$

其中 $\lambda \pm i\omega = \pm i$ 不是特征根，所以取 $k = 0$. 又 $P_l(x) = 0$，$P_n(x) = 1$ 都是零次多项式，所以 $Q_m(x)$，$R_m(x)$ 为零次多项式，利用（6.6.6），因此可设特解为

$$y^* = a\cos x + b\sin x.$$

于是

$$y^{*'} = -a\sin x + b\cos x,$$

$$y^{*''} = -a\cos x - b\sin x,$$

代入所给方程中，得

$$(5a - 5b)\cos x + (5a + 5b)\sin x \equiv \sin x .$$

比较等式两端系数得

$$\begin{cases} 5a - 5b = 0, \\ 5a + 5b = 1. \end{cases}$$

解得

$$a = \frac{1}{10} , \quad b = \frac{1}{10} ,$$

于是

$$y^* = \frac{1}{10}\cos x + \frac{1}{10}\sin x ,$$

从而所给方程的通解为

$$y = C_1 e^{2x} + C_2 e^{3x} + \frac{1}{10}\cos x + \frac{1}{10}\sin x .$$

习题 6.6

1. 验证 $y = C_1 e^x + C_2 e^{2x} + \frac{1}{12} e^{5x}$（$C_1$，$C_2$ 是任意常数）是方程 $y'' - 3y' + 2y = e^{5x}$ 的通解.

2. 求下列微分方程的通解：

（1）$2y'' + y' - y = 2e^x$；

（2）$y'' + 9y' = x - 4$；

（3）$y'' - 5y' + 6y = xe^{2x}$；

（4）$y'' - 6y' + 9y = 5(x+1)e^{3x}$；

（5）$2y'' + 5y' = 5x^2 - 2x - 1$.

3. 求下列微分方程满足所给初始条件的特解：

（1）$y'' - 3y' + 2y = 5$，$y\big|_{x=0} = 1$，$y'\big|_{x=0} = 2$；

（2）$y'' - y = 4xe^x$，$y\big|_{x=0} = 0$，$y'\big|_{x=0} = 1$.

*4. 一个质点在一条直线上，由静止状态开始运动. t 时刻质点的位置为 $s(t)$，其加速度 $a = -4s(t) + 3\sin t$，求运动方程，并求离起始点的最大距离.

5. 设有一个质量为 m 的物体在空气中由静止开始下落，如果空气阻力 $f = k \cdot v$（k 为比例系数，v 为物体运动的速度），试求物体下落的距离 s 与时间 t 的函数关系.

6. 设函数 $\varphi(x)$ 连续，且满足 $\varphi(x) = e^x + \int_0^x (t-x)\varphi(t)\mathrm{d}t$，求 $\varphi(x)$.

复习题 6

1. 填空题：

（1）微分方程 $x(y')^2 - 2yy' + x = 0$ 的阶为_____；

（2）微分方程 $e^{-3x}dx - dy = 0$ 的通解为_____；

（3）微分方程 $y'' - 3y' - 4y = 0$ 的通解为_____；

（4）微分方程 $y'' + 2y' = 2e^{-2x}$ 的特解形式为_____．

2. 求下列微分方程的通解：

（1）$y' + y = e^{-x}$；

（2）$y'' = \dfrac{1}{x}$；

（3）$y' - 3x^2 y = x^2$；

（4）$y'' + y' - 2y = x$；

（5）$(3 + 2y)x\mathrm{d}x + (x^2 - 2)\mathrm{d}y = 0$；

（6）$y' = \dfrac{y}{x}(1 + \ln y - \ln x)$；

（7）$xy'' + y' = 0$；

*（8）$y'' + y' - 2y = 8\sin 2x$．

3. 求下列微分方程的特解：

（1）$y' = e^{2x-y}$，$y\big|_{x=0} = 0$；

（2）$y'' + 2y' + 2y = xe^{-x}$，$y\big|_{x=0} = 0$，$y'\big|_{x=0} = 0$；

（3）$4y'' + 4y' + y = 0$，$y\big|_{x=0} = 2$，$y'\big|_{x=0} = 0$；

（4）$y' = \dfrac{y}{x}\ln\dfrac{y}{x}$，$y\big|_{x=1} = 1$．

4. 计算题：

（1）已知曲线过点 $\left(1, \dfrac{1}{3}\right)$，且在曲线上任意一点的切线斜率等于自原点到该切点的连线的斜率的两倍，求此曲线方程．

（2）物体在空气中的冷却速度与物体和空气的温差成正比．如果物体在 20 分钟内由 $100\,℃$ 冷至 $60\,℃$，那么在多长时间内这个物体的温度达到 $30\,℃$（假设空气温度为 $20\,℃$）？

数学家简介——约翰·伯努利

约翰·伯努利（Johann Bernoulli）（1667～1748），瑞士数学家. 1667 年 8 月 6 日生于巴塞尔，1748 年 1 月 1 日卒于巴塞尔.

约翰·伯努利是雅科布·伯努利之弟，年轻时经商，后在其兄雅科布的指导下研究数学和医学. 27 岁时获得巴塞尔大学博士学位，其论文是关于肌肉的收缩问题. 但不久他迷上了微积分学，并且很快地掌握了它. 28 岁时任荷兰格罗宁根大学数学物理教授，当其兄雅科布·伯努利去世后，他继任巴塞尔大学数学教授达 43 年之久，并被选为彼得堡科学院的名誉院士.

约翰·伯努利是莱布尼茨的好友和热诚拥护者，他为了辩论和研讨微积分的有关问题，写了大量的书信. 他与莱布尼茨一人就交换了 275 封极为有趣的长信；又与其他一百多位学者写了将近 2500 封书信，通过这些辩论和研讨大大地充实和丰富了微积分学. 例如，他认为函数可借助于常量和变量用解析式表达出来，这在当时是一个了不起的进步，因为在此之前函数只是几何上的解释. 约翰·伯努利在研究分子分母同趋于零的分式极限时，发现了一个重要法则，这就是现在微积分教材上的洛必达法则，其实这是他于 1694 年写信告诉洛必达的. 约翰·伯努利曾把函数展成级数的形式，这个级数与泰勒级数相似，但他得到这一结果比泰勒要早. 约翰·伯努利在求曲线的长度和积分的计算时，利用某些几何性质，完善和发展了积分计算的一套方法，例如他曾出色地完成了有理分式的积分法，他还讨论了用变量代换法求积分的例子及其对求面积问题的应用. 约翰·伯努利关于微积分学方面的著作对微分方程的发展产生了深远的影响. 约翰·伯努利研究了解齐次微分方程的方法，并给出其兄雅科布·伯努利提出的一种微分方程的另一解法，他还首次应用了积分因子. 他还提出常系数微分方程的解法，并导出与一族曲线都正交的轨线所满足的微分方程，并解出了它. 1742 年他写的《积分法数学讲义》是微积分发展中的重要著作，在这本书中汇集了他在微积分方面的研究成果，他不仅给出了各种不同的积分法的例子，还给出了曲面的求积、曲线的求长和不同类型的微分方程的解法，使微积分更加系统化，这本著作使微积分的作用在欧洲大陆得到正确评价，而自己也因此成为数学界最有影响的人物之一.

约翰·伯努利是一位多产的数学家. 在几何方面：给出了空间坐标的定义，研究过多种特殊曲线，建立了焦散曲面. 在力学方面：对很多概念都给出了准确地解释，提出了所谓虚拟速度原理. 对光学中反射和折射的研究也造诣很深. 他曾以级数为工具计算曲线的长度和区域的面积. 他深入地研究过三角函数、指数函数，得到了很有价值的结果. 特别是在 1696 年，他曾向欧洲数学家提出了一个挑战性的数学问题："设在垂直平面内，有任意两点，一个质点受地心引力的作用，自较高点下滑到较低点，不计摩擦，问沿什么曲线时间最短？"——这就是历史上有名的"最速降线问题". 问题的难处在于和普通的极大、极小值求法不同，它是要求出一个未知函数（曲线）来满足所给条件. 约翰·伯努利当时说："没有什么比提出困难而又有用的问题更能激发杰出的天才人物来为增长人类知识而工作了. 通过也只有通过这类问题的解决，他们方能扬名于世，并为自己建立不朽的丰碑."当时许多数学家都被这个问题的新颖所吸引. 牛顿、莱布尼茨、洛必达、雅科布·伯努利和他自己分别都做出了正确的解答（其解答是通过该两点的摆线的一段弧）. 后来，欧拉、拉格朗日（Lagrange）进一步找出了这类问题的普遍解法，从而引出了数学的一个新分支——变分学. 德国著名数学家希尔伯特（Hilbert）于 1900 年在第二届国际数学家大会上的演说中，对这个问题给予了极高的评价. 他说："约翰·伯努利在当时杰出的分析学家面前提出的这个问题，好比一块试金石，通过它分析家们可以检验其方法的价值，衡量他们的能力. 约翰·伯努利因此而博得数学界的感谢. 变分学的起源应归功于这个伯努利问题和相似的一些问题."

约翰·伯努利是一位教育大师，在培养人才方面业绩斐然：18 世纪首屈一指的大数学家欧拉和法国著名数学家洛必达以及数学家克拉默（Cramer）都是他的得意门生；他的三个儿子和两个孙子都是数学家：长子尼古拉三世（Nicolaus Ⅲ），年仅 30 岁便被聘到彼得堡科学院任数学教授，曾在那里提出过一个概率论中的悖论问题，这个问题以"彼得堡悖论"闻名于世；次子丹尼尔（Daniel），25 岁就成为彼得堡科学院教授，也是该院名誉院士，75 岁时当选为瑞士皇家学会会员，他对概率论、微分方程、物理学、流体力学、植物学、解剖学都做出了卓越的贡献，曾先后荣获过法兰西科学院的十次奖励，被誉为数学物理方程的开拓者和奠基人；三子约翰二世（Johann Ⅱ）是巴塞尔大学的数学教授；孙子约翰三世（Johann Ⅲ）年仅 19 岁被柏林科学院聘为教授，后来还兼任该院数学部主任；孙子雅科布二世（Jacob Ⅱ）是巴塞尔大学的实验物理教授. 伯努利这个家族是数学史上最有名的数学家族，他们为建立和发展近代数学、物理和力学创下了不朽的功勋. 特别是欧洲大陆上微积分的迅速普及和发展，多半应归功于这个家族的精心研究与大力推广. 莱布尼茨曾认为雅科布、约翰兄弟在微积分方面所做的工作和他自己一样多.

附录 I 常见三角函数公式

1. "1" 的变换

$$\sin^2 \alpha + \cos^2 \alpha = 1$$

$$\tan \alpha \cot \alpha = 1$$

2. 两角和与差的公式

$$\sin(\alpha \pm \beta) = \sin \alpha \cos \beta \pm \cos \alpha \sin \beta$$

$$\cos(\alpha \pm \beta) = \cos \alpha \cos \beta \mp \sin \alpha \sin \beta$$

$$\tan(\alpha + \beta) = \frac{\tan \alpha + \tan \beta}{1 - \tan \alpha \tan \beta}$$

$$\tan(\alpha - \beta) = \frac{\tan \alpha - \tan \beta}{1 + \tan \alpha \tan \beta}$$

3. 和差化积公式

$$\sin \alpha + \sin \beta = 2 \sin \frac{\alpha + \beta}{2} \cos \frac{\alpha - \beta}{2}$$

$$\sin \alpha - \sin \beta = 2 \cos \frac{\alpha + \beta}{2} \sin \frac{\alpha - \beta}{2}$$

$$\cos \alpha + \cos \beta = 2 \cos \frac{\alpha + \beta}{2} \cos \frac{\alpha - \beta}{2}$$

$$\cos \alpha - \cos \beta = -2 \sin \frac{\alpha + \beta}{2} \sin \frac{\alpha - \beta}{2}$$

4. 积化和差公式

$$\sin \alpha \cdot \sin \beta = -\frac{1}{2} \left[\cos(\alpha + \beta) - \cos(\alpha - \beta) \right]$$

$$\sin \alpha \cdot \cos \beta = \frac{1}{2} \left[\sin(\alpha + \beta) + \sin(\alpha - \beta) \right]$$

$$\cos \alpha \cos \beta = \frac{1}{2} \left[\cos(\alpha + \beta) + \cos(\alpha - \beta) \right]$$

5. 倍角关系式

$$\sin 2\alpha = 2 \sin \alpha \cos \alpha$$

$$\cos 2\alpha = \cos^2 \alpha - \sin^2 \alpha = 2 \cos^2 \alpha - 1 = 1 - 2 \sin^2 \alpha$$

$$\tan 2\alpha = \frac{2 \tan \alpha}{1 - \tan^2 \alpha}$$

6. 万能公式

$$\sin 2\alpha = \frac{2\tan\alpha}{1+\tan^2\alpha}$$

$$\cos 2\alpha = \frac{1-\tan^2\alpha}{1+\tan^2\alpha}$$

$$\tan 2\alpha = \frac{2\tan\alpha}{1-\tan^2\alpha}$$

7. 切割函数转换

$$\sec\alpha = \frac{1}{\cos\alpha}$$

$$\csc\alpha = \frac{1}{\sin\alpha}$$

$$\sec^2\alpha = \tan^2\alpha + 1$$

$$\csc^2\alpha = \cot^2\alpha + 1$$

附录II 二阶和三阶行列式简介

设已知正方形数表

$$\begin{matrix} a_{11} & a_{12} \\ a_{21} & a_{22} \end{matrix}, \tag{1}$$

则数 $a_{11}a_{22} - a_{12}a_{21}$ 称为数表（1）所确定的**二阶行列式**，并记作

$$\begin{vmatrix} a_{11} & a_{12} \\ a_{21} & a_{22} \end{vmatrix}.$$

即

$$\begin{vmatrix} a_{11} & a_{12} \\ a_{21} & a_{22} \end{vmatrix} = a_{11}a_{22} - a_{12}a_{21}.$$

数 a_{11}，a_{12}，a_{21}，a_{22} 叫做行列式中的元素，横排称为行列式的行，竖排称为行列式的列，元素 a_{ij} 中的第一个下标 i 表明该元素位于第 i 行，第二个下标 j 表明该元素位于第 j 列，a_{11}，a_{22} 也称为主对角线上的元素.

设二元线性方程组

$$\begin{cases} a_{11}x_1 + a_{12}x_2 = b_1, \\ a_{21}x_1 + a_{22}x_2 = b_2. \end{cases} \tag{2}$$

我们用大家熟悉的消元法，分别消去方程组中的 x_2 与 x_1，可得

$$\begin{cases} (a_{11}a_{22} - a_{12}a_{21})x_1 = b_1a_{22} - b_2a_{12}, \\ (a_{11}a_{22} - a_{12}a_{21})x_2 = b_2a_{11} - b_1a_{21}. \end{cases} \tag{3}$$

记

$$\begin{vmatrix} a_{11} & a_{12} \\ a_{21} & a_{22} \end{vmatrix} = a_{11}a_{22} - a_{12}a_{21} = D,$$

$$\begin{vmatrix} b_1 & a_{12} \\ b_2 & a_{22} \end{vmatrix} = b_1a_{22} - b_2a_{12} = D_1,$$

$$\begin{vmatrix} a_{11} & b_1 \\ a_{21} & b_2 \end{vmatrix} = b_2a_{11} - b_1a_{21} = D_2.$$

则方程组（3）可写成

$$\begin{cases} Dx_1 = D_1, \\ Dx_2 = D_2. \end{cases}$$

当 $D \neq 0$ 时，方程组（2）有唯一解：

$$x_1 = \frac{D_1}{D}, \quad x_2 = \frac{D_2}{D}.$$

其中，我们称 D 为方程组（2）的系数行列式，而 D_1 和 D_2 分别是方程组（2）的常数项分别代替 D 的第一列和第二列所形成的.

例 1 解方程组

$$\begin{cases} 3x_1 - 2x_2 = 12, \\ 2x_1 + x_2 = 1. \end{cases}$$

解 由于

$$D = \begin{vmatrix} 3 & -2 \\ 2 & 1 \end{vmatrix} = 3 \times 1 - 2 \times (-2) = 7 \neq 0 ,$$

$$D_1 = \begin{vmatrix} 12 & -2 \\ 1 & 1 \end{vmatrix} = 12 \times 1 - 1 \times (-2) = 14 ,$$

$$D_2 = \begin{vmatrix} 3 & 12 \\ 2 & 1 \end{vmatrix} = 3 \times 1 - 2 \times 12 = -21 .$$

所以方程组有唯一的解

$$x_1 = \frac{D_1}{D} = \frac{14}{7} = 2 , \quad x_2 = \frac{D_2}{D} = \frac{-21}{7} = -3 .$$

已知正方形数表

$$\begin{matrix} a_{11} & a_{12} & a_{13} \\ a_{21} & a_{22} & a_{23} , \\ a_{31} & a_{32} & a_{33} \end{matrix} \tag{4}$$

记

$$\begin{vmatrix} a_{11} & a_{12} & a_{13} \\ a_{21} & a_{22} & a_{23} \\ a_{31} & a_{32} & a_{33} \end{vmatrix} = a_{11}a_{22}a_{33} + a_{12}a_{23}a_{31} + a_{13}a_{21}a_{32} - a_{31}a_{22}a_{13} - a_{32}a_{23}a_{11} - a_{33}a_{21}a_{12} . \tag{5}$$

称（5）式为数表（4）所确定的**三阶行列式**.

三阶行列式中元素、行、列等概念，与二阶行列式相应概念类似.

例 2 计算三阶行列式

$$D = \begin{vmatrix} 1 & 2 & 4 \\ 1 & 3 & 9 \\ 1 & -1 & 1 \end{vmatrix} .$$

解 三阶行列式的定义

$$D = 1 \times 3 \times 1 + 2 \times 9 \times 1 + 4 \times 1 \times (-1) - 1 \times 3 \times 4 - (-1) \times 9 \times 1 - 1 \times 1 \times 2$$

$$= 3 + 18 - 4 - 12 + 9 - 2 = 12 .$$

我们可以将（5）式写成

$$\begin{vmatrix} a_{11} & a_{12} & a_{13} \\ a_{21} & a_{22} & a_{23} \\ a_{31} & a_{32} & a_{33} \end{vmatrix}$$

$$= a_{11}(a_{22}a_{33} - a_{23}a_{32}) - a_{12}(a_{21}a_{33} - a_{23}a_{31}) + a_{13}(a_{21}a_{32} - a_{22}a_{31})$$

$$= a_{11}\begin{vmatrix} a_{22} & a_{23} \\ a_{32} & a_{33} \end{vmatrix} - a_{12}\begin{vmatrix} a_{21} & a_{23} \\ a_{31} & a_{33} \end{vmatrix} + a_{13}\begin{vmatrix} a_{21} & a_{22} \\ a_{31} & a_{32} \end{vmatrix}. \qquad (6)$$

我们称（6）式为三阶行列式按第一行的展开式.

例 3 计算三阶行列式

$$D = \begin{vmatrix} 1 & 2 & 0 \\ 1 & 3 & 9 \\ 1 & -1 & 1 \end{vmatrix}.$$

解 由公式（6），

$$D = \begin{vmatrix} 1 & 2 & 0 \\ 1 & 3 & 9 \\ 1 & -1 & 1 \end{vmatrix} = 1 \cdot \begin{vmatrix} 3 & 9 \\ -1 & 1 \end{vmatrix} - 2 \cdot \begin{vmatrix} 1 & 9 \\ 1 & 1 \end{vmatrix} + 0 \begin{vmatrix} 1 & 3 \\ 1 & -1 \end{vmatrix}$$

$$= 1 \times 12 - 2 \times (-8) + 0 \times (-4) = 28 .$$

附录Ⅲ　几种常见的曲线

1. 三次抛物线

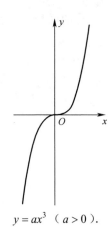

$$y = ax^3 \quad (a > 0).$$

2. 概率曲线

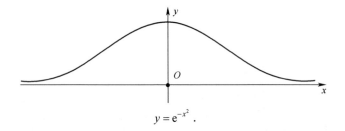

$$y = e^{-x^2}.$$

3. 圆

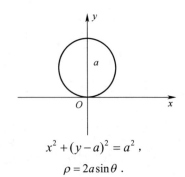

$$x^2 + (y-a)^2 = a^2,$$
$$\rho = 2a\sin\theta.$$

4. 圆

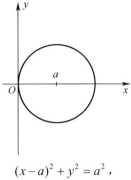

$$(x-a)^2 + y^2 = a^2 \; ,$$

$$\rho = 2a\cos\theta \; .$$

5. 星形线（内摆线的一种）

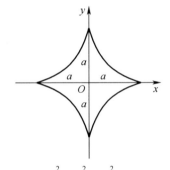

$$x^{\frac{2}{3}} + y^{\frac{2}{3}} = a^{\frac{2}{3}} \; ,$$

$$\begin{cases} x = a\cos^3\theta, \\ y = a\sin^3\theta. \end{cases}$$

6. 摆线

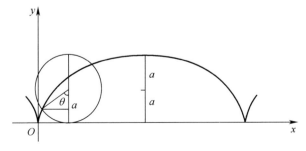

$$\begin{cases} x = a(\theta - \sin\theta), \\ y = a(1 - \cos\theta). \end{cases}$$

7. 心型线（外摆线的一种）

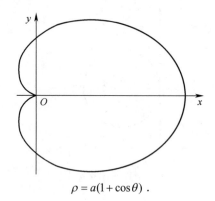

$$\rho = a(1 + \cos\theta) .$$

8. 阿基米德螺线

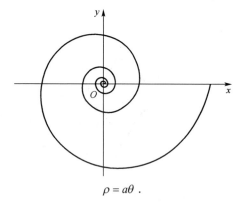

$$\rho = a\theta .$$

9. 伯努利双扭线

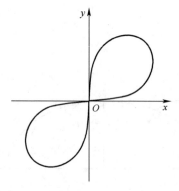

$$(x^2 + y^2)^2 = 2a^2xy ,$$
$$\rho^2 = a^2\sin 2\theta .$$

10. 伯努利双扭线

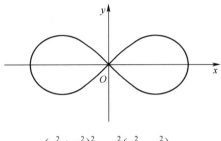

$$(x^2 + y^2)^2 = a^2(x^2 - y^2),$$
$$\rho^2 = a^2 \cos 2\theta.$$

附录Ⅳ 积分表

（一）含有 $ax+b$ 的积分

1. $\int \dfrac{1}{ax+b}\mathrm{d}x = \dfrac{1}{a}\ln|ax+b|+C$

2. $\int (ax+b)^{\mu}\mathrm{d}x = \dfrac{1}{a(\mu+1)}(ax+b)^{\mu+1}+C \quad (\mu \neq -1)$

3. $\int \dfrac{x\mathrm{d}x}{ax+b} = \dfrac{1}{a^2}(ax+b-b\ln|ax+b|)+C$

4. $\int \dfrac{x^2\mathrm{d}x}{ax+b} = \dfrac{x^2}{2a}-\dfrac{bx}{a^2}-\dfrac{3b^2}{2a^3}+\dfrac{b^2}{a^3}\ln|ax+b|+C$

5. $\int \dfrac{\mathrm{d}x}{x(ax+b)} = \dfrac{1}{b}\ln\left|\dfrac{x}{ax+b}\right|+C$

6. $\int \dfrac{\mathrm{d}x}{x^2(ax+b)} = -\left(\dfrac{1}{bx}+\dfrac{a}{b^2}\ln\left|\dfrac{x}{ax+b}\right|\right)+C$

7. $\int \dfrac{x}{(ax+b)^2}\mathrm{d}x = \dfrac{1}{a^2}\left(\ln|ax+b|+\dfrac{b}{ax+b}\right)+C$

8. $\int \dfrac{x^2}{(ax+b)^2}\mathrm{d}x = \dfrac{1}{a^3}\left(ax+b-2b\ln|ax+b|-\dfrac{b^2}{ax+b}\right)+C$

9. $\int \dfrac{\mathrm{d}x}{x(ax+b)^2} = \dfrac{1}{b(ax+b)}+\dfrac{1}{b^2}\ln\left|\dfrac{x}{ax+b}\right|+C$

（二）含有 $\sqrt{ax+b}$ 的积分

10. $\int \sqrt{ax+b}\,\mathrm{d}x = \dfrac{2}{3a}(ax+b)^{\frac{3}{2}}+C$

11. $\int x\sqrt{ax+b}\,\mathrm{d}x = \dfrac{2}{15a^2}(3ax-2b)(ax+b)^{\frac{3}{2}}+C$

12. $\int x^2\sqrt{ax+b}\,\mathrm{d}x = \dfrac{2}{105a^3}(15a^2x^2-12abx+8b^2)(ax+b)^{\frac{3}{2}}+C$

13. $\int \dfrac{1}{\sqrt{ax+b}}\mathrm{d}x = \dfrac{2}{a}\sqrt{ax+b}+C$

14. $\int \dfrac{x\mathrm{d}x}{\sqrt{ax+b}} = \dfrac{2}{3a^2}(ax-2b)\sqrt{ax+b}+C$

15. $\displaystyle\int \frac{x^2 \mathrm{d}x}{\sqrt{ax+b}} = \frac{2}{15a^3}(3a^2x^2 - 4abx + 8b^2)\sqrt{ax+b} + C$

16. $\displaystyle\int \frac{x^3 \mathrm{d}x}{\sqrt{ax+b}} = \frac{2}{35a^4}[5a^3x^3 - 6a^2bx^2 + 8ab^2x - 16b^3]\sqrt{ax+b} + C$

17. $\displaystyle\int \frac{\mathrm{d}x}{x\sqrt{ax+b}} = \begin{cases} \dfrac{1}{\sqrt{b}}\ln\left|\dfrac{\sqrt{ax+b}-\sqrt{b}}{\sqrt{ax+b}+\sqrt{b}}\right| + C, & (b > 0) \\[4mm] \dfrac{2}{\sqrt{-b}}\arctan\sqrt{\dfrac{ax+b}{-b}} + C, & (b < 0) \end{cases}$

18. $\displaystyle\int \frac{\mathrm{d}x}{x^2\sqrt{ax+b}} = -\frac{\sqrt{ax+b}}{bx} - \frac{a}{2b}\int \frac{\mathrm{d}x}{x\sqrt{ax+b}}$

19. $\displaystyle\int \frac{\sqrt{ax+b}}{x}\mathrm{d}x = 2\sqrt{ax+b} + b\int \frac{\mathrm{d}x}{x\sqrt{ax+b}}$

20. $\displaystyle\int \frac{\sqrt{ax+b}}{x^2}\mathrm{d}x = -\frac{\sqrt{ax+b}}{x} + \frac{a}{2}\int \frac{\mathrm{d}x}{x\sqrt{ax+b}}$ （18、19、20 利用 17 的结果）

（三）含有 $x^2 \pm a^2$ 的积分

21. $\displaystyle\int \frac{\mathrm{d}x}{x^2 - a^2} = \frac{1}{2a}\ln\left|\frac{x-a}{x+a}\right| + C$

22. $\displaystyle\int \frac{\mathrm{d}x}{x^2 + a^2} = \frac{1}{a}\arctan\frac{x}{a} + C$

23. $\displaystyle\int \frac{\mathrm{d}x}{(x^2+a^2)^n} = \frac{x(x^2+a^2)^{1-n}}{2a^2(n-1)} + \frac{2n-3}{2(n-1)a^2}\int \frac{\mathrm{d}x}{(x^2+a^2)^{n-1}}$ （递推公式）

（四）含有 $ax^2 + b$ （$a > 0$）的积分

24. $\displaystyle\int \frac{\mathrm{d}x}{ax^2+b} = \begin{cases} \dfrac{1}{\sqrt{ab}}\arctan\sqrt{\dfrac{a}{b}}x + C, & (b > 0) \\[4mm] \dfrac{1}{\sqrt{-4ab}}\ln\left|\dfrac{\sqrt{a}x-\sqrt{-b}}{\sqrt{a}x+\sqrt{-b}}\right| + C, & (b < 0) \end{cases}$

25. $\displaystyle\int \frac{x}{ax^2+b}\mathrm{d}x = \frac{1}{2a}\ln\left|ax^2+b\right| + C$

26. $\displaystyle\int \frac{x^2}{ax^2+b}\mathrm{d}x = \frac{x}{a} - \frac{b}{a}\int \frac{\mathrm{d}x}{ax^2+b}$

27. $\displaystyle\int \frac{\mathrm{d}x}{x(ax^2+b)} = \frac{1}{2b}\ln\left|\frac{x^2}{ax^2+b}\right| + C$

28. $\displaystyle\int \frac{\mathrm{d}x}{x^2(ax^2+b)} = -\frac{1}{bx} - \frac{a}{b}\int \frac{\mathrm{d}x}{ax^2+b}$

29. $\int \dfrac{\mathrm{d}x}{x^3(ax^2+b)} = \dfrac{a}{2b^2}\ln\left|\dfrac{ax^2+b}{x^2}\right| - \dfrac{1}{2bx^2} + C$

30. $\int \dfrac{\mathrm{d}x}{(ax+b)^2} = \dfrac{x}{2b(ax^2+b)} + \dfrac{1}{2b}\int \dfrac{\mathrm{d}x}{ax^2+b}$ （26、28、30 利用 24 的结果）

（五）含有 ax^2+bx+c（$a>0$）的积分

31. $\int \dfrac{\mathrm{d}x}{ax^2+bx+c} = \begin{cases} \dfrac{2}{\sqrt{4ac-b^2}}\arctan\dfrac{2ax+b}{\sqrt{4ac-b^2}} + C, & (b^2<4ac) \\[3mm] \dfrac{1}{\sqrt{b^2-4ac}}\ln\left|\dfrac{2ax+b-\sqrt{b^2-4ac}}{2ax+b+\sqrt{b^2-4ac}}\right| + C, & (b^2>4ac) \end{cases}$

32. $\int \dfrac{x\mathrm{d}x}{ax^2+bx+c} = \dfrac{1}{2a}\ln\left|ax^2+bx+c\right| - \dfrac{b}{2a}\int \dfrac{\mathrm{d}x}{ax^2+bx+c}$ （利用 31 的结果）

（六）含有 $\sqrt{a^2-x^2}$（$a>0$）的积分

33. $\int \dfrac{\mathrm{d}x}{\sqrt{a^2-x^2}} = \arcsin\dfrac{x}{a} + C$

34. $\int \dfrac{\mathrm{d}x}{\sqrt{(a^2-x^2)^3}} = \dfrac{x}{a^2\sqrt{a^2-x^2}} + C$

35. $\int \dfrac{x\mathrm{d}x}{\sqrt{a^2-x^2}} = -\sqrt{a^2-x^2} + C$

36. $\int \dfrac{x\mathrm{d}x}{\sqrt{(a^2-x^2)^3}} = \dfrac{1}{\sqrt{a^2-x^2}} + C$

37. $\int \dfrac{x^2\mathrm{d}x}{\sqrt{a^2-x^2}} = -\dfrac{x}{2}\sqrt{a^2-x^2} + \dfrac{a^2}{2}\arcsin\dfrac{x}{a} + C$

38. $\int \dfrac{x^2\mathrm{d}x}{\sqrt{(a^2-x^2)^3}} = \dfrac{x}{\sqrt{a^2-x^2}} - \arcsin\dfrac{x}{a} + C$

39. $\int \dfrac{\mathrm{d}x}{x\sqrt{a^2-x^2}} = \dfrac{1}{a}\ln\left|\dfrac{\sqrt{a^2-x^2}-a}{x}\right| + C$

40. $\int \dfrac{\mathrm{d}x}{x^2\sqrt{a^2-x^2}} = -\dfrac{\sqrt{a^2-x^2}}{a^2x} + C$

41. $\int \sqrt{a^2-x^2}\,\mathrm{d}x = \dfrac{x}{2}\sqrt{a^2-x^2} + \dfrac{a^2}{2}\arcsin\dfrac{x}{a} + C$

42. $\int \sqrt{(a^2-x^2)^3}\,\mathrm{d}x = \dfrac{x}{8}(-2x^2+5a^2)\sqrt{a^2-x^2} + \dfrac{3a^4}{8}\arcsin\dfrac{x}{a} + C$

43. $\displaystyle\int x\sqrt{a^2-x^2}\,\mathrm{d}x = -\frac{(a^2-x^2)^{\frac{3}{2}}}{3}+C$

44. $\displaystyle\int x^2\sqrt{a^2-x^2}\,\mathrm{d}x = \frac{x}{8}(2x^2-a^2)\sqrt{a^2-x^2}+\frac{a^4}{8}\arcsin\frac{x}{a}+C$

45. $\displaystyle\int \frac{\sqrt{a^2-x^2}}{x}\,\mathrm{d}x = \sqrt{a^2-x^2}+a\ln\left|\frac{\sqrt{a^2-x^2}-a}{x}\right|+C$

46. $\displaystyle\int \frac{\sqrt{a^2-x^2}}{x^2}\,\mathrm{d}x = \frac{\sqrt{a^2-x^2}}{-x}-\arcsin\frac{x}{a}+C$

（七）含有 $\sqrt{a^2+x^2}$ （$a>0$）的积分

47. $\displaystyle\int \frac{\mathrm{d}x}{\sqrt{a^2+x^2}} = \ln(x+\sqrt{a^2+x^2})+C$

48. $\displaystyle\int \frac{\mathrm{d}x}{\sqrt{(a^2+x^2)^3}} = \frac{x}{a^2\sqrt{a^2+x^2}}+C$

49. $\displaystyle\int \frac{x\mathrm{d}x}{\sqrt{a^2+x^2}} = \sqrt{a^2+x^2}+C$

50. $\displaystyle\int \frac{x\mathrm{d}x}{\sqrt{(a^2+x^2)^3}} = -\frac{1}{\sqrt{a^2+x^2}}+C$

51. $\displaystyle\int \frac{x^2\mathrm{d}x}{\sqrt{a^2+x^2}} = \frac{x}{2}\sqrt{a^2+x^2}-\frac{a^2}{2}\ln(x+\sqrt{a^2+x^2})+C$

52. $\displaystyle\int \frac{x^2\mathrm{d}x}{\sqrt{(a^2+x^2)^3}} = -\frac{x}{\sqrt{a^2+x^2}}+\ln(x+\sqrt{a^2+x^2})+C$

53. $\displaystyle\int \frac{\mathrm{d}x}{x\sqrt{a^2+x^2}} = \frac{1}{a}\ln\left|\frac{\sqrt{a^2+x^2}-a}{x}\right|+C$

54. $\displaystyle\int \frac{\mathrm{d}x}{x^2\sqrt{a^2+x^2}} = -\frac{\sqrt{a^2+x^2}}{a^2x}+C$

55. $\displaystyle\int \sqrt{a^2+x^2}\,\mathrm{d}x = \frac{x}{2}\sqrt{a^2+x^2}+\frac{a^2}{2}\ln(x+\sqrt{a^2+x^2})+C$

56. $\displaystyle\int \sqrt{(a^2+x^2)^3}\,\mathrm{d}x = \frac{x}{8}(2x^2+5a^2)\sqrt{a^2+x^2}+\frac{3a^4}{8}\ln(x+\sqrt{a^2+x^2})+C$

57. $\displaystyle\int x\sqrt{a^2+x^2}\,\mathrm{d}x = \frac{(a^2+x^2)^{\frac{3}{2}}}{3}+C$

58. $\displaystyle\int x^2\sqrt{a^2+x^2}\,\mathrm{d}x = \frac{x}{8}(2x^2+a^2)\sqrt{a^2+x^2}-\frac{a^4}{8}\ln(x+\sqrt{a^2+x^2})+C$

59. $\displaystyle\int\frac{\sqrt{a^2+x^2}}{x}dx=\sqrt{a^2+x^2}+a\ln\left|\frac{\sqrt{a^2+x^2}-a}{x}\right|+C$

60. $\displaystyle\int\frac{\sqrt{a^2+x^2}}{x^2}dx=\frac{\sqrt{a^2+x^2}}{-x}+\ln(x+\sqrt{a^2+x^2})+C$

（八）含有 $\sqrt{x^2-a^2}$ （$a>0$）的积分

61. $\displaystyle\int\frac{dx}{\sqrt{x^2-a^2}}=\ln\left|x+\sqrt{x^2-a^2}\right|+C$

62. $\displaystyle\int\frac{dx}{\sqrt{(x^2-a^2)^3}}=\frac{-x}{a^2\sqrt{x^2-a^2}}+C$

63. $\displaystyle\int\frac{xdx}{\sqrt{x^2-a^2}}=\sqrt{x^2-a^2}+C$

64. $\displaystyle\int\frac{xdx}{\sqrt{(x^2-a^2)^3}}=-\frac{1}{\sqrt{x^2-a^2}}+C$

65. $\displaystyle\int\frac{x^2dx}{\sqrt{x^2-a^2}}=\frac{x}{2}\sqrt{x^2-a^2}+\frac{a^2}{2}\ln\left|x+\sqrt{x^2-a^2}\right|+C$

66. $\displaystyle\int\frac{x^2dx}{\sqrt{(x^2-a^2)^3}}=\frac{-x}{\sqrt{x^2-a^2}}+\ln\left|x+\sqrt{x^2-a^2}\right|+C$

67. $\displaystyle\int\frac{dx}{x\sqrt{x^2-a^2}}=\frac{1}{a}\arccos\left|\frac{a}{x}\right|+C$

68. $\displaystyle\int\frac{dx}{x^2\sqrt{x^2-a^2}}=\frac{\sqrt{x^2-a^2}}{a^2x}+C$

69. $\displaystyle\int\sqrt{x^2-a^2}dx=\frac{x}{2}\sqrt{x^2-a^2}-\frac{a^2}{2}\ln\left|x+\sqrt{x^2-a^2}\right|+C$

70. $\displaystyle\int\sqrt{(x^2-a^2)^3}dx=\frac{x}{8}(2x^2-5a^2)\sqrt{x^2-a^2}+\frac{3a^4}{8}\ln\left|x+\sqrt{x^2-a^2}\right|+C$

71. $\displaystyle\int x\sqrt{x^2-a^2}dx=\frac{(x^2-a^2)^{\frac{3}{2}}}{3}+C$

72. $\displaystyle\int x^2\sqrt{x^2-a^2}dx=\frac{x}{8}(2x^2-a^2)\sqrt{x^2-a^2}-\frac{a^4}{8}\ln\left|x+\sqrt{x^2-a^2}\right|+C$

73. $\displaystyle\int\frac{\sqrt{x^2-a^2}}{x}dx=\sqrt{x^2-a^2}-a\arccos\left|\frac{a}{x}\right|+C$

74. $\displaystyle\int\frac{\sqrt{x^2-a^2}}{x^2}dx=-\frac{\sqrt{x^2-a^2}}{x}+\ln\left|x+\sqrt{x^2-a^2}\right|+C$

（九）含有 $\sqrt{\pm ax^2+bx+c}$ （ $a>0$ ）的积分

75. $\displaystyle\int\frac{\mathrm{d}x}{\sqrt{ax^2+bx+c}}=\frac{1}{\sqrt{a}}\ln\left|2ax+b+2\sqrt{a(ax^2+bx+c)}\right|+C$

76. $\displaystyle\int\sqrt{ax^2+bx+c}\,\mathrm{d}x=\frac{2ax+b}{4a}\sqrt{ax^2+bx+c}+$

$$\frac{4ac-b^2}{8a\sqrt{a}}\ln\left|2ax+b+2\sqrt{a(ax^2+bx+c)}\right|+C$$

77. $\displaystyle\int\frac{x\mathrm{d}x}{\sqrt{ax^2+bx+c}}=\frac{1}{a}\sqrt{ax^2+bx+c}-$

$$\frac{b}{2a\sqrt{a}}\ln\left|2ax+b+2\sqrt{a(ax^2+bx+c)}\right|+C$$

78. $\displaystyle\int\frac{\mathrm{d}x}{\sqrt{-ax^2+bx+c}}=-\frac{1}{\sqrt{a}}\arcsin\frac{2ax-b}{\sqrt{b^2+4ac}}+C$

79. $\displaystyle\int\sqrt{-ax^2+bx+c}\,\mathrm{d}x=\frac{2ax-b}{4a}\sqrt{-ax^2+bx+c}$

$$+\frac{b^2+4ac}{8a\sqrt{a}}\arcsin\frac{2ax-b}{\sqrt{b^2+4ac}}+C$$

80. $\displaystyle\int\frac{x\mathrm{d}x}{\sqrt{-ax^2+bx+c}}=-\frac{1}{a}\sqrt{-ax^2+bx+c}+\frac{b}{2a\sqrt{a}}\arcsin\frac{2ax-b}{\sqrt{b^2+4ac}}+C$

（十）含有 $\sqrt{\pm\dfrac{x-a}{x-b}}$ 或 $\sqrt{(x-a)(b-x)}$ 的积分

81. $\displaystyle\int\sqrt{\frac{x-a}{x-b}}\mathrm{d}x=(x-b)\sqrt{\frac{x-a}{x-b}}+(b-a)\ln(\sqrt{|x-a|}+\sqrt{|x-b|})+C$

82. $\displaystyle\int\sqrt{\frac{x-a}{b-x}}\mathrm{d}x=(x-b)\sqrt{\frac{x-a}{b-x}}+(b-a)\arcsin\sqrt{\frac{x-a}{b-x}}+C$

83. $\displaystyle\int\frac{1}{\sqrt{(x-a)(b-x)}}\mathrm{d}x=2\arcsin\sqrt{\frac{x-a}{b-a}}+C$ （ $a<b$ ）

84. $\displaystyle\int\sqrt{(x-a)(b-x)}\mathrm{d}x=\frac{2x-a-b}{4}\sqrt{(x-a)(b-x)}$

$$+\frac{(b-a)^2}{4}\arcsin\sqrt{\frac{x-a}{b-a}}+C$$ （ $a<b$ ）

（十一）含有三角函数的积分

85. $\displaystyle\int\sin x\mathrm{d}x=-\cos x+C$

86. $\displaystyle\int\cos x\mathrm{d}x=\sin x+C$

87. $\displaystyle\int \tan x\mathrm{d}x = -\ln\left|\cos x\right| + C$

88. $\displaystyle\int \cot x\mathrm{d}x = \ln\left|\sin x\right| + C$

89. $\displaystyle\int \sec x\mathrm{d}x = \ln\left|\sec x + \tan x\right| + C$

90. $\displaystyle\int \csc x\mathrm{d}x = \ln\left|\tan\dfrac{x}{2}\right| + C = \ln\left|\csc x - \cot x\right| + C$

91. $\displaystyle\int \dfrac{1}{\cos^2 x}\mathrm{d}x = \int \sec^2 x\mathrm{d}x = \tan x + C$

92. $\displaystyle\int \dfrac{1}{\sin^2 x}\mathrm{d}x = \int \csc^2 x\mathrm{d}x = -\cot x + C$

93. $\displaystyle\int \sec x \tan x\mathrm{d}x = \sec x + C$

94. $\displaystyle\int \csc x \cot x\mathrm{d}x = -\csc x + C$

95. $\displaystyle\int \sin^2 x\mathrm{d}x = \dfrac{x}{2} - \dfrac{\sin 2x}{4} + C$

96. $\displaystyle\int \cos^2 x\mathrm{d}x = \dfrac{x}{2} + \dfrac{\sin 2x}{4} + C$

97. $\displaystyle\int \sin^n x\mathrm{d}x = -\dfrac{1}{n}\sin^{n-1} x\cos x + \dfrac{n-1}{n}\int \sin^{n-2} x\mathrm{d}x$ （97-101 为递推公式）

98. $\displaystyle\int \cos^n x\mathrm{d}x = \dfrac{1}{n}\cos^{n-1} x\sin x + \dfrac{n-1}{n}\int \cos^{n-2} x\mathrm{d}x$

99. $\displaystyle\int \dfrac{\mathrm{d}x}{\sin^n x} = -\dfrac{1}{n-1}\cdot\dfrac{\cos x}{\sin^{n-1} x} + \dfrac{n-2}{n-1}\int \dfrac{\mathrm{d}x}{\sin^{n-2} x}$

100. $\displaystyle\int \dfrac{\mathrm{d}x}{\cos^n x} = \dfrac{1}{n-1}\cdot\dfrac{\sin x}{\cos^{n-1} x} + \dfrac{n-2}{n-1}\int \dfrac{\mathrm{d}x}{\cos^{n-2} x}$

101. $\displaystyle\int \cos^m x\sin^n x\mathrm{d}x = \dfrac{1}{m+n}\cos^{m-1} x\sin^{n+1} x + \dfrac{m-1}{m+n}\int \cos^{m-2} x\sin^n x\mathrm{d}x$

102. $\displaystyle\int \sin ax\cos bx\mathrm{d}x = \dfrac{1}{2}\left[\dfrac{-\cos(a+b)x}{a+b} + \dfrac{-\cos(a-b)x}{a-b}\right] + C$

103. $\displaystyle\int \cos ax\sin bx\mathrm{d}x = \dfrac{1}{2}\left[\dfrac{-\cos(a+b)x}{a+b} + \dfrac{\cos(a-b)x}{a-b}\right] + C$

104. $\displaystyle\int \cos ax\cos bx\mathrm{d}x = \dfrac{1}{2}\left[\dfrac{\sin(a+b)x}{a+b} + \dfrac{\sin(a-b)x}{a-b}\right] + C$

105. $\displaystyle\int \sin ax\sin bx\mathrm{d}x = \dfrac{1}{2}\left[\dfrac{-\sin(a+b)x}{a+b} + \dfrac{\sin(a-b)x}{a-b}\right] + C$

106. $\displaystyle\int \dfrac{1}{a+b\sin x}\mathrm{d}x = \dfrac{2}{\sqrt{a^2-b^2}}\arctan\dfrac{a\tan\dfrac{x}{2}+b}{\sqrt{a^2-b^2}} + C$ （$a^2 > b^2$）

107. $\displaystyle\int \frac{1}{a+b\sin x}\mathrm{d}x = \frac{1}{\sqrt{b^2-a^2}}\ln\left|\frac{a\tan\frac{x}{2}+b-\sqrt{b^2-a^2}}{a\tan\frac{x}{2}+b+\sqrt{b^2-a^2}}\right|+C$ （$a^2<b^2$）

108. $\displaystyle\int \frac{1}{a+b\cos x}\mathrm{d}x = \frac{2}{a+b}\sqrt{\frac{a+b}{a-b}}\arctan\left(\sqrt{\frac{a-b}{a+b}}\tan\frac{x}{2}\right)+C$ （$a^2>b^2$）

109. $\displaystyle\int \frac{1}{a+b\cos x}\mathrm{d}x = \frac{1}{a+b}\sqrt{\frac{a+b}{b-a}}\ln\left|\frac{\tan\frac{x}{2}+\sqrt{\frac{a+b}{b-a}}}{\tan\frac{x}{2}-\sqrt{\frac{a+b}{b-a}}}\right|+C$ （$a^2<b^2$）

110. $\displaystyle\int \frac{\mathrm{d}x}{a^2\cos^2 x+b^2\sin^2 x} = \frac{1}{ab}\arctan\left(\frac{b\tan x}{a}\right)+C$

111. $\displaystyle\int \frac{\mathrm{d}x}{a^2\cos^2 x-b^2\sin^2 x} = \frac{1}{2ab}\ln\left|\frac{b\tan x+a}{b\tan x-a}\right|+C$

112. $\displaystyle\int x\sin ax\,\mathrm{d}x = -\frac{x\cos ax}{a}+\frac{\sin ax}{a^2}+C$

113. $\displaystyle\int x^2\sin ax\,\mathrm{d}x = -\frac{x^2\cos ax}{a}+\frac{2x\sin ax}{a^2}+\frac{2\cos ax}{a^3}+C$

114. $\displaystyle\int x\cos ax\,\mathrm{d}x = \frac{\cos ax}{a^2}+\frac{x\sin ax}{a}+C$

115. $\displaystyle\int x^2\cos ax\,\mathrm{d}x = \frac{x^2\sin ax}{a}+\frac{2x\cos ax}{a^2}-\frac{2\sin ax}{a^3}+C$

（十二）含有反三角函数的积分（其中 $a>0$）

116. $\displaystyle\int \arcsin\frac{x}{a}\,\mathrm{d}x = x\arcsin\frac{x}{a}+\sqrt{a^2-x^2}+C$

117. $\displaystyle\int x\arcsin\frac{x}{a}\,\mathrm{d}x = \frac{2x^2-a^2}{4}\arcsin\frac{x}{a}+\frac{x}{4}\sqrt{a^2-x^2}+C$

118. $\displaystyle\int x^2\arcsin\frac{x}{a}\,\mathrm{d}x = \frac{x^3}{3}\arcsin\frac{x}{a}+\frac{x^2+2a^2}{9}\sqrt{a^2-x^2}+C$

119. $\displaystyle\int \arccos\frac{x}{a}\,\mathrm{d}x = x\arccos\frac{x}{a}-\sqrt{a^2-x^2}+C$

120. $\displaystyle\int x\arccos\frac{x}{a}\,\mathrm{d}x = \frac{2x^2-a^2}{4}\arccos\frac{x}{a}-\frac{x}{4}\sqrt{a^2-x^2}+C$

121. $\displaystyle\int x^2\arccos\frac{x}{a}\,\mathrm{d}x = \frac{x^3}{3}\arccos\frac{x}{a}-\frac{x^2+2a^2}{9}\sqrt{a^2-x^2}+C$

122. $\displaystyle\int \arctan\frac{x}{a}\,\mathrm{d}x = x\arctan\frac{x}{a}-\frac{a}{2}\ln(a^2+x^2)+C$

123. $\int x \arctan \dfrac{x}{a} \mathrm{d}x = \dfrac{x^2+a^2}{2} \arctan \dfrac{x}{a} - \dfrac{ax}{2} + C$

124. $\int x^2 \arctan \dfrac{x}{a} \mathrm{d}x = \dfrac{x^3}{3} \arctan \dfrac{x}{a} - \dfrac{ax^2}{6} + \dfrac{a^3}{6} \ln(a^2+x^2) + C$

（十三）含有指数函数的积分

125. $\int a^x \mathrm{d}x = \dfrac{a^x}{\ln a} + C$

126. $\int x a^x \mathrm{d}x = \dfrac{x a^x}{\ln a} - \dfrac{a^x}{\ln^2 a} + C$

127. $\int x^n a^x \mathrm{d}x = \dfrac{x^n a^x}{\ln a} - \dfrac{n}{\ln a} \int x^{n-1} a^x \mathrm{d}x + C$

128. $\int \mathrm{e}^{ax} \mathrm{d}x = \dfrac{\mathrm{e}^{ax}}{a} + C$

129. $\int x \mathrm{e}^{ax} \mathrm{d}x = \dfrac{(ax-1)\mathrm{e}^{ax}}{a^2} + C$

130. $\int x^n \mathrm{e}^{ax} \mathrm{d}x = \dfrac{x^n \mathrm{e}^{ax}}{a} - \dfrac{n}{a} \int x^{n-1} \mathrm{e}^{ax}$

131. $\int \mathrm{e}^{ax} \sin bx \mathrm{d}x = \dfrac{\mathrm{e}^{ax}}{a^2+b^2} (a \sin bx - b \cos bx) + C$

132. $\int \mathrm{e}^{ax} \cos bx \mathrm{d}x = \dfrac{\mathrm{e}^{ax}}{a^2+b^2} (b \sin bx + a \cos bx) + C$

133. $\int \mathrm{e}^{ax} \sin^n bx \mathrm{d}x = \dfrac{\mathrm{e}^{ax} \sin^{n-1} bx}{a^2+b^2 n^2} (a \sin bx - nb \cos bx)$

$$+ \dfrac{n(n-1)b^2}{a^2+b^2 n^2} \int \mathrm{e}^{ax} \sin^{n-2} bx \mathrm{d}x$$

134. $\int \mathrm{e}^{ax} \cos^n bx \mathrm{d}x = \dfrac{\mathrm{e}^{ax} \cos^{n-1} bx}{a^2+b^2 n^2} (a \cos bx + nb \sin bx)$

$$+ \dfrac{n(n-1)b^2}{a^2+b^2 n^2} \int \mathrm{e}^{ax} \cos^{n-2} bx \mathrm{d}x$$

（十四）含有对数函数的积分

135. $\int \ln x \mathrm{d}x = x \ln x - x + C$

136. $\int \dfrac{1}{x \ln x} \mathrm{d}x = \ln|\ln x| + C$

137. $\int x^n \ln x \mathrm{d}x = \dfrac{x^{n+1}}{n+1} \left(\ln x - \dfrac{1}{n+1} \right) + C$

138. $\int \ln^n x \mathrm{d}x = x \ln^n x - n \int \ln^{n-1} x \mathrm{d}x$

139. $\int x^m \ln^n x \mathrm{d}x = \dfrac{x^{m+1} \ln^n x}{m+1} - \dfrac{n}{m+1} \int x^m \ln^{n-1} x \mathrm{d}x$ （138、139 为递推公式）

（十五）定积分

140. $\displaystyle\int_{-\pi}^{\pi} \cos nx \mathrm{d}x = \int_{-\pi}^{\pi} \sin nx \mathrm{d}x = 0$

141. $\displaystyle\int_{-\pi}^{\pi} \cos mx \sin nx \mathrm{d}x = 0$

142. $\displaystyle\int_{-\pi}^{\pi} \cos mx \cos nx \mathrm{d}x = \begin{cases} 0, & (m \neq n) \\ \pi, & (m = n) \end{cases}$

143. $\displaystyle\int_{-\pi}^{\pi} \sin mx \sin nx \mathrm{d}x = \begin{cases} 0, & (m \neq n) \\ \pi, & (m = n) \end{cases}$

144. $\displaystyle\int_{0}^{\pi} \sin mx \sin nx \mathrm{d}x = \int_{0}^{\pi} \cos mx \cos nx \mathrm{d}x = \begin{cases} 0, & (m \neq n) \\ \dfrac{\pi}{2}, & (m = n) \end{cases}$

145. $I_n = \displaystyle\int_{0}^{\frac{\pi}{2}} \cos^n x \mathrm{d}x = \int_{0}^{\frac{\pi}{2}} \sin^n x \mathrm{d}x = \dfrac{n-1}{n} I_{n-2}$ （递推公式）

$$\begin{cases} I_n = \dfrac{n-1}{n} \cdot \dfrac{n-3}{n-2} \cdot \cdots \cdot \dfrac{4}{5} \cdot \dfrac{2}{3}, & (n \text{为大于1的正奇数}), \ I_1 = 1 \\ I_n = \dfrac{n-1}{n} \cdot \dfrac{n-3}{n-2} \cdot \cdots \cdot \dfrac{3}{4} \cdot \dfrac{1}{2} \cdot \dfrac{\pi}{2}, & (n \text{为正偶数}), \ I_0 = \dfrac{\pi}{2} \end{cases}$$

习题答案与提示

第 1 章

习题 1.1

1. （1）$\left[-\dfrac{2}{3},+\infty\right)$；　（2）$(-\infty,1)\cup(2,+\infty)$；　（3）$\left[-1,3\right]$；

　（4）$(1,+\infty)$；　　　（5）$(-\infty,0)\cup(0,3]$．

2. $f(-1)=0$，$f(2)=1$和$f(a)=\begin{cases}a-1, & a>0, \\ 0, & a=0, \\ a+1, & a<0.\end{cases}$

3. （1）在$(-\infty,+\infty)$上单调增加；

　（2）在$(-\infty,0]$上单调减少，在$[0,+\infty)$上单调增加；

　（3）在$(-2,0)$上单调增加．

4. （1）偶函数；　（2）偶函数；　　（3）奇函数；　　（4）奇函数；

5. （1）是周期函数，周期$l=2\pi$；　　（2）是周期函数，周期$l=\pi$；

　（3）是周期函数，周期$l=2\pi$；　　（4）不是周期函数．

6. $f(x)=x^2+x-1$，$f(1-x)=x^2-3x+1$．

7. （1）$y=x^3-1$；　　（2）$y=1+\sqrt{1+x}$，$x\in[1,+\infty)$；

　（3）$y=\mathrm{e}^{x-1}-2$；　（4）$y=\dfrac{1}{2}\arcsin 3x$．

8. （1）$y=\sqrt{1-x^2}$；　（2）$y=\ln^3(x+1)$；　　（3）$y=\arctan \mathrm{e}^{x^2}$．

9. （1）$f[f(x)]=x^4$；　（2）$f[\varphi(x)]=\sin^2 x$；　（3）$\varphi[f(x)]=\sin x^2$；

　（4）$\varphi[\varphi(x)]=\sin\sin x$．

10. （1）$p=\begin{cases}90, & 0\leqslant x\leqslant 100, \\ 90-(x-100)\cdot 0.01, & 100<x<1600, \\ 75, & x\geqslant 1600;\end{cases}$

　（2）$p=(p-60)x=\begin{cases}30x, & 0\leqslant x\leqslant 100, \\ 31x-0.01x^2, & 100<x<1600, \\ 15x, & x\geqslant 1600;\end{cases}$

（3） $p = 21000$ 元.

习题 1.2

1．（1）0 ； （2）1 ； （3）0 ； （4）不存在 ； （5）0 ； （6）1 .

2．略.

3．反例： $u_n = (-1)^n$ ， $\lim\limits_{n \to \infty} |u_n| = 1$ ，但 $\lim\limits_{n \to \infty} u_n$ 不存在 .

4～5．略.

习题 1.3

1．（1）错 ；（2）错 ；（3）对 ；（4）错 ；（5）对 ；（6）对 .

2．略.

3． $\lim\limits_{x \to 0} f(x)$ 不存在， $\lim\limits_{x \to 1} f(x) = 1$.

4． $k = 0$.

5．略.

6． $\lim\limits_{x \to 0^-} f(x) = \lim\limits_{x \to 0^+} f(x) = 1$ ， $\lim\limits_{x \to 0} f(x) = 1$ ；

　 $\lim\limits_{x \to 0^-} \varphi(x) = -1$ $\lim\limits_{x \to 0^+} \varphi(x) = 1$ ， $\lim\limits_{x \to 0} \varphi(x)$ 不存在 .

7～8．略.

习题 1.4

1．两个无穷小的商不一定是无穷小，例如： $\alpha = 4x$ ， $\beta = 2x$ ，当 $x \to 0$ 时都是无穷小，但 $\dfrac{\alpha}{\beta}$ 当 $x \to 0$ 时不是无穷小 .

2．两个无穷大的和不一定是无穷大，例如： $\alpha = n$ ， $\beta = -n$ ，当 $n \to \infty$ 时都是无穷大，但 $\alpha + \beta$ 当 $n \to \infty$ 时不是无穷大 .

3．（1）当 $x \to \infty$ 时，是无穷小，当 $x \to 1$ 时，是无穷大 ；

　（2）当 $x \to -\infty$ 时，是无穷小，当 $x \to +\infty$ 时，是无穷大 ；

　（3）当 $x \to -2$ 时，是无穷小，当 $x \to \pm 1$ 时，是无穷大 .

4．（1）无穷大 ； （2）无穷小 ； （3）无穷大 ；

　（4）当 $x \to 0^+$ 时，是无穷大，当 $x \to 0^-$ 时，是无穷小 .

5．（1）0 ； （2）0 .

6．略.

习题 1.5

1．（1） $\dfrac{1}{5}$ ； （2）2 ； （3） $\dfrac{1}{2}$ ； （4） $2x$ ； （5）0 ； （6） n ；

（7）3； （8）$\left(\dfrac{3}{2}\right)^{20}$； （9）1； （10）2； （11）$-\dfrac{1}{2\sqrt{2}}$； （12）$\dfrac{1}{2}$；

（13）2； （14）1.

2. $a=-7$，$b=-6$.

3.（1）$a=b=-4$； （2）$a\neq-4$，b 任意； （3）$a=-4$，$b=-2$；

（4）a 任意，$b=4$.

4.（1）对.

（2）错，例如：$f(x)=\sin\dfrac{1}{x}$，$g(x)=-\sin\dfrac{1}{x}$，$\lim\limits_{x\to 0}f(x)$ 和 $\lim\limits_{x\to 0}g(x)$ 都不存在，

而 $\lim\limits_{x\to 0}\left[f(x)+g(x)\right]=0$.

（3）错，例如：$f(x)=x$，$g(x)=\dfrac{1}{2x}$，$\lim\limits_{x\to 0}f(x)=0$，$\lim\limits_{x\to 0}g(x)$ 不存在，而

$\lim\limits_{x\to x_0}f(x)g(x)=\dfrac{1}{2}$.

习题 1.6

1.（1）$\dfrac{1}{2}$； （2）x； （3）2； （4）1； （5）0； （6）$\dfrac{1}{2}$；

（7）$\sqrt{2}$； （8）$-\dfrac{1}{2}$.

2.（1）e^{-6}； （2）e^{3}； （3）$\mathrm{e}^{-\frac{1}{2}}$； （4）1； （5）$\mathrm{e}^{-1}$； （6）e.

3. 提示：（1）$\dfrac{n^2}{n^2+n}\leqslant\dfrac{n}{n^2+1}+\dfrac{n}{n^2+2}+\cdots+\dfrac{n}{n^2+n}\leqslant\dfrac{n^2}{n^2+1}$，极限为1；

（2）$3\leqslant(1+2^n+3^n)^{\frac{1}{n}}\leqslant(3\cdot 3^n)^{\frac{1}{n}}$，极限为3.

4.（1）极限 $a=2$； （2）极限 $a=\dfrac{1+\sqrt{5}}{2}$.

习题 1.7

1.（1）低阶； （2）等价； （3）同阶不等价； （4）等价.

2.（1）2； （2）$-\dfrac{2}{3}$； （3）$\dfrac{1}{2}$； （4）$\dfrac{1}{3}$.

3～4. 略.

习题 1.8

1.（1）$(-\infty,-1)\cup(-1,+\infty)$； （2）$(-1,0)\cup(0,1)\cup(1,+\infty)$；

（3）$(-1,0)\cup\left(1,\dfrac{1}{2}\right)\cup\left(\dfrac{1}{2},1\right)$.

2．（1）$x=0$ 为可去间断点，补充定义，令 $f(0)=0$；

（2）$x=1$ 为可去间断点，补充定义，令 $f(1)=-2$，$x=2$ 为无穷间断点；

（3）$x=0$ 为无穷间断点；

（4）$x=0$ 为跳跃间断点．

3．（1）$a=1$；　　（2）$a=2$，$b=-2$．

4．（1）0；　（2）$\sqrt{5}$；　（3）2；　（4）$\cos a$；　（5）-1；　（6）e^{2}；

（7）1；　　（8）e^{3}．

习题 1.9

1～4．略．

5．方程的根分别在 $(-3,-2)$，$(0,1)$，$(2,3)$ 内．

复习题 1

1．（1）必要，充分；　（2）充分必要．

2．（1）D；　（2）C；　（3）D；　（4）D；

（5）C；　（6）D；　（7）B；　（8）B．

3．（1）$\dfrac{1}{e}$；　（2）e^{-3}；　（3）$\dfrac{1}{2}$；　（4）e^{-1}；　（5）$\sqrt[3]{abc}$．

4．（1）$a=b=1$；　　　　（2）$a=7$，$b=6$．

5．$a=2$．

6．$x=0$ 是跳跃间断点，$x=1$ 是无穷间断点．

7．$x=\pm1$ 是跳跃间断点．

8～10．略．

第 2 章

习题 2.1

1．略．

2．（1）$y'=\dfrac{1}{x\ln3}$；　　　　　　（2）$y'=(3e)^{x}(\ln3+1)$；

（3）$y'=\dfrac{2}{3}t^{-\frac{1}{3}}$；　　　　　　（4）$y'=-\sin x$．

3．（1）$-f'(x_{0})$；　　　　　（2）$2f'(x_{0})$．

4. 切线方程：$2x+y-3=0$，法线方程：$x-2y+1=0$.

5. （1）连续不可导；   （2）连续不可导.

6. $a=2$，$b=-1$.

7. 提示：$\displaystyle\lim_{x\to 1}\frac{f(\ln x)-1}{1-x}=\lim_{x\to 1}\frac{f(\ln x)-f(0)}{\ln x}\cdot\frac{\ln x}{1-x}$

$\displaystyle=\lim_{x\to 1}\frac{f(\ln x)-f(0)}{\ln x}\cdot\left(-\lim_{x\to 1}\frac{\ln x-\ln 1}{x-1}\right)=f'(0)\cdot(-\ln x)'\big|_{x=1}=1$.

习题 2.2

1. （1）$y'=a^x+xa^x\ln a+e^x$；

  （2）$y'=3\tan x+3x\sec^2 x+2\sec x\tan x$；

  （3）$y'=9x^2-2^x\ln 2+3e^x$；   （4）$y'=-\dfrac{2}{x(1+\ln x)^2}-\dfrac{2}{x^2}$；

  （5）$y'=2x\ln x+x$；   （6）$y'=5e^x\cos x-5e^x\sin x$；

  （7）$y'=\dfrac{1-\ln x}{x^2}$；   （8）$y'=\dfrac{e^x x-2e^x}{x^3}$；

  （9）$y'=1-\dfrac{1}{2\sqrt{x}}$；   （10）$y'=\dfrac{x^2+4x-3}{(x+2)^2}$；

  （11）$y'=2x\log_2 x+\dfrac{x}{\ln 2}$；   （12）$y'=\arctan x+\dfrac{x}{1+x^2}$；

  （13）$y'=2^x\ln 2\arcsin x+\dfrac{2^x}{\sqrt{1-x^2}}-\dfrac{2}{3\sqrt[3]{x}}$；

  （14）$y'=0$.

2. （1）$y'=2f(x)f'(x)$；   （2）$y'=e^{f(x)}f'(x)$；

  （3）$y'=\dfrac{f'(x)}{1+f^2(x)}$；   （4）$y'=\dfrac{2f(x)f'(x)}{1+f^2(x)}$；

  （5）$y'=f'\left(\sqrt{x}+1\right)\dfrac{1}{2\sqrt{x}}$；   （6）$y'=\sin 2x f'(\sin^2 x)-\sin 2x f'(\cos^2 x)$.

3. （1）$y'=5(x^2-x)^4(2x-1)$；   （2）$y'=6\cos(3x+6)$；

  （3）$y'=\dfrac{1-n\ln x}{x^{n+1}}$；   （4）$y'=\dfrac{\sec^2 x}{\tan x}$；

  （5）$y'=\dfrac{1}{2x\sqrt{1+\ln x}}$；   （6）$y'=e^{-2x}-2xe^{-2x}$；

  （7）$y'=-\dfrac{1}{1+x^2}$；   （8）$y'=-\dfrac{2^{-x}\ln 2+3^{-x}\ln 3+4^{-x}\ln 4}{2^{-x}+3^{-x}+4^{-x}}$；

（9）$y' = \dfrac{2^{\sqrt{x+1}}\ln 2}{2\sqrt{x+1}} - \cot x$；　　　（10）$y' = \left(\arcsin\dfrac{x}{2}\right)\dfrac{2}{\sqrt{4-x^2}}$；

（11）$y' = \dfrac{1}{\ln\ln x}\dfrac{1}{\ln x}\dfrac{1}{x}$；　　　（12）$y' = e^{2\arctan\sqrt{x}}\dfrac{1}{\sqrt{x}(1+x)}$；

（13）$y' = e^{-x}(-x^2+4x-5)$；　　　（14）$y' = \left(\arctan\dfrac{x}{2}\right)^2\dfrac{4}{4+x^2}$；

（15）$y' = -3\cos^2 x\sin x$；　　　（16）$y' = \dfrac{4}{(e^x+e^{-x})^2}$．

4．提示：在 $x=1$ 处函数值及导数分别相等，所以 $1+a=b\ln 3$，与 $2=\dfrac{2b}{3}$，

　　从而 $b=3$，$a=3\ln 3-1$．

5．$y' = \dfrac{f(x)f'(x)+\varphi(x)\varphi'(x)}{\sqrt{f^2(x)+\varphi^2(x)}}$．

习题 2.3

1．（1）$y'' = 2a^x\ln a + xa^x\ln^2 a + 7e^x$；

（2）$y'' = 6\sec^2 x + 6x\sec^2 x\tan x + \sec x\tan^2 x + \sec^3 x$；

（3）$y'' = -6e^x\sin x$；　　　（4）$y'' = \dfrac{3-2\ln x}{x^3}$；

（5）$y'' = \dfrac{e^x(x^2-4x+6)}{x^4}$；　　　（6）$y'' = 2x\ln x\cos x - 4x\tan x - x^2\sec^2 x + 3$；

（7）$y'' = \dfrac{1+\sin x\cos x+\sin^2 x+\sin x+\cos x}{(1+\cos x)^3}$；　　　（8）$y'' = \dfrac{1}{4}x^{-\frac{3}{2}}$；

（9）$y'' = 2\log_3 x + \dfrac{3}{\ln 3}$；　　　（10）$y'' = \dfrac{1}{1+x^2} + \dfrac{1-x^2}{(1+x^2)^2}$；

（11）$y'' = 0$；　　　（12）$y'' = -2\sin x - x\cos x$；

（13）$y'' = 4e^{2x-1}$；　　　（14）$y'' = 2\arctan x + \dfrac{2x}{(1+x^2)}$；

（15）$y'' = 2xe^{x^2}(3+2x^2)$；　　　（16）$y'' = -\dfrac{x}{(1+x^2)^{3/2}}$．

2．$f'''(2) = 207360$．

3．（1）$y'' = 2f'(x^2) + 4x^2 f''(x^2)$；　　　（2）$y'' = \dfrac{f''(x)f(x)-\left[f'(x)\right]^2}{\left[f(x)\right]^2}$．

4～5．略.

6．$f'(x)$．

7. （1） $y^{(4)} = -4\mathrm{e}^x \cos x$ ；　　　（2） $y^{(50)} = 2^{50}\left(-x^2 \sin 2x + 50x \cos 2x + \dfrac{1225}{2}\sin 2x\right)$.

8. $(-1)^{n-1}\dfrac{n!}{n-2}$.

习题 2.4

1. （1） $\dfrac{\mathrm{d}y}{\mathrm{d}x} = \dfrac{\mathrm{e}^{x+y} - y}{x - \mathrm{e}^{x+y}}$ ；　　　　（2） $\dfrac{\mathrm{d}y}{\mathrm{d}x} = -\dfrac{\mathrm{e}^y}{1 + x\mathrm{e}^y}$.

2. 切线方程 $x + y - \dfrac{\sqrt{2}}{2}a = 0$ ，法线方程 $x - y = 0$.

3. （1） $-\dfrac{1}{y^3}$ ；　　　　　　（2） $\dfrac{\mathrm{e}^{2y}(3-y)}{(2-y)^3}$.

4. （1） $\left(\dfrac{x}{1+x}\right)^x\left(\ln\dfrac{x}{1+x} + \dfrac{1}{1+x}\right)$ ；

　（2） $\dfrac{\sqrt{x+2}(3-x)^4}{(x+1)^5}\left[\dfrac{1}{2(x+2)} - \dfrac{4}{3-x} - \dfrac{5}{x+1}\right]$ ；

　（3） $\dfrac{1}{2}\sqrt{x\sin x\sqrt{1-\mathrm{e}^x}}\left[\dfrac{1}{x} + \cot x - \dfrac{\mathrm{e}^x}{2(1-\mathrm{e}^x)}\right]$ ；

　（4） $\dfrac{\sqrt{x^2+2x}}{\sqrt[3]{x^3-2}}\left[\dfrac{x+1}{x^2+2x} - \dfrac{x^2}{x^3-2}\right]$.

5. （1） $\dfrac{\mathrm{d}y}{\mathrm{d}x} = \dfrac{b}{a},\dfrac{\mathrm{d}x}{\mathrm{d}y} = \dfrac{a}{b}$ ；　　（2） $\dfrac{\mathrm{d}y}{\mathrm{d}x} = \dfrac{\cos\theta - \theta\sin\theta}{1 - \sin\theta - \theta\cos\theta},\dfrac{\mathrm{d}x}{\mathrm{d}y} = \dfrac{1 - \sin\theta - \theta\cos\theta}{\cos\theta - \theta\sin\theta}$.

6. $\dfrac{\mathrm{d}y}{\mathrm{d}x} = -2\sqrt{2}$.

7. 切线方程 $4x + 3y - 12a = 0$ ，法线方程 $3x - 4y + 6a = 0$.

8. （1） $-\dfrac{b}{a^2\sin^3 t}$ ；　　　　（2） $\dfrac{1}{f''(t)}$.

9. $\dfrac{t^2+1}{4t}$.

习题 2.5

1. 当 $\Delta x = 1$ 时，$\Delta y = 18, \mathrm{d}y = 11$ ；当 $\Delta x = 0.1$ 时，$\Delta y = 1.161, \mathrm{d}y = 1.1$ ；当 $\Delta x = 0.01$ 时，$\Delta y = 0.110601, \mathrm{d}y = 0.11$.

2. （1） $\mathrm{d}y = (\sin 2x + 2x\cos 2x)\mathrm{d}x$ ；　　　　（2） $\mathrm{d}y = \left(-\dfrac{1}{x^2} + \dfrac{\sqrt{x}}{x}\right)\mathrm{d}x$ ；

（3）$dy = \dfrac{2\ln(1-x)}{x-1}dx$； （4）$dy = (x^2+1)^{-\frac{3}{2}}dx$；

（5）$dy = e^{-x}[\sin(3-x)-\cos(3-x)]dx$； （6）$dy = 2x(1+x)e^{2x}dx$；

（7）$dy = -\dfrac{x}{|x|}\dfrac{1}{\sqrt{1-x^2}}dx$； （8）$dy = x^{-\frac{3}{2}}\left(1-\dfrac{1}{2}\ln x\right)dx$．

3．（1）$-\dfrac{1}{2}e^{-2x}+C$； （2）$\arctan x + C$；

（3）$\dfrac{1}{3}\tan 3x + C$； （4）$\arcsin x + C$．

4．$dy = \dfrac{2x-x^2-y^2}{x^2+y^2-2y}dx$．

5．（1）$\sqrt[6]{65} \approx 2.0052$； （2）$\lg 11 \approx 1.0414$．

6．67.8%．

复习题 2

1．（1）充分，必要；（2）充分必要；（3）充分必要．

2．$n!$．

3．D．

4．（1）$f'_-(0) = f'_+(0) = f'(0) = 1$； （2）$f'_-(0) = 1, f'_+(0) = 0, f'(0)$ 不存在．

5．在 $x=0$ 处连续性，不可导．

6．（1）$y' = \dfrac{2\sec x \tan x(1+x^2)-4x\sec x}{(1+x^2)^2}$； （2）$y' = \dfrac{\cos x}{|\cos x|}$；

（3）$y' = \dfrac{2x+x^2}{(1+x)^2}$； （4）$y' = (\sin x + 1)\csc x - x\csc x\cot x$；

（5）$y' = x^{\frac{1}{x}-2}(1-\ln x)$； （6）$y' = -\dfrac{1+x}{(1-x)^2\sqrt{x}}$；

（7）$y' = -\dfrac{1}{x^2}e^{\tan\frac{1}{x}}\sec^2\dfrac{1}{x}$； （8）$y' = -6\tan^2(1-2x)\sec^2(1-2x)$．

7．（1）$y'' = -2\cos 2x \cdot \ln x - \dfrac{2\sin 2x}{x} - \dfrac{\cos^2 x}{x^2}$； （2）$y'' = \dfrac{3x}{(1-x^2)^{5/2}}$；

（3）$y'' = 2\ln x + 3$．

8．（1）$y^{(n)} = \dfrac{1}{m}\left(\dfrac{1}{m}-1\right)\cdots\left(\dfrac{1}{m}-n+1\right)(1+x)^{\frac{1}{m}-n}$； （2）$y^{(n)} = (-1)^n\dfrac{2n!}{(1+x)^{n+1}}$．

9．（1）$\dfrac{dy}{dx} = -\dfrac{y^2e^x}{1+ye^x}$； （2）$\dfrac{dy}{dx} = \dfrac{x+y}{x-y}$．

10. （1） $\dfrac{dy}{dx} = -\tan\theta, \dfrac{d^2 y}{dx^2} = \dfrac{1}{3a}\sec^4\theta\csc\theta$ ；（2） $\dfrac{dy}{dx} = \dfrac{1}{t}, \dfrac{d^2 y}{dx^2} = -\dfrac{1+t^2}{t^3}$.

11. 切线方程 $x + 2y - 4 = 0$ ，法线方程 $2x - y - 3 = 0$.

12. $\dfrac{d^2 y}{dx^2} = \dfrac{e^{2y}(3-y)}{(2-y)^3}$.

13. $\sqrt[3]{1.02} \approx 1.007$.

第 3 章

习题 3.1

1～4. 略.

5. 有分别位于区间 $(0,1)$ ， $(1,2)$ ， $(2,3)$ ， $(3,4)$ 的 4 个根.

6. 略

7. 提示：令 $\varphi(x) = e^{-x} f(x)$ ，先证 $\varphi(x)$ 为常数.

8～10. 略

习题 3.2

1. （1） 1 ；　　（2） $\ln\dfrac{a}{b}$ ；　　（3） 2 ；　　（4） $\dfrac{2}{3}$ ；　　（5） $\dfrac{1}{2}$ ；　　（6） $\dfrac{1}{6}$ ；

（7） $-\dfrac{1}{8}$ ；　　（8） $\dfrac{m}{n}a^{m-n}$ ；　　（9） 1 ；　　（10） 0 ；　　（11） $\dfrac{1}{3}$ ；　　（12） ∞ ；

（13） $\dfrac{1}{2}$ ；　　（14） $-\dfrac{1}{2}$ ；　　（15） e^a ；　　（16） 1 ；　　（17） 1 ；　　（18） 1 .

2. 略.

习题 3.3

1. （1）单减区间 $[-\infty, 1]$ ，单增区间 $[1, +\infty)$ ，极小值 $y(1) = 4$ ，无极大值；

（2）单减区间 $[0,1]$ ，单增区间 $[-\infty, 0], [1, +\infty)$ ，极大值 $y(0) = 0$ ，极小值 $y(1) = 1$ ；

（3）单减区间 $(-\infty, 0]$ ，单增区间 $[0, +\infty)$ ，极小值 $y(0) = 0$ ；

（4）单减区间 $[-1, 3]$ ，单增区间 $(-\infty, -1], [3, +\infty)$ ，极大值 $y(-1) = 10$ ，极小值 $y(3) = -54$ ；

（5）单减区间 $\left[\dfrac{12}{5}, +\infty\right)$ ，单增区间 $\left(-\infty, \dfrac{12}{5}\right]$ ，极大值 $y\left(\dfrac{12}{5}\right) = \dfrac{1}{10}\sqrt{205}$ ；

（6）单减区间 $(-\infty, +\infty)$ ，没有极值；

（7）单减区间 $\left[-\dfrac{\pi}{2},-\dfrac{\pi}{4}\right]$，单增区间 $\left[-\dfrac{\pi}{4},\dfrac{\pi}{2}\right]$，极小值 $y\left(-\dfrac{\pi}{4}\right)=-\dfrac{1}{\sqrt{2}}\,\mathrm{e}^{-\frac{\pi}{4}}$，无极大值；

（8）单减区间 $[\mathrm{e},+\infty)$，单增区间 $(0,\mathrm{e}]$，极大值 $y(\mathrm{e})=\mathrm{e}^{\frac{1}{\mathrm{e}}}$；

（9）单增区间 $(-\infty,+\infty)$，没有极值；

（10）单减区间 $(-\infty,0]$，单增区间 $[0,+\infty)$，极小值 $y(0)=2$．

2. $a=2$，$f\left(\dfrac{\pi}{3}\right)=\sqrt{3}$ 为极大值.

3. 略．

习题 3.4

1.（1）是凸的；　（2）是凹的．

2.（1）$\left(-\infty,\dfrac{5}{3}\right]$ 内是凸的，$\left[\dfrac{5}{3},+\infty\right)$ 内是凹的，$\left(\dfrac{5}{3},\dfrac{20}{27}\right)$ 是拐点；

（2）$(-\infty,2]$ 内是凸的，$[2,+\infty)$ 内是凹的，$\left(2,\dfrac{2}{\mathrm{e}^2}\right)$ 是拐点；

（3）没有拐点，处处是凹的；

（4）$\left(-\infty,-\dfrac{1}{\sqrt{3}}\right]$ 及 $\left[\dfrac{1}{\sqrt{3}},+\infty\right)$ 内是凹的，$\left(-\dfrac{1}{\sqrt{3}},\dfrac{1}{\sqrt{3}}\right)$ 是凸的，$\left(\pm\dfrac{1}{\sqrt{3}},\dfrac{3}{4}\right)$ 是拐点．

3. $a=-\dfrac{3}{2}$，$b=\dfrac{9}{2}$．

4.（1）在 $(-\infty,-2]$ 内单调减少，在 $[-2,+\infty)$ 内单调增加；在 $(-\infty,-1]$，$[1,+\infty)$ 内是凹的，在 $[-1,1]$ 上是凸的；拐点 $\left(-1,-\dfrac{6}{5}\right)$，$(1,2)$；极小值 $f(-2)=-\dfrac{17}{5}$．

（2）对称于原点；在 $(-\infty,-1]$，$[1,+\infty)$ 内单调减少，在 $[-1,1]$ 上单调增加；

在 $(-\infty,-\sqrt{3}]$，$[0,\sqrt{3}]$ 是凸的，在 $[-\sqrt{3},0]$ $[\sqrt{3},+\infty)$ 内是凹的；拐点 $\left(-\sqrt{3},-\dfrac{\sqrt{3}}{4}\right)$，

$(0,0)$，$\left(\sqrt{3},\dfrac{\sqrt{3}}{4}\right)$；极小值 $f(-1)=-\dfrac{1}{2}$，极大值 $f(1)=\dfrac{1}{2}$；水平渐近线 $y=0$．

习题 3.5

1.（1）最大值 $f(4)=80$，最小值 $f(-1)=-5$；

（2）最大值 $f(3)=11$，最小值 $f(2)=-14$；

（3）最大值 $f\left(\dfrac{3}{4}\right)=1.25$ ，最小值 $f(-5)=-5+\sqrt{6}$ ；

（4）最大值 $f(4)=\dfrac{3}{5}$ ，最小值 $f(0)=-1$ ．

2． $162\ \mathrm{m}^2$ ．

3． 长为 6cm；宽为 3cm；高为 4cm．

提示：设宽为 $x$cm，长为 $2x$cm，则高为 $h$cm，表面积为 A ，

则 $A=4x^2+\dfrac{216}{x}$ $x\in(0,+\infty)$ ．

4． $r=\sqrt[3]{\dfrac{bv}{2\pi a}}$ ， $h=\sqrt[3]{\dfrac{4a^2v}{b^2\pi}}$ ．

提示：设底半径为 r ，高为 h ，总造价为 C ，则 $C=2\pi r^2a+\dfrac{2vb}{r}$ ， $r\in(0,+\infty)$ ．

习题 3.6

1． $k=2$ ．

2． $\dfrac{2}{27}$ ．

3． $k=|\cos x|, \rho=|\sec x|$ ．

4． $k=\left|\dfrac{2}{3a\sin 2t_0}\right|$ ．

5． 约 45400N．

复习题 3

1．（1）A；　　（2）B；　　　（3）D；　　　（4）C．

2．（1）$\dfrac{1}{3}$；　（2）1；　　（3）$\mathrm{e}^{-\frac{4}{\pi}}$；　（4）2；

　　（5）$\dfrac{1}{2}$；　（6）100!．

3． 略．

4． 极大值为 $f\left(\dfrac{1}{3}\right)=\dfrac{\sqrt[3]{4}}{3}$ ；极小值为 $f(1)=0$ ．

5． $a=\mathrm{e}^{\mathrm{e}}$ 时最小值 $x(\mathrm{e}^{\mathrm{e}})=1-\dfrac{1}{\mathrm{e}}$ ．

6～7． 略．

8． $v=\sqrt[3]{20000}\approx 27.14$ （km/h）．

第 4 章

习题 4.1

1. （1） $-\dfrac{1}{3}x^{-3}+C$ ；　　　　（2） $\dfrac{3}{7}x^{\frac{7}{3}}+C$ ；　　　　（3） $\sqrt{\dfrac{2h}{g}}+C$ ；

　（4） $\dfrac{a}{3}x^3-bx+C$ ；　　　（5） $x-\arctan x+C$ ；　（6） $\dfrac{1}{3}x^3+3\arctan x+C$ ；

　（7） $\dfrac{3}{8}x^{\frac{8}{3}}+\dfrac{6}{13}x^{\frac{13}{6}}+\dfrac{9}{2}x^{\frac{2}{3}}+C$ ；　　　　（8） $2\arctan x+3\arcsin x+C$ ；

　（9） $2\mathrm{e}^x-3\ln|x|+C$ ；　　　　　（10） $-\dfrac{1}{x}-\arctan x+C$ ；

　（11） $\arcsin x+C$ ；　　　　　　　　（12） $\tan x+C$ ；

　（13） $\dfrac{1}{2}(x-\sin x)+C$ ；　　　　　（14） $\sin x-\cos x+C$ ；

　（15） $\dfrac{1}{2}(\tan x+x)+C$ ；　　　　　（16） $\tan x+\sec x+C$ ；

　（17） $2x-\dfrac{5\cdot\left(\dfrac{2}{3}\right)^x}{\ln\dfrac{2}{3}}+C$ ；　　　　　　（18） $-\dfrac{2}{3}x^{-\frac{3}{2}}-\mathrm{e}^x+\ln|x|+C$.

2. $\dfrac{1}{2}at^2+bt=p(t)$.

3. 略.

4. $\dfrac{9}{5}x^{\frac{5}{3}}+C$.

习题 4.2

（1） $\dfrac{1}{4030}(2x-3)^{2015}+C$ ；　　　　（2） $\dfrac{3}{2(1-2x)}+C$ ；

（3） $\begin{cases} k\neq-1\text{时，}\dfrac{1}{b(k+1)}(a+bx)^{k+1}+C, \\[2mm] k=-1\text{时，}\dfrac{1}{b}\ln|a+bx|+C; \end{cases}$　　　（4） $-\dfrac{1}{3}\cos 3x+C$ ；

（5）$-\dfrac{1}{\beta}\sin(\alpha-\beta x)+C$；

（6）$-\dfrac{1}{5}\ln|\cos 5x|+C$；

（7）$-\dfrac{1}{3}e^{-3x}+C$；

（8）$\dfrac{10^{2x}}{2\ln 10}+C$；

（9）$-e^{\frac{1}{x}}+C$；

（10）$\dfrac{1}{3}\arctan 3x+C$；

（11）$-\dfrac{1}{2}\cot\left(2x+\dfrac{\pi}{4}\right)+C$；

（12）$-\dfrac{1}{3}(1-x^2)^{\frac{3}{2}}+C$；

（13）$\ln(x^2-3x+8)+C$；

（14）$\dfrac{1}{2}\arcsin\dfrac{x^2}{2}+C$；

（15）$-\cos e^x+C$；

（16）$\dfrac{1}{2}e^{x^2}+C$；

（17）$\dfrac{2}{3}\ln^{\frac{3}{2}}x+C$；

（18）$-\dfrac{2}{\sqrt{\sin\theta}}+C$；

（19）$-\dfrac{1}{\arcsin x}+C$；

（20）$\dfrac{1}{3}(\arctan x)^3+C$；

（21）$\dfrac{1}{2}x^2-3x+9\ln|x+3|+C$；

（22）$\dfrac{1}{2}\ln(x^2+4x+13)-\arctan\dfrac{x+2}{3}+C$；

（23）$\dfrac{1}{2}x+\dfrac{1}{4}\sin 2x+C$；

（24）$\dfrac{3}{8}x-\dfrac{1}{4}\sin 2x+\dfrac{1}{32}\sin 4x+C$；

（25）$\dfrac{1}{2}(\tan x+\ln|\tan x|)+C$；

（26）$\dfrac{1}{8}x-\dfrac{1}{32}\sin 4x+C$；

（27）$\sin x-\dfrac{1}{3}\sin^3 x+C$；

（28）$\dfrac{1}{8}\cos^8 x-\dfrac{1}{6}\cos^6 x+C$；

（29）$\dfrac{1}{3}\tan^3 x+\tan x+C$；

（30）$\dfrac{1}{3}\tan^3 x-\tan x+x+C$；

（31）$\tan x-\cot x+C$；

（32）$\dfrac{x}{\sqrt{1-x^2}}+\dfrac{x}{2}\sqrt{1-x^2}-\dfrac{3}{2}\arcsin x+C$；

（33）$\dfrac{\sqrt{x^2-9}}{9x}+C$；

（34）$\dfrac{x}{\sqrt{1-x^2}}+C$；

（35）$\sqrt{1+x^2}+\dfrac{1}{\sqrt{1+x^2}}+C$；

（36）$\dfrac{a^2}{2}\arcsin\dfrac{x}{a}-\dfrac{x}{2}\sqrt{a^2-x^2}+C$；

（37）$\dfrac{1}{a^2}\cdot\dfrac{x}{\sqrt{a^2+x^2}}+C$；

（38）$\sqrt{x^2-a^2}-a\arccos\dfrac{a}{x}+C$；

（39）$-\dfrac{\sqrt{1+x^2}}{x}+C$；

（40）$\dfrac{1}{5}\arcsin 5x+C$；

（41）$\frac{1}{4}\ln\left(4x+\sqrt{1+16x^2}\right)+C$;
（42）$\frac{1}{2}\ln\left|2x+\sqrt{4x^2-9}\right|+C$;

（43）$\frac{1}{15}(3x+1)^{\frac{5}{3}}+\frac{1}{3}(3x+1)^{\frac{2}{3}}+C$;
（44）$\ln\left(\dfrac{\sqrt{1+e^x}-1}{\sqrt{1+e^x}+1}\right)+C$;

（45）$\frac{1}{x}+\frac{1}{2}\ln\left|\dfrac{x-1}{x+1}\right|+C$;
（46）$\ln\dfrac{|x|}{\sqrt{1+x^2}}+C$.

习题 4.3

1. （1）$-\frac{1}{2}x\cos 2x+\frac{1}{4}\sin 2x+C$;
（2）$x\left(\dfrac{e^x+e^{-x}}{2}\right)-\dfrac{e^x-e^{-x}}{2}+C$;

（3）$\frac{1}{\omega}\left(x^2\sin\omega x+\dfrac{2}{\omega}x\cos\omega x-\dfrac{2}{\omega^2}\sin\omega x\right)+C$;

（4）$\dfrac{a^x}{\ln|a|}\left(x^2-\dfrac{2}{\ln|a|}x+\dfrac{2}{\ln^2|a|}\right)+C$;
（5）$x(\ln x-1)+C$;

（6）$\dfrac{x^{n+1}}{n+1}\left(\ln x-\dfrac{1}{n+1}\right)+C$;
（7）$x\arctan x-\frac{1}{2}\ln(1+x^2)+C$;

（8）$x\arccos x-\sqrt{1-x^2}+C$;
（9）$\dfrac{e^{ax}}{n^2+a^2}(a\cos nx+n\sin nx)+C$;

（10）$\frac{1}{3}(x^3+1)\ln(1+x)-\frac{1}{9}x^3+\frac{1}{6}x^2-\dfrac{x}{3}+C$;

（11）$-\dfrac{1}{x}(\ln^3 x+3\ln^2 x+6\ln x+6)+C$;

（12）$x(\arcsin x)^2+2\sqrt{1-x^2}\arcsin x-2x+C$;

（13）$\frac{1}{4}x^2+\frac{1}{4}x\sin 2x+\frac{1}{8}\cos 2x+C$;
（14）$x\tan x+\ln|\cos x|-\frac{1}{2}x^2+C$;

（15）$\frac{1}{6}x^3+\frac{1}{4}x^2\sin 2x+\dfrac{x}{4}\cos 2x-\frac{1}{8}\sin 2x+C$;

（16）$\tan x\ln\cos x+\tan x-x+C$;
（17）$-\frac{1}{2}x^{-2}\ln x-\dfrac{1}{4x^2}+C$;

（18）$3e^{\sqrt[3]{x}}(\sqrt[3]{x^2}-2\sqrt[3]{x}+2)+C$;

2. $e^{-x^2}(-2x^2-1)+C$.

复习题 4

1. （1）$\cos x+C$;
（2）$-\frac{1}{2}\sin(1-x^2)+C$;
（3）$(x^2-2)\sin x+2x\cos x+C$;

（4）$\dfrac{1}{2}\tan x+C$；　　　　　（5）$\dfrac{1}{3}(\arctan x)^3+C$．

2．（1）B；（2）B；（3）D；（4）B．

3．（1）$2\sqrt{x}\arcsin\sqrt{x}+2\sqrt{1-x}+C$；　　　（2）$\dfrac{1}{2}\ln\left|\dfrac{e^x-1}{e^x+1}\right|+C$；

（3）$x\ln(1+x^2)-2x+2\arctan x+C$；　　（4）$\dfrac{1}{\sqrt{2}}\arctan\dfrac{x+1}{\sqrt{2}}+C$；

（5）$e^{\sin x}+C$；　　　　　（6）$\dfrac{1}{4}\ln(1+x^4)+\dfrac{1}{4(1+x^4)}+C$；

（7）$-\dfrac{1}{2}e^{1-2x}+C$；　　　　（8）$\ln(x-1+\sqrt{x^2-2x+5})+C$；

（9）$\ln\left|e^x-1\right|-x+C$；　　　　（10）$\dfrac{1}{x-1}+\dfrac{1}{2(x-1)^2}+C$；

（11）$2(x-2)\sqrt{1+e^x}-2\ln\dfrac{\sqrt{1+e^x}-1}{\sqrt{1+e^x}+1}+C$；（12）$a\arcsin\dfrac{x}{a}-\sqrt{a^2-x^2}+C$；

（13）$\dfrac{1}{4}\ln\left|\dfrac{x-1}{x+1}\right|-\dfrac{1}{2}\arctan x+C$；　　（14）$2\arcsin\sqrt{x}+C$；

（15）$\dfrac{1}{4}x^4\ln^2 x-\dfrac{1}{8}x^4\ln x+\dfrac{1}{32}x^4+C$；（16）$2\sqrt{x}-3\sqrt[3]{x}+6\sqrt[6]{x}-\ln(1+\sqrt[6]{x})+C$；

（17）$\dfrac{1}{10}\sqrt{(2x+3)^5}-\dfrac{1}{2}\sqrt{(2x+3)^3}+C$；（18）$\dfrac{1}{4}\arcsin\dfrac{4x}{3}+C$；

（19）$\ln\left|\dfrac{\sqrt{1+x^2}-1}{x}\right|+C$；　　　　（20）$\dfrac{3}{8}x-\dfrac{1}{2}\sin x+\dfrac{1}{16}\sin 2x+C$；

（21）$\dfrac{1}{3}\tan^3 x+C$；　　　　（22）$-\dfrac{1}{1+\tan x}+C$；

（23）$\dfrac{x}{2}(\sin(\ln x)-\cos(\ln x))+C$；　（24）$-\sqrt{1-x^2}+\dfrac{2}{3}(1-x^2)^{\frac{3}{2}}-\dfrac{1}{5}(1-x^2)^{\frac{5}{2}}+C$；

（25）$-\dfrac{1}{45}\dfrac{\sqrt{(9-x^2)^5}}{x^5}+C$；　　　（26）$\dfrac{1}{8}\tan^8 x+\dfrac{1}{6}\tan^6 x+C$；

（27）$\dfrac{2}{-3\pi}(\cos\pi x)^{\frac{3}{2}}+\dfrac{2}{7\pi}(\cos\pi x)^{\frac{7}{2}}+C$；（28）$-\dfrac{1}{2}\sin^{-2}x-2\ln\left|\sin x\right|+\dfrac{1}{2}\sin^2 x+C$；

（29）$-\dfrac{8}{3}\cot^3 2x-8\cot 2x+C$；　　（30）$2(\sec x+\tan x)-x+C$；

（31）$\dfrac{1}{\ln 2}\arcsin 2^x+C$；　　　（32）$(x+1)\arctan\sqrt{x}-\sqrt{x}+C$；

（33）$e^x(x^2-x+1)+C$；　　　　（34）$2\sqrt{x}-2\sqrt{1-x}\arcsin\sqrt{x}+C$；

（35）$\dfrac{x^2+1}{2}\ln(1+x^2)-\dfrac{x^2}{2}+C$；　　　　（36）$2\sqrt{1+x}\ln(1+x)-4\sqrt{1+x}+C$．

第 5 章

习题 5.1

1．（1）$\dfrac{8}{3}$；　　　　（2）$s=\displaystyle\int_1^3(3t+5)\mathrm{d}t=22$（m）．

2．（1）1；　　　（2）$\dfrac{\pi}{4}$；　　　（3）1；　　　　（4）$\dfrac{t^2}{2}$．

3．（1）2；　　　（2）12；　　　（3）-3；　　　（4）2．

4．（1）$I_1<I_2$；　（2）$I_1>I_2$；　　（3）$I_1>I_2$；　　（4）$I_1>I_2$；　　（5）$I_1<I_2$．

5．（1）$6\leqslant\displaystyle\int_1^4(x^2+1)\mathrm{d}x\leqslant51$；　　　　（2）$\dfrac{1}{2}\leqslant\displaystyle\int_{\frac{\pi}{4}}^{\frac{\pi}{2}}\dfrac{\sin x}{x}\mathrm{d}x\leqslant\dfrac{1}{\sqrt{2}}$；

（3）$\pi\leqslant\displaystyle\int_{\frac{\pi}{4}}^{\frac{5\pi}{4}}(1+\sin^2 x)\mathrm{d}x\leqslant2\pi$；　　　（4）$0\leqslant\displaystyle\int_1^2(2x^3-x^4)\mathrm{d}x\leqslant\dfrac{27}{16}$；

（5）$\dfrac{1}{\mathrm{e}}\leqslant\displaystyle\int_0^1\mathrm{e}^{-x^2}\mathrm{d}x\leqslant1$；　　　（6）$\dfrac{\pi}{9}\leqslant\displaystyle\int_{\frac{1}{\sqrt{3}}}^{\sqrt{3}}x\arctan x\mathrm{d}x\leqslant\dfrac{2\pi}{3}$．

习题 5.2

1．（1）$2x\sqrt{1+x^4}$；　　　　（2）$\dfrac{3x^2}{\sqrt{1+x^{12}}}-\dfrac{2x}{\sqrt{1+x^8}}$；

（3）$-\dfrac{\sin 2x}{1+\sin^4 x}$；　　　（4）$2x\ln x^6$．

2．（1）$\dfrac{1}{2}$；　　　　（2）$\dfrac{1}{3}$；　　　　（3）$\dfrac{\pi^2}{4}$；

（4）$\dfrac{1}{3}$；　　　　（5）0．

3．$2\mathrm{e}^{2\pi}-1$．

4．$x=0$．

5．（1）5；　　　（2）$\dfrac{\pi^2}{4}+1$；　　　（3）$\ln 2$；　　　（4）$\dfrac{21}{8}$；

（5）$\dfrac{\pi}{4}-1$；　　（6）5；　　　　（7）$\dfrac{\pi}{3a}$．

6．$\mathrm{e}-\dfrac{1}{2}$．

7. $\Phi(x)=\begin{cases} \dfrac{1}{3}x^3, & x\in[0,1), \\ \dfrac{1}{2}x^2-\dfrac{1}{6}, & x\in[1,2], \end{cases}$ $\Phi(x)$ 在 $[0,2]$ 内连续.

8. 略.

习题 5.3

1. （1）$\dfrac{\pi}{2}$；　（2）$\dfrac{51}{512}$；　（3）$2+2\ln\dfrac{2}{3}$；　（4）$2\ln(1+\sqrt{2})-\ln 3$；

（5）$\dfrac{\pi}{2}$；　（6）$1-\mathrm{e}^{-\frac{1}{2}}$；　（7）$0$；　（8）$\dfrac{\pi}{6}-\dfrac{\sqrt{3}}{8}$；

（9）$1-2\ln 2$；　（10）$\sqrt{2}-\dfrac{2\sqrt{3}}{3}$；　（11）$\dfrac{1}{6}$；　（12）$\sqrt{2}(\pi+2)$；

（13）$(\sqrt{3}-1)a$；　（14）$2\mathrm{e}^2+2$；　（15）$\pi-\dfrac{4}{3}$；　（16）$\dfrac{19}{3}$；

（17）$2\ln 3$；　（18）$\dfrac{\pi^2}{72}$；　（19）$\dfrac{1}{3}$；　（20）$\sin 2-\sin 1$.

2. （1）-2π；　（2）$2-\dfrac{5}{\mathrm{e}}$；　（3）$\dfrac{2}{5}(\mathrm{e}^{4\pi}-1)$；　（4）$\dfrac{\pi}{\sqrt{3}}-\ln 2$；

（5）$\ln(\mathrm{e}+1)-\dfrac{\mathrm{e}}{\mathrm{e}+1}$；　（6）$\dfrac{1}{2}(\mathrm{e}\sin 1-\mathrm{e}\cos 1+1)$.

3. （1）0；　（2）$\dfrac{3}{2}\pi$；　（3）$\dfrac{4}{3}$；　（4）0.

4～6. 略.

7. $2\mathrm{e}^2$.　　8. 8.　　9. $1-\dfrac{\mathrm{e}}{2}+a$.　　10. $\dfrac{1}{2}$.

11. $\mathrm{e}^{-1}-\mathrm{e}^{-2}-\dfrac{1}{2}\mathrm{e}^{-4}+\dfrac{1}{2}$.　　12. $\dfrac{1}{2}\left(\dfrac{1}{\mathrm{e}}-1\right)$.　　13. 3.

14. 略.

习题 5.4

1. （1）$\dfrac{1}{2}$；　（2）$-\dfrac{1}{3}$；　（3）$\dfrac{1}{2}$；　（4）1；

（5）π；　（6）-1；　（7）$\dfrac{1}{1-\alpha}$；　（8）π.

2. $k\leqslant 1$时发散，$k>1$时收敛.

3. $\dfrac{1}{4}\pi$.

习题 5.5

1. （1）$\dfrac{3}{2}-\ln 2$； （2）$\dfrac{4}{3}+2\pi$，$6\pi-\dfrac{4}{3}$； （3）$\dfrac{1}{6}$； （4）e^2-3；

   （5）$\dfrac{\pi}{2}-1$； （6）$\dfrac{16}{3}$； （7）$b-a$； （8）$\dfrac{32}{3}$；

   （9）πa^2； （10）$e+\dfrac{1}{e}-2$； （11）$\dfrac{9}{2}$．

2. $\dfrac{9}{4}$． 3. $\dfrac{16}{3}p^2$． 4. $\dfrac{27}{4}$．

5. （1）$\dfrac{3}{10}\pi$； （2）$\dfrac{128}{7}\pi$，$\dfrac{64}{5}\pi$； （3）$160\pi^2$； （4）$4\pi-\dfrac{1}{2}\pi^2$；

   （5）$\dfrac{31}{5}\pi$，$\dfrac{15}{2}\pi$．

6. $\dfrac{2}{3}\pi(3-e)$，$\dfrac{\pi}{6}(e^2-3)$．

7. $P\left(\dfrac{1}{\sqrt{3}},\dfrac{2}{3}\right)$，$\dfrac{4}{9}\sqrt{3}-\dfrac{2}{3}$．

8. （1）$\dfrac{5}{4}\pi$； （2）$\dfrac{\pi}{6}+\dfrac{1-\sqrt{3}}{2}$．

9. $1+\dfrac{1}{2}\ln\dfrac{3}{2}$． 10. $\ln\dfrac{3}{2}+\dfrac{5}{12}$．

习题 5.6

1. $\sqrt{2}-1$（cm）． 2. 55390（kJ）． 3. 1.65（N）． 4. $800\pi\ln 2$（J）．

复习题 5

1. （1）B； （2）C； （3）D； （4）B； （5）A； （6）A； （7）C；

2. （1）必要，充分； （2）7； （3）$\dfrac{\pi}{2}$； （4）$\dfrac{\pi}{2}$．

3. （1）$a f(a)$； （2）$\dfrac{\pi^2}{4}$； （3）0； （4）0．

4. 略.

5. 最大值为 $f(2)=6$，最小值为 $f\left(\dfrac{1}{2}\right)=-\dfrac{3}{4}$．

6. （1）$1-\dfrac{\pi}{4}$； （2）12； （3）-2； （4）$\dfrac{1}{3}$；

（5）$\dfrac{\pi}{2}$ ；　　　（6）$\dfrac{\sqrt{2}\pi}{4}$ ；　（7）$4\ln 2-2\ln 3$ ；　　（8）$1-\dfrac{\sqrt{3}\pi}{6}$ ；

（9）$\dfrac{1}{4}$ ；　　　（10）$\dfrac{\pi}{2}$ ；　（11）$\dfrac{2}{5}(\mathrm{e}^{4\pi}-1)$ ；　（12）$2\left(1-\dfrac{1}{\mathrm{e}}\right)$ ；

（13）-1 ；　　（14）$\dfrac{8}{3}$.

7. $\dfrac{16}{15}$.　　　8. $\dfrac{4}{3}$.　　　9. $a=0,\ b=1$.　　10. $\dfrac{512}{7}\pi$.

11. $\dfrac{4}{3}\pi r^4 g$.　12. 5 J .　　13. 205.8kn .

第 6 章

习题 6.1

1.（1）一阶；　（2）一阶；　（3）二阶；　（4）三阶．

2. 特解：$y=3\mathrm{e}^{-x}+x-1$.

3. $m\dfrac{\mathrm{d}v}{\mathrm{d}t}=kv+mg$ ，　$v\big|_{t=0}=v_0$.

习题 6.2

1.（1）$1+y^2=C\mathrm{e}^{\frac{1}{x}}$ ；　　　　（2）$y=\mathrm{e}^{Cx}$ ；　　　（3）$y=\dfrac{1}{2}x^2+\dfrac{1}{5}x^3+C$ ；

（4）$\arcsin y=\arcsin x+C$ ；　　（5）$\sin\dfrac{y}{x}=Cx$ ；　（6）$y^2=2x^2(\ln|x|+C)$.

2.（1）$x^2 y=4$ ；（2）$\ln y=\tan\dfrac{x}{2}$ ；（3）$x^2-y^2+y^3=0$ ；（4）$y^2=2x^2(\ln|x|+2)$.

3. 设在任意时刻 t 镭的现存量为 $m(t)$. 则由题意，$\dfrac{\mathrm{d}m}{\mathrm{d}t}=-km$ ，　$m\big|_{t=0}=m_0$ ，

$m\big|_{t=1600}=\dfrac{m_0}{2}$ ，解此方程得 $m=m_0\mathrm{e}^{-0.000433t}$ （ t 的单位是年）．

4. $v(t)=\dfrac{mg}{k}(1-\mathrm{e}^{-\frac{k}{m}t})$.

5.（1）$y+x=\tan(x+C)$ ；

（2）$\tan(x-y)+\sec(x-y)-x=C$ ；

（3）$(x-y)^2=-2x+C$.

习题 6.3

1. （1）$y = (x+C)\mathrm{e}^{-x}$ ；　　　　　（2）$y = (x+C)\mathrm{e}^{-\sin x}$ ；

　（3）$y(x^2-1) - \sin x = C$ ；　　　（4）$y^2 - 2x = Cy^3$

2. （1）$y = \dfrac{\mathrm{e}^x}{x} - \dfrac{\mathrm{e}}{x}$ ；　　　　　（2）$y = \sin x - 1 + 2\mathrm{e}^{-\sin x}$.

3. $v(t) = \dfrac{mg}{k}(1 - \mathrm{e}^{-\frac{k}{m}t})$.

习题 6.4

1. （1）$y = \dfrac{1}{6}x^3 - \sin x + C_1 x + C_2$ ；　　（2）$y = (x-2)\mathrm{e}^x + C_1 x + C_2$ ；

　（3）$y = -\ln|\cos(x+C_1)| + C_2$ ；　　（4）$y = C_1\mathrm{e}^x - \dfrac{1}{2}x^2 - x + C_2$ ；

　（5）$y = C_1\ln|x| + C_2$ ；　　　　　（6）$C_1 y^2 - 1 = (C_1 x + C_2)^2$ ；

　（7）$y = \arcsin(C_2\mathrm{e}^x) + C_1$.

2. （1）$y = -\dfrac{1}{a}\ln(ax+1)$ ；　（2）$\mathrm{e}^y = \sec x$ ；　（3）$\mathrm{e}^y = \ln x + 1$.

3. 初值问题 $\begin{cases} xy'' = y' + x^2, \\ y|_{x=1} = 0, \ y'|_{x=1} = -\dfrac{1}{3}, \end{cases}$ $y = \dfrac{1}{3}x^3 - \dfrac{2}{3}x^2 + \dfrac{1}{3}$.

习题 6.5

1. （1）线性无关；　　　　　　　（2）线性相关；

　（3）线性相关；　　　　　　　（4）线性无关.

2. $y = C_1\cos 2x + C_2\sin 2x$.

3. $y = (C_1 + C_2 x)\mathrm{e}^{x^2}$.

4. （1）$y = C_1\mathrm{e}^{-3x} + C_2\mathrm{e}^{-4x}$ ；　　　（2）$y = (C_1 + C_2 x)\mathrm{e}^{6x}$ ；

　（3）$y = \mathrm{e}^{-3x}(C_1\cos 2x + C_2\sin 2x)$ ；　（4）$y = C_1\cos x + C_2\sin x$.

5. （1）$y = 4\mathrm{e}^x + 2\mathrm{e}^{3x}$ ；　　（2）$y = (2+x)\mathrm{e}^{\frac{x}{2}}$ ；　　（3）$y = 3\mathrm{e}^{-2x}\sin 5x$.

习题 6.6

1. 略

2. （1）$y = C_1\mathrm{e}^{\frac{x}{2}} + C_2\mathrm{e}^{-x} + \mathrm{e}^x$ ；　　　　（2）$y = C_1 + C_2\mathrm{e}^{-9x} + x\left(\dfrac{1}{18}x - \dfrac{37}{81}\right)$ ；

（3）$y = C_1 e^{2x} + C_2 e^{3x} - x \left(\dfrac{1}{2} x + 1 \right) e^{2x}$ ；　　（4）$y = e^{3x} \left(C_1 + C_2 x + \dfrac{5}{2} x^2 + \dfrac{5}{6} x^3 \right)$ ；

（5）$y = C_1 + C_2 e^{-\frac{5}{2} x} + \dfrac{1}{3} x^3 - \dfrac{3}{5} x^2 + \dfrac{7}{25} x$.

3．（1）$y = -5 e^x + \dfrac{7}{2} e^{2x} + \dfrac{5}{2}$ ；　　　　　（2）$y = e^x - e^{-x} + e^x (x^2 - x)$.

*4．$s'' + 4s = 3 \sin t$ ，最大距离 $s = \dfrac{3\sqrt{3}}{4}$.

5．根据牛顿第二定律，$F - f = ma$ ，得 $mg - ks' = ms''$. 因为 $s(0) = 0$ ，$s'(0) = 0$ ，

所以有 $s = \dfrac{m^2 g}{k^2} (e^{-\frac{k}{m} t} - 1) + \dfrac{mg}{k} t$.

6．$\varphi(x) = \dfrac{1}{2} (\cos x + \sin x + e^x)$.

复习题 6

1．（1）一阶；　　　　　　　　（2）$y = -\dfrac{1}{3} e^{-3x} + C$ ；

（3）$y = C_1 e^{-x} + C_2 e^{4x}$ ；　　　（4）$y^* = Ax \cdot e^{-2x}$.

2．（1）$y = e^{-x} (x + C)$ ；　　　　（2）$y = x \ln |x| + C_1 x + C_2$ ；

（3）$y = C e^{x^3} - \dfrac{1}{3}$ ；　　　　　（4）$y = C_1 e^x + C_2 e^{-2x} - \dfrac{1}{4} (2x + 1)$ ；

（5）$(3 + 2y)(x^2 - 2) = C$ ；　　　（6）$y = x e^{Cx}$ ；

（7）$y = C_1 \ln |x| + C_2$ ；　　　* （8）$y = C_1 e^x + C_2 e^{-2x} - \dfrac{6}{5} \sin 2x - \dfrac{2}{5} \cos 2x$.

3．（1）$e^y = \dfrac{1}{2} (1 + e^{2x})$ ；　　　（2）$y = (x - \sin x) e^{-x}$ ；

（3）$y = (2 + x) \cdot e^{-\frac{1}{2} x}$ ；　　　（4）$y = x \cdot e^{1-x}$.

4．（1）$y = \dfrac{1}{3} x^2$ 　（2）$T = 30\ ℃$ 时，$t = 60$ （分钟），$T = 20 + 80 \cdot e^{-\frac{\ln 2}{20} t}$.

参考文献

[1]　吴赣昌. 高等数学（理工类·简明版）. 北京：中国人民大学出版社，2011.

[2]　同济大学数学系. 高等数学 第六版. 北京：高等教育出版社，2007.

[3]　赵佳因. 高等数学工科类. 北京：北京大学出版社，2004.

[4]　俎冠兴. 高等数学. 北京：化学工业出版社，2007.

[5]　刘志峰，罗成諟. 高等数学. 北京：化学工业出版社，2007.

[6]　同济大学应用数学系. 高等数学第五版（上册）. 北京：高等教育出版社，2002.

[7]　吴赣昌. 微积分（上册）经管类第三版. 北京：中国人民大学出版社，2008.

[8]　陈文灯. 高等数学辅导. 北京：世界图书出版公司，2005.

[9]　尹金生、王伟平. 高等数学学习与考试指导，青岛：石油大学出版社，2004.

[10]　王金金，李广民主编；任春丽，陈慧婵副主编. 高等数学. 北京：清华大学出版社，2007.

[11]　傅英定，钟守铭主编. 高等数学（下册）. 成都：电子科技大学出版社，2007.

[12]　孟祥发主编. 高等数学. 北京：机械工业出版社，2000.

[13]　韩旭里，刘碧玉，李军英. 大学数学教程. 北京：科学出版社，2004.

[14]　上海大学理学院数学系. 高等数学教程. 上海：上海大学出版社，2005.

[15]　赵文玲，付夕联，徐峰，孙锦萍. 高等数学教程. 北京：科学出版社，2004.

[16]　何瑞文，胡成，杨宁，周海东. 高等数学. 成都：西南交通大学出版社；2006.

[17]　岳贵新. 高等数学. 北京：人民交通出版社，2004.

[18]　谢季坚，李启文. 大学数学：微积分及其在生命科学、经济管理中应用（第2版）. 北京：高等教育出版社，2004.

[19]　吴传生. 经济数学：微积分. 北京：高等教育出版社，2009.

[20]　教育部高等教育司组. 高等数学（第2版）. 北京：高等教育出版社，2003.

[21]　林建华等. 高等数学. 北京：北京大学出版社，2010.

[22]　吴钦宽，孙福树，翁连贵. 高等数学. 北京：科学出版社，2010.

[23]　朱来义. 微积分. 北京：高等教育出版社，2010.

[24]　陆少华. 微积分. 上海：上海交通大学出版社，2002.

[25]　熊德之，柳翠花，伍建华. 高等数学. 北京：科学出版社，2009.

[26]　欧阳隆. 高等数学. 武汉：武汉大学出版社，2008.

[27]　杜忠复. 大学数学——微积分. 北京：高等教育出版社，2004.

[28]　赵利彬. 高等数学. 上海：同济大学出版社，2007.

[29]　上海交通大学数学系微积分课程组编. 大学数学——微积分. 北京：高等教

育出版社，2008.

[30] 刘书田. 高等数学（第二版）. 北京：北京大学出版社，2006.

[31] 罗贤强，陈怀琴. 高等数学（上册）. 北京：北京航空航天大学出版社，2006.

[32] 赵树嫄等. 经济应用数学基础（一）：微积分学习参考（第三版）. 北京：中国人民大学出版社，2010.

[33] 吴兰芳. 高等数学. 北京：高等教育出版社，1987.

[34] 周兆麟. 经济数学基础. 北京：中央广播电视大学出版社，1995.

[35] 同济大学数学教研室. 高等数学习题集. 北京：人民教育出版社，1965.